EPC 工程总承包管理

王伍仁 编著

中国建筑工业出版社

图书在版编目(CIP)数据

EPC 工程总承包管理/王伍仁编著. —北京：中国建筑工业出版社，2008（2023.10重印）

ISBN 978-7-112-10085-9

Ⅰ. E… Ⅱ. 王… Ⅲ. 建筑工程：承包工程—项目管理—研究 Ⅳ. TU723

中国版本图书馆 CIP 数据核字(2008)第 065116 号

责任编辑：徐　纺
责任设计：郑秋菊
责任校对：王雪竹　陈晶晶

EPC 工程总承包管理

王伍仁　编著

*

中国建筑工业出版社出版、发行(北京西郊百万庄)
各地新华书店、建筑书店经销
北京鸿文瀚海文化传媒有限公司制版
建工社（河北）印刷有限公司印刷

*

开本：787×1092 毫米　1/16　印张：19　字数：474 千字
2008 年 5 月第一版　2023 年 10 月第二十次印刷
定价：45.00 元
ISBN 978-7-112-10085-9
(16888)

版权所有　翻印必究
如有印装质量问题，可寄本社退换
(邮政编码 100037)

序

　　近年来的工程实践表明，业主日益重视承包商所能提供的综合服务能力，工程总承包管理模式以其独特的优势在国际工程承包市场上倍受青睐。EPC（设计—采购—施工总承包）、DB（设计—建造）以及BOT（建设—经营—转让）、PPP（公共部门与私人企业合作模式）等承包方式，在国际工程项目管理实践中被广泛应用。我国建筑业在20世纪80年代初就提出工程总承包概念并进行工程实践的探索，早期在化工、石化等工业工程领域取得了一些成功经验，后来在冶金、电力、纺织、机械等行业领域也逐步得到推广应用。但是，工程总承包模式在建筑业板块中最大的房建领域中却发展十分缓慢。

　　2001年12月11日，中国正式成为国际贸易组织的第143名成员，这意味着我们在更大范围、更高层次上参与国际竞争。入世后激烈的市场竞争必然冲击着传统的、效率低下的竞争手段，融投资带动总承包、设计咨询带动总承包，使传统的承发包模式发生了很大的变化。同时，公共关系的高水平运用，服务质量的高水平体现，以及信息收集的高精确要求等，都将推动承接工程时的竞争方式进一步提高。顺应历史潮流，我们提出了"大市场、大业主、大项目"，以及投资、设计与施工一体化等市场定位战略，推动企业走向建筑高端市场，大大增强了中国建筑股份有限公司（以下简称中国建筑）的市场竞争力。大市场还带来了大项目，"中国建筑"相继承建了上海环球金融中心、中央电视台新址、广州西塔、武广客运站，还有香港迪斯尼乐园、澳门永利酒店，以及欧洲最高楼俄罗斯联邦大厦、科威特银行大厦等一大批特大项目。在美国《商业周刊》公布的中国十大建筑奇迹中，"中国建筑"就承建了四个。

　　目前，"中国建筑"的经营地域遍及全国除台湾以外的各省、市、自治区；境外则涉及亚洲、非洲、美洲、欧洲约二十多个国家和地区。经过二十多年特别是近几年的发展，"中国建筑"已成为中国最具国际竞争力的建筑集团，"中国建筑—CSCEC"已成为国际知名的民族品牌。2007年，"中国建筑"合同额、营业收入、利润总额分别达到3030亿元、1740亿元、79.9亿元，资产总额达到1761亿元。2006年，"中国建筑"成功跨入世界500强；2007年，又跃升90位达396名，同时，在美国《财富》等组织的全球"最受赞赏的企业"评选中，"中国建筑"亦榜上题名，成为中国五家"全球最受赞赏的企业"之一。"中国建筑"在全球进入世界500强的11家建筑公司中排名第6，我们用25年时间超越了世界上一家又一家经营了一百多年的著名老牌国际承包商。"中国建筑"亦已连续3年在国资委企业经营者绩效考核中评为A级企业。

2003年,"中国建筑"在阿尔及利亚布迈丁国际机场的竞争中,直面世界上一流的建筑承包商,而且,该项目所用的"规则"全是我们不太熟悉的欧洲规则;采用的设备以及安装也都是欧洲产品和模式;更有甚者,其聘用的招标代理、项目监理,都是欧洲公司。面对如此不利的竞争态势,"中国建筑"创新经营思维,组建了由国际承包商排名第一、第二的德国豪赫蒂夫、瑞典斯堪斯卡,以及欧洲大型设备供应商为主要成员的投标顾问团。这样,就在该项目的设计师、招标代理及实施工程的监理公司全力推荐法国公司的情况下,"中国建筑"终以商务、技术、材料采购等集成优势一举获胜。我们还对海外经营方式进行全面创新,形成了"低成本竞争、高品质管理;低成本扩张、高品位营销;以精品项目树品牌,带动工程总承包;以工程咨询为先导,带动工程总承包;以施工技术为支撑,带动工程总承包;以合作共赢创机遇,带动工程总承包;以劳务输出为基础,带动工程总承包"的7个成功模式。针对大量资金沉淀在工程项目、项目经理具有劳务发包权和材料采购权而导致企业资金十分短缺、项目易滋生腐败、经济效益大量流失的弊端,我们在全系统强力推行了以"资金集中管理、大宗材料集中采购、劳务集中招标"为主要内容的集约管理、模式——"法人管项目",通过体系管理的精细化和法人管理的集权化实施,以打造"强总部保障大项目资源需求"的商务运行模式。作为中央企业,为了避免与小企业在低端市场的恶性竞争,近几年"中国建筑"强力推进了BT、EPC以及以工程换资源等模式,并从国与国合作及投资源头介入,从高端切入承揽项目,增强了企业的国际竞争力。比如,2007年,公司中标的中国企业有史以来合同金额最高的建筑咨询服务合同——赤道几内亚政府6.21亿欧元的首都吉博劳行政新城项目,近9亿美元的利比亚集规划、设计、采购、施工于一体的一万套政府住房计划,以及哈大高速铁路、太中银铁路就是最好的例子。

工程总承包管理,向我国大型建筑企业过去仅仅依靠项目成本控制和施工技术优势,以实现项目效益的传统项目管理理念提出了挑战。大型建筑企业要进入建筑业产业链的高端市场——工程总承包市场,不但要拥有一流的施工技术,更加重要的是要具备强大的融资能力、深化设计能力、设备采购能力、项目管理能力和社会资源整合能力等,才能够具备为业主提供总承包管理服务的能力。

编著者王伍仁先生早在1984年就"走出国门",担任"中国建筑"在海外承揽的第一个总承包EPC交钥匙工程——伊拉克凯菲尔·西纳菲亚的库发坝工程(合同额6800余万美元)机电设备安装队队长,随后担任了合同总额2.4亿美元的新辛迪亚坝工程总承包项目的副总经理兼总工程师。调到公司总部后担任过海外业务部副总工程师、副总经理，资金管理部总经理，总承包部总经理，科技开发部总经理，审计与监事局局长，市场与项目管理部总经理，公司副总工程师等职务，现担任中国建筑股份有限公司总工程师并兼任上海环球金融中心(SWFC)总承包联合体项目部总经理。三十多年的各种类型工程及企业总部多岗位的管理实践，使他在工程总承包管理以及企业的融投资、资金、合约管理等方面积累了丰富的实践经验和深厚的理论修养。《EPC工程总承包管理》是他结合自己的实践经验对工程总承包项目管理的阶段性总结。该专著首次从总承包商视角对EPC工程总承包管理过程中存在的一些现实问题进行了系统探讨，如：设计、施工和采购整合中的管理责任和风险防范问题，技术方案和商务谈判的互相协调问题，分包和直营分包的管理机制问题等等。作者认为，大型建筑企业的项目管理者必须要转变"重技术、轻管理"的思想，EPC工程总承包管理的本质，就是要充分发挥总承包商的集成管理优势，而不仅仅是施工技术优势。EPC工程总承包项目的有效实施，需要总承包商强大的融资和资金实力、深化设计能力、强大的采购网络，以及争取施工技术精良的专业分包商的资源支持和有效监控等。总承包商以项目整体利益为出发点，通过对设计、采购和施工一体化管理，共享资源的优化配置，大型专用设备的提供以及各种风险的控制为项目增值，从而获取更加丰厚的利润。大型建筑企业从施工承包商向EPC工程总承包商转变，将面临许多新的问题需要解决，本书的出版对我国建筑业、特别是在房屋建筑领域推动工程总承包管理具有重要现实意义。

2008年4月30日

前　言

　　EPC(Engineering Procurement Construction)工程总承包以高速度、低成本地建造高层建筑和大型工业项目而成为国际上建设工程领域广泛运用的总承包方式之一。EPC工程总承包是指设计、采购和施工管理总承包。1999年9月FIDIC出版了《EPC/交钥匙项目合同条件》(Conditions of Contract for EPC/Turnkey Projects)，常常被称为"银皮书"。EPC工程总承包合同模式不同于施工总承包(General Contract)，通常情况下业主不提供具体的施工图纸，只是根据项目的内容和最终使用要求进行招标，总承包商中标签定合同后需要对项目的设计、采购和施工全面负责，项目通过试运行达到业主要求后才能被视为合格。E、P、C阶段包含的工作非常具体而全面：E(Engineering)不仅包括具体的设计工作，而且也可能包括整个建设工程内容的总体策划、工程实施的组织管理策划，甚至可能包括项目的可行性研究等前期工作；P(Procurement)不仅指为项目投入生产所需要的专业设备、生产设备以及材料的选择和采购，同时也包括分包商的采购；C(Construction)译为"施工管理"或许更加能够反映这种模式的真实含义，施工的核心内容是除了总承包商自身承建的工程施工组织外，需要对各类专业分包商的设计、采购和施工等工作进行协调和进度控制，还包括设备安装、调试以及技术培训等工作内容。

　　工程总承包项目的管理模式在工程实践中根据业主的不同需求和项目实施的不同环境表现出多样性特征，例如EPC总承包模式根据业主和总包商责任分担的不同而衍生出很多不同类型或者说变型。笔者认为，我国大型施工企业在向工程总承包企业转型的过程中，企业管理者和项目管理者对工程总承包项目管理模式以及总承包商在项目实施中的定位的认识和理解迫切需要从施工管理层面进一步提升和转变。工程总承包代表了建设工程项目组织模式发展的主要趋势，在经济全球化和工程项目全寿命周期背景下，巨大的竞争压力驱使业主和承包商寻求为工程创造更大效益的项目管理方式。工程项目的价值根本上表现为建造过程中的时间价值和使用过程中发挥的效能，工程总承包蕴含的"设计和施工一体化"理念以其创新能力和增值能力成为现代国际工程项目管理模式的核心思想。无论是业主还是承包商，工程总承包管理的关键是根据项目具体情况选择合适的一体化模式。从FIDIC合同条件上看，EPC工程总承包改变了传统的"业主—工程师—承包商"三方模式，工程师以业主代表的身份出现不仅使"业主和承包商"两个利益主体的关系更加明晰而简单，而且突出了EPC承包商的责任主体地位。

自 20 世纪 80 年代以来，我国就开始在工程建设领域推行工程总承包，从工程总承包模式的认识到实践经历了一个漫长的探索过程。目前我国工程项目管理还处在从施工承包向工程总承包模式转变的过程中，工程总承包的基本含义是承包商要同时负责施工和设计任务，D-B(Design-Building)模式和 EPC 模式都是工程总承包模式。完整意义上的 EPC 工程总承包就是把项目实施过程的设计、采购、施工和调试交付四个阶段发包给一家建筑企业进行集成管理。总承包合同签订以后，总承包商按照合同约定对项目的质量、工期、安全和造价等各项项目成功的绩效指标向业主全面负责。EPC 工程总承包的优势在于发挥设计的主导作用，通过整体优化项目的实施方案实现设计、采购和施工各个阶段的合理交叉与充分协调，特别是利用工程总承包企业的项目管理和技术创新优势达到节省投资、缩短工期和提高质量的建设目标。从理论上讲，当建设项目的设计(Engineering)、采购(Procurement)和施工(Construction)任务由总承包商来组织实施时，EPC 三项基本任务在一个管理主体内部进行协调，能够降低它们在业主管理和总承包商管理分割运行的交易成本，从而大幅度提升了建设项目的投资效益。因此，EPC 工程总承包逐步成为发达国家工程建设管理的主流模式之一。

随着我国加入 WTO 和经济建设的快速发展，工程总承包从化工、石化行业逐步推广到冶金、电力、纺织、铁道、机械、电子、石油天然气、建材、市政、兵器、轻工、地铁等行业。房屋建筑工程项目的工程总承包也在不断增加，取得了明显的进展。近几年来，工程总承包的业主认可度和市场需求不断扩大，EPC 总承包在部分大型建筑业企业所占的比例也越来越大。如中国冶金科工集团公司 2005 年完成的建筑业产值 386 亿元中 EPC 工程总承包业务占 80%；由中国建筑工程总公司牵头，与上海建工集团组成的联合体总承包的"世界第一高楼"——上海环球金融中心工程的合同额达 47 亿元，在本工程实施中总承包商完成了大量的设计和采购任务；2005 年中国化学工程集团公司 EPC 总承包的神华煤制油项目，首批合同额达 46 亿元；2006 年 6 月，中信—中铁建联合体中标合同额为 62.5 亿美元的阿尔及利亚高速公路"交钥匙"工程，成为我国迄今为止承揽的对外工程总承包合同额最大的项目；2006 年 7 月，中国石化工程建设公司又签订了伊朗 ARAK 炼厂扩建和产品升级项目总承包合同，EPC 合同总价为 21.68 亿欧元。

EPC 工程总承包市场是一个高端市场，EPC 工程总承包管理对我国大型建筑企业过去仅仅依靠项目成本管理和施工效率实现项目效益的传统项目管理理念提出了挑战，

EPC工程总承包的管理必将突破项目层次而上升到工程总承包企业的业务运营和发展战略水平。通过总承包商的公司总部资源支持才能够实现EPC工程承包模式的集成管理优势，从而为项目增值，获得更大的利润空间。总承包商在EPC工程项目实施的所有参与者中处于管理主体的地位，其他参与者包括业主/业主代表、建筑师/工程师、分包商、供应商等都是在总承包商的管理和协调网络中实现自己的目标。大型建筑企业从施工承包商向EPC工程总承包商转变面临许多新的问题需要解决：设计、施工和采购整合中的管理责任和风险防范问题，技术方案和商务谈判的互相协调问题，分包和直营分包的管理机制问题等等。由于EPC工程总承包模式的综合性特征，我国的大型建筑业企业，无论是大型勘察设计院还是大型施工企业，都不可能一步到位改造成具有EPC全功能的工程公司，在从施工总承包向EPC工程总承包转变的过程中，建筑业企业的联合体或企业战略联盟的组织形式将普遍存在，新的项目管理组织形式运行机制需要研究，包括联合体的内部管理结构、联合体与各母体企业的关系等等。

本书从总承包商视角探讨EPC工程总承包管理过程中存在的一些现实问题。EPC工程总承包模式在我国工程实践中应用时间还不长，经验积累尚不足，而且工程的具体实施方式和对项目的监管力度是由业主根据自己的实际情况来确定的。因此，对EPC工程总承包管理方面的一些探讨尽量力求理论的系统性，但是由于笔者水平有限，对EPC工程总承包项目管理中一些专题的理解和阐述难免有不妥之处，敬请各位专家学者、企业界人士批评指正。如果本书的出版能够引起广大学者、企业界人士和政府主管部门对EPC工程总承包管理的重视，能够出现政策导向更加清晰、理论上更加深入、实践中更具有操作性的著作，就实现了编著者"抛砖引玉"的愿望。

7/4, 2008

目 录

1 大型建筑业企业的国际化

1.1 建筑业的现状及发展趋势 ·· 1
   1.1.1 国际建筑市场现状 ··· 1
   1.1.2 国际建筑市场结构分析 ··· 2
1.2 国际工程总承包市场的特征 ·· 3
   1.2.1 以总承包能力为基础培育企业价值链的增值点 ························· 4
   1.2.2 现代信息和通信技术正在改变着工程项目管理的模式 ··················· 4
   1.2.3 总承包商占据国际建筑市场的主导地位 ······························· 4
1.3 中国建筑业的国际化经营模式 ·· 5
   1.3.1 中国建筑业国际化经营的发展背景 ··································· 5
   1.3.2 中国建筑业国际化经营优势 ··· 7
   1.3.3 国际化背景下中国建筑业成长模式的转变 ····························· 8
   1.3.4 建筑业国际化经营的动态性和长期性 ································ 10
1.4 中国工程总承包企业的国际化战略 ·· 11
   1.4.1 建筑企业的基本发展战略 ·· 11
   1.4.2 工程总承包企业的国际化战略 ······································ 12
   1.4.3 国际化战略实施 ·· 14
1.5 工程总承包企业的核心能力 ·· 19
   1.5.1 工程总承包企业发展的驱动因素 ···································· 19
   1.5.2 工程总承包企业核心业务的变革 ···································· 20
   1.5.3 工程总承包企业的核心能力 ·· 23

2 EPC工程总承包模式

2.1 传统的DBB承发包模式 ·· 27
   2.1.1 DBB模式及其合同结构 ·· 27
   2.1.2 DBB模式的特点 ·· 28
2.2 工程总承包模式 ·· 28
   2.2.1 DB总承包模式 ··· 28

  2.2.2　EPC 总承包模式 ·· 30

2.3　项目管理总承包模式

  2.3.1　CM 模式 ·· 31

  2.3.2　BOT 模式 ·· 34

  2.3.3　Partnering 模式 ·· 36

  2.3.4　PM 模式 ·· 36

  2.3.5　PC 模式 ·· 38

2.4　EPC 总承包与其他工程总承包模式的关系分析

  2.4.1　施工总承包模式 ·· 39

  2.4.2　设计和施工总承包 ··· 40

  2.4.3　施工总承包、EPC 总承包和 BOT 总承包 ···················· 40

2.5　EPC 工程总承包模式

  2.5.1　EPC 工程总承包模式的发展背景 ································ 42

  2.5.2　EPC 工程总承包的主要内容 ······································ 43

  2.5.3　EPC 总承包项目的建设程序 ······································ 44

  2.5.4　EPC 项目中业主和承包商的责任范围 ·························· 45

  2.5.5　EPC 总承包项目的管理模式 ······································ 46

3　EPC 总包商的融资策略与项目资金管理

3.1　从"垫资"现象到带资承包

  3.1.1　国内"垫资"承包现象的历史渊源 ······························ 50

  3.1.2　国内"垫资"现象的表现形式 ····································· 51

  3.1.3　带资竞标要求 EPC 总包商具备强大的融资能力 ············ 52

3.2　EPC 总包商的融资渠道与融资策略

  3.2.1　利用国内金融市场进行融资 ······································· 53

  3.2.2　利用国际金融市场融资 ··· 59

3.3　项目资金管理

  3.3.1　项目资金管理模式 ··· 69

  3.3.2　项目资金管理的基本内容 ·· 70

4　EPC 工程总承包投标策略

4.1　工程投标的基本理论及应用

  4.1.1　工程投标的理论基础 ·· 75

  4.1.2　工程招投标的一般程序 ··· 79

4.2 EPC 工程总承包的投标过程分析 …… 83
4.2.1 EPC 工程总承包项目投标的工作流程 …… 84
4.2.2 EPC 工程总承包项目投标的资格预审 …… 85
4.2.3 EPC 工程总承包项目投标的前期准备 …… 86
4.2.4 EPC 工程总承包项目投标的关键决策点分析 …… 88
4.3 EPC 工程总承包项目投标报价的具体策略 …… 101
4.3.1 EPC 工程总承包项目投标的策略 …… 101
4.3.2 EPC 工程总承包项目报价的策略 …… 104

5 EPC 工程总承包的商务谈判与合同管理

5.1 商务谈判 …… 110
5.1.1 商务谈判及商务谈判的基本模式 …… 110
5.1.2 关于商务谈判的两种观点 …… 114
5.1.3 商务谈判的策划与运作 …… 116
5.1.4 合同价格的确定 …… 124
5.1.5 合同条款的商务谈判 …… 128
5.2 合同管理 …… 131
5.2.1 履约管理 …… 131
5.2.2 变更管理 …… 133
5.2.3 索赔管理 …… 134
5.2.4 争议的解决 …… 135
5.3 对合同管理问题的探讨 …… 137
5.3.1 合同双方的关系 …… 137
5.3.2 招投标的管理与实施 …… 137
5.3.3 如何规避工程风险 …… 140

6 EPC 工程总承包的深化设计管理

6.1 工程总承包项目的设计工作特征 …… 143
6.1.1 设计阶段的划分 …… 144
6.1.2 专业设计的版次管理 …… 145
6.1.3 设计与采购、施工的一体化 …… 145
6.1.4 工程总承包项目的设计范围 …… 147
6.2 深化设计的管理体系建立 …… 148
6.2.1 初步设计和设计变更的管理 …… 148

  6.2.2 对设计的深化和协调管理 ·················· 148
  6.2.3 深化设计的管理方法 ························ 149
 6.3 某大型房建项目深化设计管理实践 ················ 151
  6.3.1 工程初期在深化设计管理中遇到的困难 ·········· 151
  6.3.2 改进深化设计管理的建议 ·················· 155
  6.3.3 本项目深化设计管理改进后的启示 ·············· 157
 6.4 施工图深化设计的管理流程 ···················· 158
  6.4.1 深化设计管理的组织构架 ·················· 158
  6.4.2 深化设计实施流程 ······················ 161
  6.4.3 施工图深化设计的协调管理 ················ 162

7 EPC 工程总承包中的分包商管理

 7.1 工程建造中专业分包商管理的现状 ················ 164
  7.1.1 工程分包及分包模式 ······················ 164
  7.1.2 我国工程项目总分包体系下专业分包的现状 ········ 166
  7.1.3 目前我国建筑专业分包体系需要进一步完善的内容 ···· 169
  7.1.4 对健全和发展我国专业分包体系的建议 ·········· 171
 7.2 EPC 工程总承包项目下分包商的选择 ·············· 173
  7.2.1 分包商采购管理模式 ······················ 173
  7.2.2 总承包商与分包商的关系 ·················· 174
  7.2.3 分包商的选择 ·························· 177
 7.3 EPC 项目实施过程中对分包商的控制与管理 ·········· 179
  7.3.1 工程项目控制 ·························· 179
  7.3.2 总包对分包商工程质量的管理 ················ 183
  7.3.3 总包商对分包商进度的管理 ················ 186
  7.3.4 总包商对分包商的成本管理 ················ 190
  7.3.5 总包商对分包商的安全管理 ················ 192
  7.3.6 总包商对分包商工作的评价 ················ 193

8 EPC 工程总承包项目的风险管理

 8.1 EPC 工程总承包项目的风险特征与成因 ············ 197
  8.1.1 EPC 工程总承包项目的风险划分及特征 ·········· 197
  8.1.2 EPC 工程总承包项目风险的成因 ·············· 202
 8.2 EPC 工程总承包项目风险管理的具体程序 ············ 207

8.2.1　风险识别 ··· 207
　　8.2.2　风险分析 ··· 213
　　8.2.3　风险控制和处理 ··· 215
8.3　EPC工程总承包项目风险的全过程管理 ····································· 216
　　8.3.1　项目投标和议标过程中的风险管理 ································· 216
　　8.3.2　项目合同商务谈判和签约过程中的风险管理 ························· 218
　　8.3.3　项目执行过程中的风险管理 ······································· 224

9　EPC工程总承包的采购管理

9.1　EPC承包模式下物资采购的重要意义 ······································· 229
　　9.1.1　EPC模式下的设计、采购和施工之间的逻辑关系 ······················ 229
　　9.1.2　EPC模式下采购管理的价值 ·· 230
　　9.1.3　EPC模式下物资采购所面临的风险 ·································· 232
9.2　EPC模式下总包商的供应商管理 ··· 234
　　9.2.1　供应商资格审查和评价 ··· 235
　　9.2.2　后期评审和信用度管理 ··· 237
　　9.2.3　构建与供应商的战略伙伴关系 ····································· 238
9.3　EPC工程采购实施及合同模式 ··· 240
　　9.3.1　EPC工程采购评价的主要原则 ······································ 240
　　9.3.2　EPC工程物资采购的策略 ·· 241
9.4　物资采购合同管理 ·· 243
　　9.4.1　采购合同进度管理 ··· 243
　　9.4.2　采购合同接口管理 ··· 248
　　9.4.3　采购合同质量管理 ··· 249
　　9.4.4　采购合同成本管理 ··· 250
　　9.4.5　采购合同后管理 ··· 254
9.5　总包商采购的内部管理 ·· 254
　　9.5.1　采购流程优化 ··· 254
　　9.5.2　采购组织和人力资源管理 ··· 255
　　9.5.3　内部审计和内部控制 ··· 256
　　9.5.4　电子化合同管理和工作模式 ······································· 257
9.6　EPC企业的集中采购模式 ··· 259
　　9.6.1　集中采购的管理优势 ··· 259
　　9.6.2　集中采购管理组织结构 ··· 260

9.6.3 集中采购管理协调模型 ………………………………………………… 261
9.6.4 集中采购的实施过程 …………………………………………………… 263

10 EPC 总承包的组织管理体系

10.1 企业组织结构理论演进 …………………………………………………… 264
    10.1.1 企业组织结构内涵演变 ………………………………………………… 265
    10.1.2 企业组织结构形式演进 ………………………………………………… 266
    10.1.3 企业组织结构发展趋势 ………………………………………………… 268
    10.1.4 企业组织流程理论 ……………………………………………………… 270
10.2 国外工程公司的企业组织结构和项目管理模式 …………………………… 271
    10.2.1 企业组织结构模式 ……………………………………………………… 271
    10.2.2 项目管理模式 …………………………………………………………… 273
    10.2.3 EPC 工程公司的典型特征 ……………………………………………… 274
10.3 我国大型施工企业的组织模式及创新 ……………………………………… 275
    10.3.1 EPC 项目实施对企业组织功能创新的要求 …………………………… 276
    10.3.2 大型施工企业需要增强的组织功能 …………………………………… 276
    10.3.3 过渡期的组织模式 ……………………………………………………… 278
10.4 EPC 项目组织模式 …………………………………………………………… 280
    10.4.1 EPC 总承包企业组织的基本结构 ……………………………………… 280
    10.4.2 EPC 项目组织的基本模式 ……………………………………………… 282
    10.4.3 项目经理的素质要求 …………………………………………………… 285

参考文献 …………………………………………………………………………… 286

1 大型建筑业企业的国际化

1.1 建筑业的现状及发展趋势

全球经济呈现温和复苏,经济全球化趋势进一步增强,新一轮服务贸易谈判对建筑服务市场开放影响重大。建筑服务业是中国服务贸易的优势产业之一,在未来一个时期将得到重点发展。根据国际建筑业发展趋势提出应对策略是中国建筑业企业制定中长期发展战略时首先要考虑的问题。

1.1.1 国际建筑市场现状

从 1988 年开始,世界经济开始进入新一轮景气循环。经济增长达到 4.5% 的较高水平,世界贸易超前增长,达到 8.5%,国际金融市场十分活跃,国际直接投资迅猛增长。国际工程承包市场潜力巨大,有很大的发展空间。1999~2005 年全球建筑市场的年均增长速度为 5.2%。根据美国标准普尔公司的预测,全球建筑市场未来几年将保持 5.1% 的年均增长率。2004 年世界建筑市场的规模已超过 4 万亿美元。随着建筑业国际化程度的不断提高,国际工程承包的比例将不断扩大,2010 年之前,世界每年将有 2000 亿~3000 亿美元的国际工程承包额。

美国的《工程新闻纪录》(ENR)将国际工程承包市场分为房屋建筑、制造、能源、水利、排污/垃圾处理、工业/石化、交通、有害废物处理和电信等十大行业市场。从国际工程承包市场行业结构的变化趋势(见表 1-1)看,各行业所占份额进入 21 世纪后都较为稳定。除交通运输业呈现一定幅度增长、房屋建筑业有一定下降外,能源、水利、排污/垃圾处理及新兴的电信等行业变化都不大。

国际工程承包市场行业结构的变化趋势(%)　　　表 1-1

年度	房屋建筑	制造	能源	水利	排污/垃圾处理	工业/石化	交通	有害废物处理	电信	其他
2000	31.4	3.7	7.4	3.5	2.2	24.1	2.0	0.7	2.3	4.7
2001	28.3	3.6	7.0	3.3	1.3	25.1	23.7	0.3	1.2	6.1
2002	28.7	2.9	6.9	3.0	1.5	26.3	24.7	0.2	1.6	4.3
2003	25.4	2.5	6.8	2.8	1.5	24.9	27.5	0.2	1.4	7.1
2004	24.8	3.0	6.0	2.5	2.0	23.6	26.3	0.4	1.2	10.1
2005	27.8	2.6	6.2	2.3	1.8	23.1	26.9	0.3	1.2	8.0
2006	26.5	3.3	6.4	2.6	1.3	25.3	26.3	0.3	1.3	6.7

从总的格局看，国际工程承包市场呈现明显的金字塔形状。其中，房屋建筑、工业/石化及交通等三大行业始终居于金字塔的顶端部位，以年均77.24%的市场份额牢牢占据着建筑业优势行业的地位。房屋建筑、工业/石化及交通等三大行业成为了国际工程承包市场居于金字塔上端20%的行业，掌握着约80%的市场和收益，而居于金字塔中部和底部的80%的行业，却只掌握约20%的市场和收益。

1.1.2 国际建筑市场结构分析

1.1.2.1 国际建筑市场的地区结构

亚洲地区一直是全球最大的国际建筑工程承包市场，据统计，1993年亚洲地区国际工程在全球所占份额达到33.1%，此后一直保持在30%以上；欧洲紧随其后，所占份额保持在20%以上；从增长情况看，亚洲和欧洲市场上工程合同额（营业额）基本持续正增长。与此相对应，中东、非洲和拉美市场所占份额不断下降。1980年中东市场所占份额曾居全球首位，达到39%，但是受世界石油价格不断下降和战争的影响，到1990年其份额只有14%，而到1997年更降到9.48%；非洲市场主要受国际援助影响，很不稳定，由于20世纪90年代外援减少，其所占份额迅速缩减，1997年只有8.54%；拉美市场份额1992年突然由上年的32.8%降到9.4%，此后两年进一步下降到6%左右，这主要是因为拉美各国外债负担过重，发展受到制约。未来15年，亚洲仍将是世界上经济发展最活跃的地区，并将保持5%~6%的增长速度，亚洲的国际建筑承包市场大致保持在600亿美元左右。其中，香港地区作为独立的关税区，近年来一直是我国对外承包业的第一大市场，承包劳务每年约20亿美元。据预测，今后10年，香港作为中国大陆与世界经济交流的传统和重要的窗口，其经济增长可望保持或超过5%的高速度，国际工程的建设需求很高。具体来说，第一是政府的工程承包，如填海、公路、码头等。这类工程竞争激烈，估计效益难以保证很高，但对我国公司树立信誉极为重要。第二是投资开发房屋建筑，由于房地产业受供求关系的影响，风险波动较大，但利润丰厚。第三是劳务需求，特别是普通劳务需求量将会很大。相比之下，澳门地域狭小，产业结构特殊，而且在过去的10多年里，基础设施、机场、码头、道路、大桥相继完成，填海建房已趋饱和，所以建筑市场的增长空间十分有限。不过，随着澳门经济结构的转型，高科技含量的工程和劳务需求将有一定程度的增长。日本和韩国的承包工程市场的封闭程度很高，而且都是国际建筑承包业的大国，实力很强，所以其他国家很难在日韩获得大的工程承包合同。东南亚各国，如巴基斯坦、孟加拉、尼泊尔是我国建筑公司的老市场，规模虽然不大，但增长平稳。特别是印度近年来经济发展比较强劲，建筑需求增长的前景很好。伊朗也是个大市场，工业、矿业、交通、电力基础设施的建设需求都有较大增长潜力，但存在着支付风险。

1.1.2.2 国际建筑市场的行业结构及其发展趋势

从国际工程市场的行业结构看，1991年工业及石油化工业工程占全部市场需求的比重为38.02%，1992年增长到51.06%，随后开始逐年降低，1995年降为29.9%，1996、1997年又开始增长，所占份额分别是31.07%、33.94%。从1994年开始，房屋建筑业所占份额一直维持在21%以上，交通运输业则维持在16%以上，电力行业较少，但大多年份也达到了9%。从国际建筑市场行业结构的变动趋势看，过去10年形成的结构变动趋势还将持续下去，总体的行业结构特征不会发生大的变化。

1.1.2.3 国际建筑市场的竞争结构及其变化趋势

从总承包商的结构看，无论是公司数量，还是这些公司所占市场份额，发达国家在国际工程建筑市场都占有绝对优势，包括美国、加拿大、欧洲和日本在内的发达国家1997年、1998年分别有161家和155家公司被列入全球最大的225家之内，其国外营业额分别占其营业总额的85.9%和85%；而同期，发展中国家和新兴工业化国家只拥有225家中的64家和70家，其国外营业额占其营业总额的比重也只有14.1%和15%。但从发展趋势看，发展中国家和新兴工业化国家的地位在不断提高，总体实力不断加强。从总的格局来看，国际建筑市场呈现明显的金字塔形状。其中，发达国家的知名跨国建筑承包商始终居于金字塔的顶端部位，发展中国家的建筑业企业总体上仍处于金字塔的下端，粗略估计，国际建筑市场居于金字塔上端的20%的企业，掌握着80%的市场和收益，而居于金字塔中部和底部的80%的企业，却只掌握20%的市场和收益。

目前，国际工程承包市场潜力巨大，随着世界经济温和复苏、国际市场需求上升、全球产业结构调整以及加入WTO带来的有利机遇，国内建筑业企业从事国际承包工程业务的外部环境将更为宽松，一些国家取消了或正逐步取消在市场准入方面对中国公司的限制，因此，越来越开放的国际承包市场为我们参与国际工程承包业务提供了良好的发展机遇。

1.2 国际工程总承包市场的特征

国际工程承包的范围已超出过去单纯的工程施工和安装，延伸到投资规划、工程设计、国际咨询、国际融资、采购、技术贸易、劳务合作、人员培训、指导使用、项目运营维护等涉及项目全过程、全方位服务的诸多领域，工程承包逐步成为货物贸易、技术贸易和服务贸易的综合载体。逐渐增多的矿山、水坝、电力、交通、通信、石化、冶金等行业技术资本密集型工程项目倾向于选择设计施工一体化的工程总承包方式。美国设计—建造学会2000年的报告称设计—建造总承包（D—B）合同的比例已经从1995年的25%上升到30%，预计到2005年将上升到45%。国际工程承包模式的转变促使国际建筑市场竞争呈现出一些新的特点。

1.2.1 以总承包能力为基础培育企业价值链的增值点

近几十年以来，国际总承包市场中以 EPC 工程总承包为代表的一系列总承包商模式逐步推广应用，这种承包方式将建筑业企业的利润源从施工承包环节扩展到包括设计、采购和验收调试等在内的工程全过程，能够快速胜任这种承包模式的企业获得了有利的竞争地位。越来越多的建筑企业经过国际市场上的竞争磨练开始形成一定的总承包能力，并在此基础上进一步培育企业价值链的增值点，全方位寻求扩大利润空间的经营方式。换言之，建筑业企业将自己置身于一个比竞争对手更广阔的掌控资源和创造增值的任务环境，将客户、供应商、金融机构乃至于客户的客户都纳入企业经营的一个框架，通过企业价值链与这些密切关联的外部群体的价值链的有效协同，产生新的增值点为总承包商创造更大的盈利空间。

1.2.2 现代信息和通信技术正在改变着工程项目管理的模式

现代信息技术和通信技术前所未有的迅猛发展不仅深刻影响了人们的生活和工作方式，而且对陈旧落后的经营观念、僵化臃肿的组织体制、粗放迟钝的管理流程等企业经营管理的各个方面进行了深刻的变革。信息技术和通信技术的广泛应用不但改变着建筑业整个行业的体制和机制，而且也改变着建筑产品生产的组织模式、管理思想、管理方法和管理手段。建筑业正在经历一场革命，信息和通信技术是推动这场革命的主要力量之一。大型工程项目参与各方分布在世界各地，给项目的实施和协调带来了极大的困难，投资增加、进度拖延、质量得不到保证，而信息技术和通信技术正是促使项目成功的使能器（enabler），通过信息技术和通信技术将项目参与各方紧密联系，使项目信息得以有效地沟通。现代信息技术的广泛应用使企业管理过程中的信息流能够以更快捷和更低成本的方式进行传递，减小了管理成本，同时提高了管理的效率。企业的组织结构开始出现扁平化的趋势，管理跨度不断增加。这一方面缩短了企业的管理流程以及企业与市场之间的距离，另一方面也为企业在全球范围快速扩展创造了良好的条件。国际工程承包中，大型跨国建筑业企业运用信息技术和现代管理手段，能够以比传统管理手段更高的效率和更低的成本实现全球资源的配置，从而增强在国际市场上的竞争力，促进全球建筑市场一体化程度的提高。随着建筑业国际化程度的不断提高，日益激烈的国际竞争对企业的管理提出更高的要求，从而推动企业不断引进和吸收新的管理技术，促使信息技术和现代管理手段成为建筑业企业竞争力的一个重要方面。

1.2.3 总承包商占据国际建筑市场的主导地位

近 10 年来，国际建筑市场的激烈竞争中，总承包商的地位在不断提高，国际建筑市场的集中度不断提高。如1980年，全球前250家大承包商合同成交额约为全部成交额的70%，到了1990年，这一比例进一步提高到82%左右。

国际工程承包市场是不完全竞争的市场，少数大公司在国际工程承包市场上资金实力、技术和管理水平远远高于发展中国家的企业，在技术资本密集型项目上形成垄断。游离于总承包商之外的建筑业企业一般只能涉足劳动密集程度较高、市场竞争激烈的国际工程项目，居于建筑业整个产业链条的低端位置，只能扮演工程总承包商的协助角色。

随着建筑技术的提高和项目管理的日益完善，国际建筑工程的业主越来越关注承包商提供更广泛的服务的能力。以往对工程某个环节的单一承包方式被越来越多的综合承包所取代，EPC工程总承包成为主流模式之一。此外，对于公路、水利等大型公共工程项目，建造—经营—转让（BOT）、建造—拥有—经营—转让（BOOT）等工程承包方式也因其资金和收益方面的特征，越来越引起业主和承包商的兴趣，成为国际工程承包中新的方式。国际承包方式的这种新变化使总承包商在国际承包市场中的竞争地位不断提升。

与世界经济全球化相联系，国际工程承包发展的另一个趋势是投资作用的加强。一方面，在海外投资有利于经营国际承包业务的公司渗透到当地市场，承揽当地没有在国际市场公开招标的项目；另一方面，在竞争日益激烈的国际市场，尤其是在国内资金短缺的发展中国家，资金实力成为影响企业竞争力的重要因素。因此，承包商跨国经营的战略期望和资金紧缺项目的采购模式为带资承包创造了市场需求潜力。同国际工程承包中的其他投资主体，如政府援助和国际组织援助相比，企业投资的定向性最强，与所要承揽的工程紧密相联。在进行国际工程承包招标和投标的过程中，往往规定企业提供一部分自有资金，因而垫付资金的多少成为发包商决策的重要依据。发包商经常将工程发包给那些报价较高但垫付资金较多的公司。这种情况下，具备较强资金融通能力的建筑承包商就占有了相对的比较优势。

1.3 中国建筑业的国际化经营模式

在经济全球化背景下，国际化经营将成为推动中国建筑业成长模式转变的重要战略手段，只有在国际化这一长期渐进的发展过程中，中国建筑业才能不断发挥自己的优势和积累技术能力，实现产业的持续成长。中国建筑业发展战略的讨论始终局限在国内封闭环境中，理论思考缺乏国际视野。而对于在GATS和WTO所规定的框架下，如何利用国际化战略手段实现产业持续发展，就更加缺乏理论准备。

1.3.1 中国建筑业国际化经营的发展背景

从20世纪90年代中期开始，中国经济发展态势的一个突出变化就是整个国民经济的国际化程度大大提高。20世纪80年代初，我国的对外贸易依存度为12.6%，到90年代中期已经提高到40%以上。贸易依存度的不断提高意味着国内市场已经成为国际市场的有机组成部分，同时也意味着中国国内产业面临的国际竞争不断加剧。如果说改革开放30年来中国产业发展的主题更多地体现为"高速增长"，那么，以中国加入世界贸易组织为分界线，未来十几年乃至几十年产业发展的主题将突出表现为"国际竞争"。联合国《世界投资报告1995》也指出，在当今日益开放和激烈竞争的全球经济环境中，一个国家的经济业绩在很大程度上取决于该国与世界上其他国家建立起来的联系，包括贸易、技术和资本等在内的国际流动。国际竞争的形式也由传统的商品交换转向涵盖技术、资本、管理一揽子要素的对外直接投资形式，而这种转变都要通过企业和产业的主动性国际化经营才能够实现。近年来，国内经济发展的另一重要变化表现在开放的领域和方向正逐渐由制造业转向服务业。因此，在可以预见的将来，中国建筑业的国际化程度将逐步提高，同时也意味着国内建筑业将从单纯的国内经营阶段进入到国际竞争阶段。在建筑施工、设计、监理、房地产评估、物业管理等行业，具有雄厚资金实力和先进管理水平的外国企业将会对国内的企业形成巨大的竞争压力。在新的阶段里，提高国际竞争力成为中国建筑业发展的关键。企业的经营不仅要立足于本国市场，更重要的是还必须具备参与国际竞争的意识和国际化经营的视野，国际化经营能力成为决定企业未来长期生存和发展的关键要素。在开放的大背景下，作为最古老的产业和国内化程度最高的产业之一，国内建筑业的发展已不能仅仅局限于一个国家内部或传统业态来考虑，而必须从国际化的角度进行战略谋划。从传统意义上讲，建筑业是劳动密集型产业，建筑产品体型大，需投入大量资源，生产周期长，而且生产受自然地理环境条件的制约。

但是，随着经济全球化和国际贸易的深入发展，建筑业无论从产业内涵还是业态形式，都发生了深刻的变化，变化的方向主要体现在两个方面。一是由典型的国内产业向国际化方向发展，即建筑业价值系统中越来越多的价值链活动开始超越国界。比如，从技术发展的角度看，信息技术、电子商务等的发展，改变了建筑业的设计咨询、工程承包以及房地产经营等服务活动的内容，建筑企业进入市场和与客户沟通接触的模式也发生了比较大的飞跃。技术的发展以及交易成本的降低，使得建筑产业价值系统整体的国际化水平在不断提高，建筑业本身的诸多内容正在成为服务贸易和国际化经营的有机组成部分。二是由突出"制造"内涵的产业特征向突出"服务"内涵的产业特征方向发展，建筑业自身的服务内涵也日益丰富。其业务领域从传统的设计、土建施工、材料设备采购和设备安装向项目建议、可行性研究、融资、规划设计、试运营、技术培训、维修服务和运营管理发展，即建筑业价值增值活动所要求的能力结构本身也在朝着知识化、信息化方向发展。

国际化和服务化两个方向相辅相成，相互促进和影响，并且将最终决定建筑业的未来发展。产业内涵的转变尤其是服务化的发展方向，对于国际化经营战略的制定也有重要影响。建筑业的产业特质决定了其国际化的方向、重点和途径等不同于一般典型的制造业，这具体地表现在海外市场区位的选择、海外市场进入战略以及海外市场竞争战略等诸多方面。因此，在探寻建筑业国际化发展的理论基础时，一方面要吸收借鉴以制造业国际化为背景的国际生产理论的丰富成果，同时，还要充分关注近年来兴起的关于服务贸易和服务业国际化的最新理论，并以此作为战略制定的重要理论基础。

1.3.2 中国建筑业国际化经营优势

中国建筑业国际化经营的理论前提是什么？作为发展中国家的传统国内产业，其国际化经营的优势体现在什么地方？笼统地谈建筑业的优势和劣势，或者简单地将建筑业归于传统的国内产业，无助于建筑业的国际化经营。必须深入剖析中国建筑业的产业内涵，才能更准确地把握中国建筑业的产业特质及其给国际化经营带来的影响。从理论角度看，企业之间以及产业内部的相互关系可以用"价值链"（Value chain）和"价值系统"（Value system）两个概念加以描述。企业的经营活动可以用价值链来描述，而产业则可以看作一个价值系统（Porter，1986）。因此，建筑企业创造价值的过程可以分解为一系列互不相同但又相互联系的增值活动，这些增值活动的总和即构成价值链；而单个企业的价值链又处于范围更广的建筑产业内所形成的相互关联之中，如上下游之间、供应商和买方以及相互配套和协作的企业之间，由此形成一个综合设计、咨询、生产制造、管理和销售等增值活动的复杂集合体，即形成价值系统。在这一价值系统中，各环节或是各个价值链之间是相互依赖、互为前提的，在相互关联的过程中各个环节产生出不同的价值增值。并且，以这种复杂的相互关联为基础，整个建筑产业构成一个由重叠交错、千丝万缕、密不可分的子系统和子系统、子系统和母系统之间链接起来的复杂系统。建筑产业的国际化，实际上就意味着要以一种国际化的视野，超越国界去组织、协调和配置不同的价值增值活动。

在建筑业价值系统内部，各个不同环节在价值活动、价值创造方式等方面也具有不同的性质。比较建筑施工企业和建筑设计以及建筑咨询企业主营业务之间的差别，建筑施工企业主要从事基本价值活动（Primary activities），即一般意义上的生产制造环节（包括物料储运、建筑材料及设备采购、融资及供应、施工活动等）、市场营销、售后服务（维修服务）等，这些价值活动和建筑产品实体产生直接关系，生产要素包括劳动力、生产材料和设备等；而建筑设计和建筑咨询企业则主要从事支持型价值活动（Support activities），包括技术评估、过程及产品设计、建筑及结构设计、质量管理等，其突出特征在于这些价值活动渗透于整个价值系统的方方面面，要素投入主要是知识和人力资本。正是由于这些不同的性质，导致不同环节的国际化程度和国际化的形式存在着差异。

另一方面，建筑业价值系统的复杂性也导致了其能力结构呈现出非对称性的特点。在价值系统内部，每一种价值增值活动所需要的能力是不相同的，特定的活动可能需要特定的技能。体现在同一价值活动中的不同能力水平，实际上也就体现出价值增值的高低不同。这种能力可以概括为技术能力、配置能力和学习能力等基本要素综合而成的集合体。因此，一个特定的产业价值系统，从总体上就有一个特定的相对应的能力结构，它表现了产业在特定成长阶段一种质的规定性。并且，在不同的发展阶段，能力结构体现为不同的层次和特点。建筑业作为一个价值增值系统，它所对应的能力结构在内部层次上表现出不同的档次和特色。也就是说，其能力的分布是不均衡的。

从目前现状看，中国建筑业价值系统能力结构的优势，对应于发展中国家，主要体现在相对技术优势和市场经验；对应于发达国家，则主要体现在价值链活动的劳动密集型环节。但从整体上来说，中国建筑业价值系统的能力结构中高技术含量、知识密集型环节的竞争力还比较薄弱，价值增值水平很低。随着建筑业本身的发展以及国际竞争日益激烈，对能力结构的要求越来越高，也越来越复杂化。比如，在EPC模式或BOT模式下，融资能力、复杂项目管理能力、专有技术等成为参与竞争的基本要求。建筑业这种能力结构的非对称性的理论意义在于，虽然从整体上说中国建筑业价值系统的能力结构相对落后，但并不排除局部差别化优势存在的可能性，国际竞争使得价值链分工更加细化，而正是由于这种相对于其他发展中国家甚至发达国家的局部能力优势，构成中国建筑业国际化经营的重要理论前提。国际经营环境的变化以及国际分工的深化，使得不同规模和类型的跨国公司都能在国际市场中找到适合自己生存和发展的位置，应根据能力结构的不同层次和不同特点选择国际化经营的方向和途径，这是我们考虑建筑业国际化战略的基本出发点。中国建筑企业国际化经营的实践也充分证明了这一点。

1.3.3　国际化背景下中国建筑业成长模式的转变

发展中国家产业成长过程一般包含几个顺次相连的阶段：（1）国内培育阶段，该阶段一是促使该产业的诞生，二是扶持其发展，最终将该产业的成长推进到具有国际比较优势的程度；（2）比较优势的控制阶段，即通过产业比较优势的控制实现产业扩张；（3）比较优势利用阶段，即主要通过国际贸易实现产业成长；（4）充分一体化外向型阶段，即该产业开始进入世界领先位置的超越阶段。按照产业成长不同阶段上当地企业国际化程度以及国内对外国企业的依赖程度，可以将发展中国家产业成长划分为三种模式（如表1-2所示）。

发展中国家产业成长的不同模式　　　　　　　　表1-2

	国内培育阶段	比较优势控制阶段	比较优势利用阶段	一体化外向型阶段
依附型产业成长模式	依靠跨国公司及其带入的技术、管理方法	国外跨国公司控制	跨国公司内部贸易,比较优势原则失效	成为跨国公司全球网路的一个非独立环节
自给自足型产业成长模式	完全依靠当地企业,建立初期引进技术和管理等,建立以后与外界隔绝	当地企业控制	依靠自己或国外企业的贸易网络,但比较优势利用程度有限	很难达到这一阶段
自立型产业成长模式	依靠当地企业,也与外国企业持续合作,不断利用外部优势促使当地产业发展	当地企业控制	充分发挥比较优势,逐渐依靠自己的品牌、网路方向演进	逐渐达到充分一体化成长阶段,实现产业自立

根据建筑业的特殊性,用模型基本上可以分析中国建筑业成长模式。长期以来,中国建筑业的发展模式基本上是以低水平自给自足为主导的封闭型的模式。它以国内循环为背景,以追求国内本产业结构的均衡发展为目标,脱离了国际市场和国际惯例,把本产业与世界经济的发展人为地割裂开来,阻碍了产业结构高级化的进程。随着产业发展环境的改变,这种模式已经成为建筑产业成长的障碍。因此,国际化背景下需要新的产业成长模式,国内建筑业的发展战略以及国际化经营的内涵需要重新考虑。

建筑业的成长一方面有赖于改革的进程以及国内市场的培育,这是产业发展最重要的内部因素,但同时也必须越来越多地通过国际性资源的获取来提升产业成长所要求的能力水平。能力结构的变化是一个动态过程,国际化作为重要的战略手段,可以推动能力结构以更快的速度提升。而且,一个产业融入国际经济越早,就越能从外部得到那些有利于自身结构优化的积极影响。新增长理论已充分证明干中学(Learning by doing)是后起产业实现赶超的有效方式,国际化经营实际上就是提供了这样一种机会。能力结构是中国建筑业国际化经营的最基本前提。从这个意义上来说,建筑业成长的动力只能内生于国内经济发展和结构变革过程之中,而不能寄希望于外部。按照波特的划分,建筑业在国际竞争中整体上属于"多国内竞争"(Multidomestic competition),即该行业的国际竞争是以一个个国家的独特环境为基础来展开的。建筑业的这一产业特点决定了它不可能像典型的"全球型产业"(Global industry)如汽车、半导体等那样,具有明显的全球一体化的竞争态势。同时,发展中的大国这一基本背景决定了建筑产业成长的基础首先在于国内需求和国内环境。因此,毫无疑问,国内建筑业必须选择自立型成长模式。这一成长模式的主要内涵在于,通过国际化这一战略手段,尽快使国内建筑业摆脱自给自足的封闭型发展模式的制约,推进中国建筑业的快速成长和自立。我们可以把这一新的模式和机制用图1-1来描述。

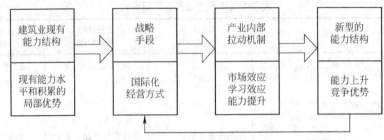

图 1-1　建筑业自立型成长模式

在新的模式中，国际化经营将作为推动建筑业产业成长的重要战略手段之一，通过市场效应、学习效应等，促进产业内拉动机制的形成，使产业能力结构进入动态演进的良性循环过程。

1.3.4　建筑业国际化经营的动态性和长期性

在明确了国际化经营特殊战略意义的前提下，我们还必须用动态的、长远的目光来看待建筑业的国际化，即它是一个复杂渐进的长期过程。站在建筑业发展的角度看，国际化本身不是目的，而是手段；国际化的过程同时也是产业结构演进升级以及企业制度诱致性变迁和强制性变迁相结合的过程。按照跨国公司理论发展中的新观点，随着国际经营环境的变化，利用国际化形式进行学习的成本在不断降低，国际化经营不仅是企业实现既有优势的活动，也是企业在更大的空间范围内寻求新的优势、提升能力水平的活动。发达国家的大企业固然可以利用全球经营的有利条件获得发展的机会，使企业本身的规模和实力更为强大，发展中国家的小企业也有可能获得和利用这些有利条件，从小到大迅速成长，积累自己的优势。对于国内建筑业而言，进行国际化的首要目的是为了在更广阔的空间里获得更大的成长机会。中国建筑业可以通过海外市场运作，积累市场经验和市场知识，获取技术和管理技能，从而加快技术累积的速度，提高产业价值系统能力结构转换的动态效果。因此，这实际上是一种学习型的国际化和战略型的国际化，同时也是一个复杂渐进的长期过程。我们可以把这个过程分成两个阶段：利用国际化经营学习和积累经验的阶段；真正具备国际竞争优势并充分发挥优势取得利益的阶段。但是，从第一阶段向第二阶段的演进和过渡，充满了不确定性，也正因为这一点，战略才显得特别的重要。换一个角度看，新的背景下建筑产业的发展实质上就是运用国际化经营这一重要战略手段，不断提升自己在产业价值系统中的位次，提高价值增值活动的能力水平，思考价值链各环节的分解、配置与重塑。国际化之所以重要，首先就在于其战略性、主动性，这是它和"以市场换技术"的被动方式在本质上的区别，或者说，国际化经营强调的是"以能力换技术"。因此，在新的环境下，中国建筑业必须以新的国际化视野，重新审视自己的成长模式和发展战略。只有在国际化这一长期渐进的发展过程中，中国建筑业才能不断发挥自己的优势和积累技术能力，实现产业的持续成长。

1.4 中国工程总承包企业的国际化战略

中国加入WTO后随着政府对《服务贸易总协定》有关承诺的生效，建筑市场将逐步国际化，中国建筑企业面临的竞争将更加激烈。中国建筑企业要想把握机遇、迎接挑战，就必须在环境分析的基础上选择符合企业实际的国际化战略。

1.4.1 建筑企业的基本发展战略

1.4.1.1 单一化经营战略

单一化经营战略是指以建筑施工为惟一业务的发展战略，这种战略的最大好处是可以使企业集中所有的资源来发展施工业务，有利于将此业务做精做强，但采用此战略的企业也会面临巨大的风险，当市场对建筑施工这种产品服务的需求下降时，由于企业没有其他的收益来源，企业的生存就会受到威胁。单一化经营战略往往适用于初创期的建筑企业或规模实力较小的建筑企业。

1.4.1.2 同心多样化战略

同心多样化战略是指建筑企业增加或生产与现有产品或服务相类似的产品或服务，而这些新增加的产品或服务能够利用企业在技术产品线、销售渠道、客户资源等方面所具有的特殊知识和经验，如从事土建施工的企业涉足安装和装饰业务，从事基础施工的企业涉足主体施工等等。采用同心多样化战略可以使企业既保持经营业务在生产技术上的统一性，又能将经营风险分散到多种产品上去。但是，当企业由于采用同心多样化战略使得规模发展越来越大时，企业往往无力兼顾各个业务，这种战略一般适用于有一定规模和实力的专业化建筑公司。

1.4.1.3 纵向一体化战略

纵向一体化战略是指建筑企业围绕建筑及房地产的产业链（供应链）在两个可能的方向上扩展现有经营业务的一种发展战略，它包括前向一体化战略和后向一体化战略。前向一体化是企业向产业链的下游拓展业务，包括企业自行对本公司产品做深加工，或对资源进行综合利用，或自己建立销售队伍来销售本公司的产品或服务等等，如建筑企业涉足房地产开发。后向一体化是企业向产业链的上游拓展业务，包括企业自己供应生产现有产品或服务所需的全部或部分原材料或半成品，如建筑企业从事规划设计、工程咨询等业务，通过采用纵向一体化战略，企业可以建立更大规模的销售网络和生产基地而从规模经济中获益也可以使企业扩大在建筑及房地产行业的规模和势力，从而达到某种程度的垄断控制。同时，前向一体化可以使企业控制销售和分配渠道，增加产品或服务的附加价值进而增加企业的利润率，后向一体化可以使企业对所用原材料的成本、可获得性以及质量等具有更大的控制权和知情权，有利于企业降低采购成本，提高利润。实行纵向一体化的主要风险是由于企业不断在某一行业扩张，容易对该行业产生依赖，同时，随着企业规模增加不仅需要更多的投资，而且要求企业掌握多方面的技术，从而带来管理上的复杂化。纵向一体化战略一般适用于规模较大、立志在本行业长期发展的建筑企业。

1.4.1.4 复合多样化战略

复合多样化战略是指建筑企业增加与现有产品或服务、技术和市场都没有直接或间接联系的大不相同的产品或服务，如建筑企业涉足百货业。复合多样化战略的主要优点是企业通过向不同的市场提供产品和服务，可以分散经营风险。但是，复合多样化必将带来企业规模的膨胀进而导致管理的复杂化。这种战略一般适用于资金实力雄厚、具有一定品牌优势的企业。

1.4.2 工程总承包企业的国际化战略

1.4.2.1 对建设项目管理国际化的反思

加入WTO以后，我国企业为了适应经济全球化的新形势，通过"走出去"和"引进来"的企业国际化战略提升国际化经营水平，即通过"国际市场国内化"和"国内市场国际化"两方面紧密结合形成双向互动的基本态势。"引进来"主要指我国企业利用外商直接投资的同时引进国外的先进技术和管理经验，"引进来"是为了发展和扩大改革开放的基础；"走出去"是指我国企业进行跨国生产、经营和销售，"走出去"是我国对外开放新阶段的重大举措，加速我国经济全面融入国际经济，"走出去"程度是衡量我国企业国际化水平高低的重要标志。改革开放之初，我国企业国际化主要走的是"引进来"的道路，今后要特别强调"走出去"战略，利用国内和国外两个市场、两种资源来促进我国经济更快发展。芬兰学者威尔什和罗斯坦瑞尼认为：企业内向国际化进程会影响其外向国际化的发展，企业内向国际化的效果将决定其外向国际化的成功。

对建设项目管理国际化的含义应该有比较全面的认识。建设项目管理国际化并不仅仅指我国建筑业企业管理在国外建设外资项目，管理在国内建设的外资项目或者在国外建设的中国投资项目也是国际化项目管理。更宽泛的理解应该是凡是按照国际承包市场规则管理的建设项目就是国际化项目管理。所以，项目管理国际化的含义不应该仅仅停留在工程建设所在地是国外还是国内或者投资者是外国还是中国，应该按照管理规则来判断。国际业主非常重视建筑产品的品质、承包商所能提供的建造服务水平以及承包商对规则的理解和顺畅的沟通。也就是说，不论承包商的来源和属地，首先需要给客户提供国际化的品质与服务，国际化的服务应该以国际化的人才以及对国际规则的理解和遵守为前提。由于中国建设管理体制形成和发展的特殊性以及我国建筑业企业长期以来形成的工作惯例，即使在国内的外资项目建设中，仍然存在很多不适应的现象。笔者认为，在国内外资项目中出现的碰撞和磨合过程为我国建筑业企业适应建设项目管理的国际规则和提升管理水平提供了锻炼的机会。如果建筑业企业能以开放的心态而不是固守自己的惯例，以国际通行的 FIDIC、IEC 或 AIA 等条款构架下的合同要求模式而不是仅仅依赖于过去的施工经验进行推理，就能够更加有利于积累走向国际承包市场的工程管理经验。

我国加入 WTO 以后，建筑业市场的国际化为我国建筑业企业的国际工程承包和劳务输出提供了一个公平竞争的舞台。然而，我国现有的建筑业尤其国有建筑业企业职工数量庞大，管理与劳务一体，这与国际建筑业的工程总承包管理、施工队伍专业化趋势相悖。WTO 是通过自由贸易发挥各国竞争优势的一个基本理念。中国最明显的优势是劳动力成本低，如果仅仅开发底端的劳动力比较优势，结果就是"卖苦力、打苦工"。宏基的施振荣有个"微笑曲线"理论，制造业价值链两端，即"设计"和"研发"是翘起来的，而中间的制造环节很低，微笑曲线翘得越来越厉害。微笑曲线的基本理念也反映了建筑业产业链的劳动分工和业绩回报分布状态，施工是建筑业价值链微笑曲线的最低点，建筑业企业通过控制建造成本获取利润的空间已经越来越小，建筑业企业以施工总承包的身份走向国际化承包市场，也只能是"打苦工"。建筑业企业提升设计、采购能力以及设计、采购和施工集成管理的能力，使得设计和采购管理也能翘起来，形成承包商的微笑曲线，将成为实现国际化和提升竞争优势的必然要求。

我国建筑业企业要成长为国际承包商需要扩展海外市场，树立明确的国际化发展战略目标，制定相应的战略措施；需要选择好产业进入战略，确定企业在建筑服务业中的分工地位和经营方向；需要分析自身的竞争优势，找准切入点，谋求业务升级，而不能停留在产业链末端；需要在巩固传统市场的同时开拓高端市场，政府项目和私人投资项目并举，探索规范的 BOT 等项目融资方式；需要通过扩大企业合作强化竞争优势，以市场换市场扩大服务换资源的规模和范围，创新贸易方式。

1.4.2.2 国外知名建筑企业的战略选择

美国华盛顿集团、福陆·丹尼尔公司、柏克德公司和加拿大兰万灵公司都是在全球排名前列的大型跨国建筑企业。它们所服务的行业及业务范围如表 1-3 所示。

国外几家著名建筑企业的主营业务　　　　表 1-3

	所服务的行业	业务范围
福陆·丹尼尔公司	石油、石油化工、化工、石油天然气管道、生物制药、电子、能源、基础设施、消费品、制造、采矿冶炼等	项目可行性研究报告、环境评估、项目融资、概念设计、基础设计、工程施工及管理、设备材料采购及管理、项目管理、项目启动及试车、运行维护、人员培训等
柏克德公司	航空、轨道交通和水利工程在内的土建基础设施、电信、火电和核电、采矿和冶金、石油及化工、管道、国防和航天、环境保护、有害废料处理、电子商务设施和工业厂房	工程设计—采购—施工、项目管理、施工管理

续表

	所服务的行业	业务范围
华盛顿国际集团公司	电站、矿场、交通、水资源、环保、轻工、燃气、化工、制药、流水装配、核资源管理、国家安全防务以及军备销毁等	为全球企业与政府提供整体化工程设计、施工筹划、设施管理
兰万灵公司	电力、化工石油、基础设施、采矿设施、设施及运营管理、军工生物制药、环境保护、农副产品加工、农业、工业与制造业、纸浆与造纸	项目前期的各项工作、设计、采购、施工及各类工程服务

从表中可以看出，作为综合性大型工程建筑公司，福陆·丹尼尔公司、兰万灵公司、柏克德公司和华盛顿集团都不是单纯搞施工，而是进行全方位的工程服务，包括项目的前期各项工作、设计、采购、施工及各类工程服务，而且，这些公司往往涉足多个行业，使其收益更有保障，如福陆·丹尼尔公司在其营业收入中石油化工行业占30%，工业及基础设施项目占15%，电力项目占19%，全球服务占24%（包括运行维护等），政府项目占12%。显然，从涉足的行业和服务范围看，这些公司实行的是纵向一体化的经营战略。

1.4.2.3 国际化战略选择：纵向一体化

通过对建筑企业发展战略的类型、国际建筑市场竞争特点和国外大型建筑企业的经营战略的分析。我们认为，为了迎接全球经济一体化和中国加入WTO的挑战，中国大型建筑企业应该选择纵向一体化战略。具体来说，中国大型建筑企业需要不断拓展经营领域，逐步发展成为综合型建筑公司，增强投资融资、勘察设计、建筑施工、设备采购和运行调试管理等多方面功能，实施工程建设全过程的总承包，使大型建筑企业发展成为资金密集、管理密集、技术密集，具备设计、施工一体化，投资、建设一体化，国内、国外一体化的综合类建筑龙头企业。同时，还必须逐步加大推行EPC、CM等通行的工程建设总承包方式的力度，逐步提高和完善BOOT、BOT等投资开发功能，提高市场竞争力和国际承包市场占有份额，逐步建成国际化、现代化大型建筑企业集团。

1.4.3 国际化战略实施

1.4.3.1 内外部环境分析

在决定实施纵向一体化战略之前，首先要对企业所面临的外部环境和内部环境进行分析与预测。

（1）外部环境分析：PEST分析

外部环境一般可以分为外部宏观环境和行业环境两部分。宏观环境对企业战略的制定和实施具有不可忽视的影响，政府政策的变动、经济发展速度、市场环境的变化等都影响着企业的发展。行业环境分析是对企业所处行业的具体情况进行分析，它关系着企业的生死存亡。因此，所有的企业都必须预测影响本行业的各种力量，以便作出明智的决策。通过外部环境分析,可以了解企业面临的机遇(Opportunities)和威胁(Threats)。

外部宏观环境分析一般采用PEST模型,即从政治/法律的(Political/Legal)、经济的(Economic)、社会的(Social)和技术的(Technologic)四方面对建筑企业的外部环境进行分析(图1-2)。

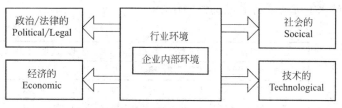

图1-2　PEST模型:外部环境分析

外部行业环境分析可以以迈克尔·波特(M. E. Portor)提出的五力模型作为依据(图1-3),对建筑业面临的五力(即潜在进入者的进入威胁、供应商的砍价能力、替代品的威胁、买方的砍价能力、现有竞争对手之间的竞争)进行分析。

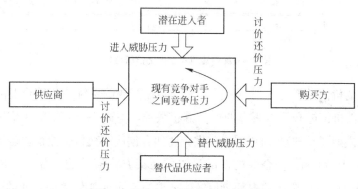

图1-3　迈克尔·波特的"五力"模型

(2) 内部环境分析:价值链分析

对于大型建筑企业来说,需要从组织结构、管理机制、人力资源、财务能力、市场营销、技术研发和企业文化等方面对企业内部的优势与劣势进行分析,在分析时可以采用价值链分析作为工具。

价值链理论(Value Chain)是由迈克尔·波特教授提出来的,他认为企业活动可以分成基本活动和辅助活动两类。基本活动涉及企业的产品生产、销售以及售后服务等活动,是由投入到产出产的转化,是产品或服务在实质上的创造,它反映企业生产经营活动的主线,是一个紧密衔接的过程,它应有助于物流信息流在这些活动之间顺畅通过。辅助活动是以提供生产要素投入、技术、人力资源以及企业范围内的各种职能等来支持企业的基本活动。每项活动及活动间都是紧密相连的,都要强调对目标的增值,且各项活动带来的价格增加不低于该活动的费用。只有基本活动和辅助活动密切配合，才能为企业创造更高的利润。根据价值链理论的基本原理，按照建筑企业的业务流程，可以建立我国建筑企业的价值链模型(图1-4)。将公司价值链的基本活动分为市场营销、内部后勤、施工、外部后勤及售后服务，辅助活动主要分为企业基础设施、人力资源开发与管理、技术开发及采购管理。其中基本活动在价值链中起着最基本的维系企业生存和发展的核心作用，支持价值活动在企业生产经营管理的价值活动中间接创造价值，对竞争优势发挥着辅助性的作用。

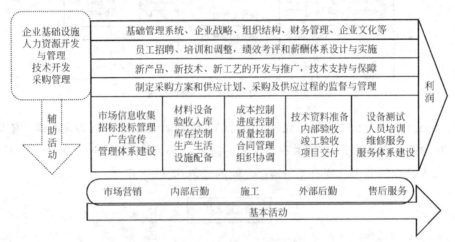

图1-4　国内建筑企业内部价值链模型

建筑企业的价值链不是内部封闭的，而是两端开放的系统。建筑企业的价值链分别与上游供应商的价值链和下游买方的价值链相联系，构成一个完整的供应链，即建筑企业外部价值链模型(图1-5)。可以看出，供应商拥有创造和交付企业价值链所使用的外购输入的价值链(上游价值)；企业的产品最终成为买方价值链的一部分；企业获取和保持竞争优势不仅取决于企业的内部价值链，还取决于企业如何适应企业的外部价值链。

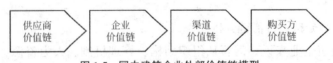

图1-5　国内建筑企业外部价值链模型

(3) 行业价值链分析

与企业内部价值链相对应的还有行业价值链。所谓行业价值链是指在一个产业内部的不同企业承担不同的价值创造职能，产业上下游多个企业共同向最终消费者提供服务(产品)时形成的分工合作关系。行业价值链又称为产业链或供应链。价值链概念通常是用来描述价值创造过程中的构成环节及其价值创造环节的功能；行业价值链概念则是描述行业内各类企业的职能定位及其相互关系，说明行业市场结构形态。

通过对企业内外部环境的分析，掌握了企业外部的机会、威胁以及企业内部的优势和劣势，在此基础上，企业就可以选择在行业价值链的哪些环节实施纵向一体化，要想做好这一步，就必须对建筑及房地产行业的价值链进行分析，掌握产业的分工及合作情况，为建筑企业实施纵向一体化战略提供依据。根据对建筑及房地产行业的调查研究，绘制了该行业的价值链模型(图1-6)。可以看出，建筑及房地产行业的价值活动主要由6个环节组成，即投资策划、土地获取、策划设计、建筑施工、项目销售及物业管理，每个环节都包括若干价值活动，只有每个价值活动都顺利完成，整个行业的价值才能实现最大程度的递增。显然，价值活动的载体(即实现或协助实现该价值活动的单位)之间的相互协作，使它们在完成各自价值活动的同时，客观上帮助整个行业的价值增值。

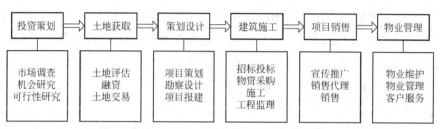

图1-6 建筑及房地产行业的价值链模型

根据对基本价值活动的分析，可以绘制建筑及房地产开发行业价值载体(参与各方)示意图(图1-7)。由图中可以看出，各个载体之间通过提供产品或服务建立了彼此

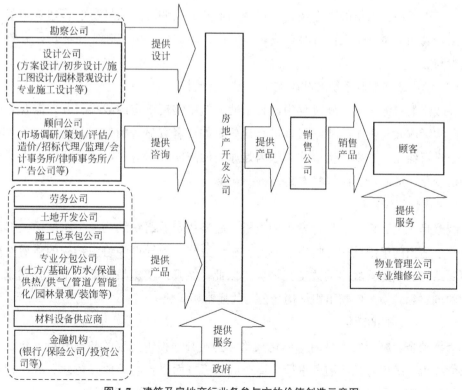

图1-7 建筑及房地产行业各参与方的价值创造示意图

的业务关系，核心载体是房地产开发公司，策划、咨询、勘察、设计、监理、招标代理、施工单位、材料和设备供应商等企业都可看作是房地产开发企业的供应商。它通过整合其他企业的资源来更好地生产自己的产品并增加其附加价值，从而实现利益最大化，它就是整个行业的总集成商，对整个行业的发展影响最大。相对其他载体，房地产开发企业掌握了业内最充分的信息，因而能在合作中占得先机，因此，房地产开发企业的回报也相对较高。

由于中国建筑企业历来从事单一的施工承包，其经济活动被局限于建筑产品的初级加工，不能充分利用企业资源增加自己在建筑产品上的附加价值，在整个行业中始终扮演初级产品供应商的角色。因此，相对业内其他企业，建筑施工企业的回报几乎是最低的。通过对建筑及房地产开发行业参与各方角色、地位及回报的分析以及企业内外部环境的分析结论，建筑施工企业可以选择在行业链上进行拓展，完成从一种价值载体向多种价值载体的转变，从而实现纵向一体化。

1.4.3.2 战略实施准备

在确定实施纵向一体化战略并选择了将要拓展的业务后，企业要做以下准备工作。

（1）全员参与

在战略制定和选择过程中，只有企业中高层管理人员参与，而在纵向一体化战略实施时，由于涉及大量的工作调整、资金调剂和人员调配，从最高层管理者到基层作业人员，公司的每一个人都将参与战略的实施，因此，战略实施要想成功，需要强调全员参与。

（2）使用战略控制系统对战略实施过程进行监控

在战略的具体化和实施过程中，为了使实施中实现既定的战略目标，需要对反馈回来的实际成效与预定的战略目标进行比较，如二者有显著的偏差，就应当采取有效的措施进行纠正，如果产生偏差的原因是原先的战略分析有误，或是环境发生了预想不到的变化，应制定新的战略方案。

（3）优化组织结构

战略是大型建筑企业长远发展的关键，战略决定着组织结构，组织结构又抑制着战略，不适当的组织结构会阻碍战略的实施，战略的前导性和组织结构的滞后性决定了组织结构必须随着战略的改变而调整。因此，在具体实施战略前，企业要完成组织结构的调整和转换，使新组织结构与公司的战略相匹配。

（4）出台必要的政策

为推动企业顺利实施纵向一体化战略，公司必须提供配套的政策支持，建议企业从科学决策、绩效考核、财务审计、管理机制等方面出台与纵向一体化、战略相适应的政策和制度，并且制定公司的业务流程、部门职责及岗位职责等等。

1.5 工程总承包企业的核心能力

自建设部《关于培育和发展工程总承包和工程项目管理企业的指导意见》（建市[2003] 30号文）颁布后，国内许多文献论述了具有设计或施工总承包资质的企业向工程总承包企业转变的重要意义，还提出了转变的实施程序、步骤措施。然而，什么是工程总承包企业？已有的文献对此概念的认识没有充分揭示其本质内涵和创新的理论价值。本质上，工程总承包企业是我国大型建筑业企业尤其以施工总承包为主业的企业实施组织变革的目标模式，这一新的企业模式与传统建筑业企业组织相比较，其变化不仅表现在经营多元化和规模扩张上，更重要地体现在其经营理念、核心业务及其组织内涵和产业定位发生了根本变革。

1.5.1 工程总承包企业发展的驱动因素

1.5.1.1 建筑业的新理念和价值观

在经济全球化和信息化背景下，国际建筑业的思想观念和价值体系发生了重大变化：一是从注重建筑产品本身价值转向注重社会价值，建筑物不仅被当作一种产品，而且是一种可以带来投资回报的资产，体现出价值观的根本性转变；二是从注重建筑产品的生产过程（即施工过程）转向注重建筑产品的整个生命周期，生命周期成本体现出成本观的根本性转变；三是从注重物质生产转向注重对人的尊重以及与自然的和谐，体现出发展观的根本性转变。思想观念和价值观的转变对建筑业企业的组织模式及其运行机制产生了深远的影响。

1.5.1.2 国际工程承包市场的竞争压力

国际工程承包的范围已超出过去单纯的工程施工和安装，延伸到投资规划、项目设计、国际咨询、国际融资、采购、技术贸易、劳务合作、人员培训、指导使用、项目运营维护等涉及项目全过程、全方位服务的诸多领域，工程承包逐步成为货物贸易、技术贸易和服务贸易的综合载体。逐渐增多的矿山、水坝、电力、交通、通信、石化、冶金等行业技术资本密集型工程项目倾向于选择设计施工一体化的工程总承包方式。根据美国设计-建造学会2000年的报告，设计-建造总承包（D-B）合同的比例已经从1995年的25%上升到30%，预计到2005年将上升到45%。工程总承包模式反映了市场专业化分工的必然趋势和业主规避风险的客观要求，成为未来建筑业的一种重要承包模式。建筑交易方式的变化不仅要求建筑业企业转变习惯于施工承包的管理思想，更重要的是要调整企业内部资源结构，以适应新的建筑承包内容和运作方式。当前，我国建筑业企业必须抓住机遇，加快改革、改组或改造的步伐，通过重组、兼并、上市等资本运作方式组建综合性企业集团，尽快培育一批具有国际竞争实力的工程总承包企业。

1.5.1.3 国内建筑业企业结构的优化需求

在2001年新的资质就位前,我国有9万多家建筑业企业,其中74%都是综合性施工企业,26%为专业化企业,而早在1970年,美国专业化企业所占比例为72.6%,日本为71.4%。1997年我国共有9.6万家施工企业,而美国的注册承包商数量为65.6万,是我国的7倍,说明我国建筑业市场过度竞争的主要原因并不是进入企业数量过多,而是企业规模结构不合理,建筑业企业过度集中于相同的综合承包目标市场。截至2002年6月底,我国建筑业企业新资质就位工作全部完成后,全国共有特级企业99家,一级企业3822家,拥有工程总承包资质的企业由就位前的80%下降到52%,专业承包企业则由过去的20%增加到48%,这使得企业组织结构得到显著优化,但是这样一个比例仍然未能从根本上解决综合承包类企业过多、专业承包类企业相对过少的问题。新的特级总承包企业如何随着总分包市场的成熟和各类企业的分化来重组和盘活建筑业产业现有资源,转变为工程总承包企业?如何培育能够提供技术和管理密集型的差别化建筑产品和服务的核心能力?是我国建筑业进一步优化产业结构面临的现实课题。

1.5.2 工程总承包企业核心业务的变革

1.5.2.1 工程项目管理向全寿命集成化模式转变

传统建筑承包商的项目管理包含实施阶段、竣工验收和保修期的建造过程管理,但是随着建筑业竞争加剧、建筑技术提高和工程项目的大型化趋势,业主希望承包商扩大承包范围,提供包括项目前期的融资行为和后期的物业管理在内的整个项目建设全过程的服务。建筑业是典型的买方(业主)市场,许多实力雄厚的建筑承包商开始以低利率项目融资和运营物业管理为条件参与市场竞争,建筑商的项目管理扩展到项目全寿命管理(图1-8)。

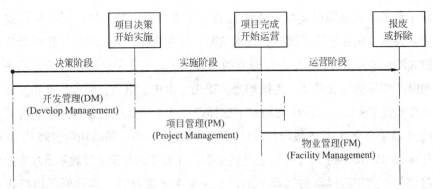

图1-8 项目全寿命集成化管理模式

工程总承包从设计/建造(D/B)方式到交钥匙(Turkey)工程,再到BOT方式,项目的融资方式、组织模式和风险结构变得越来越复杂,项目管理模式高度综合一体化的发展方向要求承包商改变"建完就走"的经营模式。新的工程采购模式和合约形式采用特许专营的方式(如 BOT 模式),反映了客户和社会需要的是一体化的交易方案,这种方案意味着资产和服务首次在同一个合约中出现。

1.5.2.2 工程总承包企业在建筑业供应链流程中的地位转变

建筑业供应链以工程总承包企业为核心,通过对信息流、物流、资金流的控制,从原材料采购开始到施工、竣工交付使用的全过程中,将供应商(包括材料供应商、设备租赁商和劳务分包商)、工程分包商、业主连成一个整体的功能网链结构模式(图 1-9)。

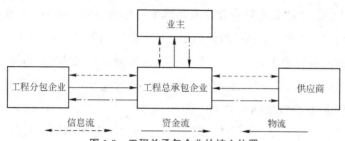

图 1-9 工程总承包企业的核心位置

一个完整的供应链流程由拉动流程和推动流程组成。拉动流程是由一个顾客订购启动的,推动流程是由多个顾客订购预期引发并运行的。建筑业是典型的买方(业主)市场,业主根据行业惯例、国家法律规定和项目风险结构等因素确定工程采购方式(Project Procurement Route),中标前工程总承包企业因为没有获得总包商资格而不具有发言权,以业主需求为动力源的拉动流程是建筑业供应链的典型运行模式。建筑业企业中标后才能基于工程项目信息的共享而协同业主、分包商和供应商等项目所有参与方,从而拥有实现项目效益的权力,建筑业企业在获得项目建设权后被动进入建筑业供应链流程。从另一方面看,在激烈的市场竞争压力下,工程总承包企业能够通过与材料供应商、设备租赁商和劳务分包商以及潜在的分包商建立战略伙伴关系提升自身价值,以强大的竞争优势吸引潜在的业主或合作伙伴,拥有项目选择权而在工程承揽中居于主动地位。工程总承包企业通过提升内部集成化管理和外部战略伙伴联盟水平吸引多个业主的需求预期,可能获得的项目选择势能将成为建筑业供应链的重要推动力量。因此,由业主需求启动的供应链拉动流程和基于工程总承包企业竞争优势的供应链推动流程的紧密结合,形成完整的建筑业供应链流程(图 1-10)。

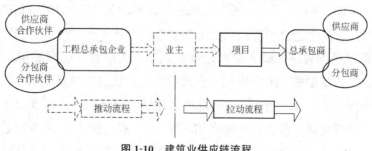

图 1-10 建筑业供应链流程

1.5.2.3 工程总承包企业核心业务的拓展

工程总承包是一种以向业主交付最终产品服务为目的，对整个工程项目实行整体构思、全面安排、协调运行的前后衔接的承包体系。它将过去分阶段分别管理的模式变为各阶段通盘考虑的系统化管理，使工程建设项目管理更加符合建设规律和社会化大生产的要求。传统建筑业企业要打造成工程总承包企业，需要由过去单纯的工程施工和安装等业务提升和拓展到多项核心业务。

(1) 融资功能。工程总承包企业要有雄厚的资金作后盾，按照一般的国际惯例，开展国际工程承包要求承包商出具银行保函或一定数量的保证金，并在工程初期垫付使用。我国企业的自有资金少，不能满足大型项目带资承包的需要。同时，我国银行对企业的信贷额度低，国家控制外汇信贷规模，审批时间长，审批程序复杂，融资也是企业开展总承包业务的瓶颈问题之一。解决这个问题一方面需要国家出台相关政策，另一方面也需要企业建立宽泛的融资渠道。2001年10月30日，中建总公司和中国农业银行在北京正式签订为期6年的银企合作协议。根据协议，在未来的6年内，中建总公司将从中国农业银行得到60亿元的综合授信额度。据新华社报道，这60亿元的综合授信额度将主要用于支持中建总公司增强核心竞争力，双方的合作范围将涉及本外币贷款、国际和国内结算、票据承兑、代收代付、银行卡、网上银行服务等方面业务。

(2) 技术创新。目前我国许多建筑业企业在同一层次竞争，企业技术水平差距小、特色不显著是重要原因之一。建筑业企业通过降低材料和劳动力成本来提高建筑产品竞争力的发展空间已经在逐渐缩小，通过与高新技术接轨提升建筑生产的附加值，才能形成竞争优势。工程总承包企业应该成为技术创新决策、投资、开发应用、创新风险承担和利益享有的主体。近年来，国际承包商在设计、施工、建筑材料、建筑设备等方面的技术创新不断加强，依靠技术创新，通过利用自己的知识产权、专利技术控制国际标准化的制定获得高额附加值，已经成为国际建筑市场的游戏规则，技术创新成为扩大工程总承包份额的有力手段。技术创新不仅意味着超额利润，而且意味着在专利技术领域的竞争实力，今后的建筑市场份额之争将是技术专利、知识产权、工业产权之争。

(3) 设计和施工深度交叉。在施工总承包模式下，施工和设计是分离的，双方因难以及时协调而常常产生造价和使用功能上的损失。设计和施工过程的深度交叉，能够在保证工程质量的前提下，最大幅度地降低成本。美国宾夕法尼亚州立大学关于设计—建造模式、传统模式、风险型CM模式的实证对比研究成果显示，设计—建造模式在工期、费用、质量方面明显具有一定的优越性。设计和施工深度交叉，降低了工程造价。设计阶段是对工程造价影响最大的环节，工程造价的90%在设计阶段就已经确定，施工阶段影响项目投资仅占5%左右。因此在设计阶段实行限额设计，通过优化方案降低工程造价的效果十分显著。以中国石化北京石油化工工程公司承接的长岭、福建等6套聚丙乙烯项目为例，由于实行工程总承包共节省项目投资12亿元。同时，设计阶段属于案头工作，进行设计修改优化的成本是很低的，但是对项目投资的影响却是决定性的。如果没有相应的设计能力，要进行真正意义上的工程总承包是不可能的。随着CM方式即"边设计、边施工"的模式越来越多地被业主采用，施工企业单纯的"按图施工"已经远远满足不了要求。在国际工程项目中，建筑师依靠图纸表达与确定下来的通常只是建筑工程的总体设计要求，要真正实现其设计意图，需要承包商自行完成大量的施工详图设计。例如，SWFC项目就是在美国SOM设计事务所建筑设计的基础上，工程总承包商中建总公司通过中建设计院完成了大量的施工图深化设计。

（4）工程咨询。工程建设是一项耗资巨大、回收期长、涉及面广的重大固定资产投资活动。项目建设前期业主需要做大量的投资研究工作，为投资决策提供较为扎实的依据，需要回答包括市场、建设规模、财务预算、资金筹措、效益评价等多方面的内容。相对于后期项目建设来说，这些都是内业工作，所花费用少，但对整个项目投资的影响却很大。这些工作需要有相当经验的专家来完成，但大多数投资方都不是工程建设方面的行家，他们需要总承包企业协助其做好项目可行性分析。因此，增加咨询功能对施工企业打造工程总承包企业是非常必要的，它为承包商尽早参与项目提供了机会。美国的福陆·丹尼尔公司正是凭借强大的咨询服务能力，成为世界上最大的工程总承包企业之一。

（5）市场营销。建筑产品的固定性和长期性以及直接面对顾客的现场生产方式决定了建筑业企业生产与销售一体化，市场营销贯穿于现场生产全过程。工程项目的一次性特征要求建筑业企业采用不同的营销策略和组合进行差异化营销。工程总承包企业要充分利用和业主、供应商、项目管理公司、分包商以及劳务承包公司的互动机会，进行"关系营销"和"情感营销"。

1.5.3 工程总承包企业的核心能力

普拉哈拉德和哈默认为，企业的核心能力有三个基本特征：一是提供了进入多元化市场的潜能；二是对它所服务的顾客体现出的价值；三是使竞争对手难以模仿。工程总承包企业的核心能力主要体现在以下几个方面。

1.5.3.1 工程项目管理能力

美国项目管理学会PMI（Project Management Institute）在《项目管理知识体系指南》PMBOK（A Guide To The Project Management Body of Knowledge）中提出两类项目过程：创造项目产品的过程（Project-Oriented Processes），项目管理过程（Project Management Processes）。创造项目产品的过程具体描述为创造项目产品，关注和实现项目产品的特性、功能和质量。例如，工程项目建设中的EPC模式。而项目管理过程具体描述为组织项目的各项工作，关注和实现项目过程的效率和效益，对于大多数项目而言都有相同的管理过程。例如，工程项目建设中的策划（Planning）—实施（Execution）—控制（Controlling），即所谓PEC，就是项目管理过程。目前工业发达国家的工程公司和项目管理公司，都建立了本企业的工程项目管理体系。工程总承包企业的工程项目管理体系是构成企业工程项目管理功能的各要素的集合，具体包括组织机构设置和职责明确、基础资源（人力资源、物力资源、财力资源和技术资源等）保障、项目程序文件、作业指导文件和基础工作（图1-11）。

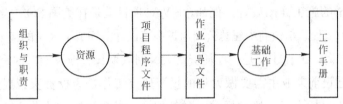

图1-11 工程项目管理体系基本结构

项目管理在工程项目中不是单纯的"抓设计"、"抓施工"，即只抓创造项目产品的过程。当前我国工程建设中，对创造项目产品的过程十分重视，而对项目管理过程认识不足。因此，建筑业企业要十分重视从施工阶段的项目管理向工程总承包项目管理的提升，充分借鉴以国际标准化组织的ISO 10006《项目管理质量指南》和美国PMI的《项目管理知识体系指南》这两个权威性理论文献，建立完善的工程项目管理体系，以形成项目管理知识领域的积累和共享机制，整合利用分散在企业各个工程项目中的信息、技能、方法和工具等知识资源。

1.5.3.2 信息技术应用和组织学习能力

以计算机技术、通信技术和网络技术为代表的IT技术在工程建设领域的开发与应用通过工程管理信息化充分地体现出来。据统计，传统建设工程项目中2/3的问题都与信息交流有关；建设工程项目中10%～33%的成本增加都与信息交流问题有关；在大型工程项目中，信息交流问题导致的工程变更和错误约占工程总成本的3%～5%。实施工程管理信息化可以有效解决上述问题，实现建设项目增值。最为成功的创新型公司必然是一个高绩效的学习型组织。组织的一些复杂的、变化巨大的学习方式涉及现行体系和组织基本准则与价值的重要变动，从组织未来的行为极大地受到过去的规程和准则的影响的意义上来说，这种学习是非线性的。研究表明，企业学习过程和企业绩效之间存在直接关联，通过"干中学"（learning by doing）改进生产过程和"用中学"（learning by using）改进产品都能提高企业绩效（Arrow，1962；Rosenberg，1982；Bulter，1988）。在经济学中，学习被认为是可触摸的和可量化的价值增值活动；在管理学中，学习被视为持续竞争效率的源泉；而在创新理论当中，学习被视为创新比较效率的源泉（Carayannis，1996）。因此，工程总承包企业建立有效的学习机制是促进其竞争力跃升的有效途径。

1.5.3.3 组织结构优化和人力资源管理能力

工程总承包企业实现了工程项目设计、采购和施工的一体化管理，通过资金、技术、管理等各个环节紧密衔接创造项目效益。因此，工程总承包企业的战略定位是智力密集型和技术密集型公司，需要构建与其发展战略相匹配的组织结构和人力资源体系。建筑业企业选择何种组织形态，应根据其核心业务市场断面而定，相同生产单元的组合超过一定规模后其边际效益下降，企业管理链条太长将导致组织效率下降。目前的一些国家级大型建筑业企业，下属的子公司中既有设计院，也有施工企业，但是仅仅采用设计院加施工企业改造而成的总承包企业组织难以实现满足集成化管理的目标。国外大型工程公司的核心竞争力提升通过设置专门的组织机构来实现，为公司创造增值的核心竞争力体现在其拥有某些专利技术。如美国的柏克德公司负责工程总承包的全球业务部(GBU)下设包括能源电力、电信、土木工程、公共工程等若干个专业子公司，然后每个子公司下面又分为北美、南美、欧洲和亚太等区域事业部或子公司，然后再按设计、采购、施工划分。但其在COO和GBU之间设立的，由30~40人组成的工程技术部为整个系统中最关键的部门，提供专利技术的组织保障。

工程总承包并不是一般意义上设计工作、采购工作和和施工环节的简单叠加，它有自己独特的管理内涵。工程总承包除了通过提高效率改进阶段性盈利水平，更重视的是运用总包协调和整合能力、对市场资源的掌握以及对各专业分包的管理能力为业主创造增值。基于工程总承包宽泛的管理范畴要求，工程总承包企业最需要懂技术、通商务、经验丰富的复合型项目管理人才。现代人力资源管理理论认为，员工管理除了录用、调配、工资分配、离职退休等事务性工作外，要把员工作为企业的核心资源来开发，用系统的观点把制定政策、职业生涯设计、绩效管理与吸引人才、善用人才、发展人才联系起来，增强企业人才竞争优势。首先，健全岗位(Position)责任制。完善经营者"企业内部资产经营、生产经营责任制"、项目经理"施工项目管理责任制"和员工"岗位责任制"，促进责权利的相对统一，调动各层面的积极性、创造性。其次，建立绩效(Performance)考核制度。实行全员的年度考核、项目的竣工考核和经营者的任期考核，与奖惩挂钩，逐步强化量化考核。最后，完善分配(Payment)制度，建立以业绩、岗位为主要依据的经理年薪制、管理层的岗薪制、项目经理的工薪制和作业层的计时计件工资制等多种分配形式。

1.5.3.4 营销能力

工程总承包企业的市场营销能力具体表现为深入理解和准确把握业主意图的能力，即理解标书的能力、企业的信誉和品牌以及服务的能力。服务能力包括市场定位能力和能够把能为业主增加的价值信息传递给业主的渠道建设能力。首先，要明确细分的目标市场和锁定市场上的综合供应能力，学会放弃。其次，针对性地组合营销技术和建立营销渠道。例如，很多大型建筑业企业虽然具备很强的工程总承包能力，但参与国际市场竞争往往缺乏国外建筑市场的营销渠道。可以通过与"窗口型"公司或机构联合的方式来解决这个问题。"窗口型"公司一般是以国际承包工程和对外劳务输出为主业的省、市国际经济技术合作公司，"窗口型"机构一般指集团公司的海外部。这些公司或机构在多数情况下总承包能力很弱，在资金、技术力量、专业人才方面实力并不强大，但是鉴于"窗口型"公司或机构的诞生背景和政策扶持，经过多年的发展，很多"窗口型"公司或机构具备信息渠道广、全球业务网点多、在国际市场上具有一定知名度等优势。

1.5.3.5　融资能力

随着我国投融资体制的改革和建设方式的改变，对于工程建设承包方的融资能力要求越来越高，企业的融资能力已经成为现实的重要竞争力。提高企业的融资能力的主要途径，一是寻求银企合作的办法，通过企业与银行建立伙伴关系，解决企业资金问题；二是发行短期企业债券；三是开展企业合作，使资金得到有效地运用；四是通过优势企业上市等办法，向社会筹集资金；五是有条件的企业应积极探索 BOT 方式，通过滚雪球的办法提高自己的资金运作能力。

2 EPC 工程总承包模式

工程建设项目管理不仅涉及项目管理的理论、模式、方法和技术，而且也体现业主与承包方以及其他项目参与者之间责、权、利的合同关系，因此，建设项目管理模式就是指针对整个工程中各参与方(包括业主、承包商、设计方、供应商和设备租赁商等等)的不同角色构建的管理架构。在项目管理模式构建过程中，需要合理地界定项目实施中各参与方的地位和职能，因而管理模式设计得是否清晰合理将对项目实施的效率及管理目标的实现有决定性影响。总体上来说，在总承包项目层面上存在以业主和承包商为主体的两大利益阵营，各参与方之间通过合同条款来确定业务关系。非政府投资的建设项目，政府主要从规划、环保、技术标准、质量安全及消防方面进行控制，只要不违法，一般不应该加以干预。不同的工程项目管理模式各有其优缺点，应该根据具体情况选择最适宜的模式。在此，笔者简单分析了各种不同的总承包管理模式，通过 EPC 模式和其他模式的比较，阐述 EPC 模式的实施条件和适用范围。从历史演进的视角，探讨了施工总承包、EPC 总承包、BOT 总承包之间的关系以及 EPC 总承包与项目管理承包之间的综合应用。还从项目管理角度讨论了 EPC 总承包管理的重点内容。

2.1 传统的 DBB 承发包模式

2.1.1 DBB 模式及其合同结构

DBB 模式(Design-Bid-Build)即设计—招标—建造模式，也称施工总承包模式。该模式是 19 世纪初期形成的在国际上比较通用的一种传统模式，世界银行、亚洲开发银行贷款项目以及采用国际咨询工程师联合会(FIDIC)合同条件的项目均采用这种模式。这种模式最突出的特点是强调工程项目的实施必须按照设计—招标—建造的顺序方式进行，只有一个阶段结束后另一个阶段才能开始。采用这种方法时，业主与设计机构(建筑师/工程师)签订专业服务合同，建筑师/工程师负责提供项目的设计和施工文件。在设计机构的协助下，通过竞争性招标将工程施工任务交给报价和质量都满足要求或最具资质的投标人(总承包商)来完成。在施工阶段，设计专业人员通常担任重要的监督角色，并且是业主与承包商沟通的桥梁(图 2-1)，《FIDIC 土木工程施工合同条件》代表的是工程项目建设的传统模式，同传统模式一样采用单纯的施工发包，在施工合同管理方面,业主与承包商为合同双方。工程师处于特殊的合同地位,对工程项目的实施进行监督管理。

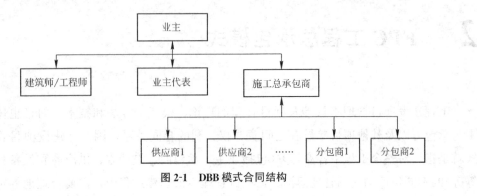

图 2-1　DBB 模式合同结构

2.1.2　DBB 模式的特点

DBB 模式的优点主要表现为:参与项目的业主、设计机构(建筑师/工程师)、承包商三方在合同的约定下行使各自的权利,履行各自的义务,这种模式的设计宗旨是期望通过明确划分项目参与三方的权、责、利来提高项目效益;由于受利益目标和市场竞争的驱动,业主更愿意寻找信得过、技术过硬的咨询设计机构,这种需求推动了设计咨询公司产生和发展;由于长期而广泛地在世界各地采用 DBB 模式,经过大量工程实践的检验和修正,该模式的管理思想、组织模式、方法和技术都比较成熟,项目参与各方对该模式的运行程序都比较熟悉;在该模式中,业主可以自由选择咨询设计人员,对项目的设计程序和质量要求进行控制,可以自由选择监理人员对项目实施过程进行监督。

DBB 模式的缺点主要表现为:该模式在项目管理方面的技术基础是按照线性顺序进行设计、招标、施工的管理,因建设周期长而导致投资成本容易失控;由于建造商无法参与设计工作,设计的"可施工性"差,设计变更频繁,导致建筑师/工程师与承包商之间协调关系比较复杂,可能因为设计与施工协调引发的争端而使业主利益受损;业主的前期投入较高,项目周期长以及频繁变更引起的索赔导致发生较高的管理成本。

2.2　工程总承包模式

2.2.1　DB 总承包模式

近年来,设计—建造(Design-Build,DB)模式是国际工程建设中常用的现代项目管理模式之一,其涉及范围不仅包括私人投资的项目,而且包括政府投资的基础设施项目。DB 模式中,业主在项目初始阶段邀请一位或者几位有资格的承包商或具备资格的管理咨询公司，提出要求或者提供设计大纲，由承包商或会同自己委托的设计咨询公司提出初步设计和成本概算。业主和 DB 承包商密切合作，完成项目的规划、设计、成本控制、进度安排等工作。根据工程项目的不同类型和不同需要，业主也可能委托自己的顾问工程师准备更详细的设计纲要和招标文件，中标的承包商将负责该项目的设计和施工。FIDIC《设计—建造与交钥匙工程合同条件》中规定，承包商应按照雇主的要求，负责工程的设计与实施，包括土木、机械、电气等综合工程以及建筑工程，这类"交钥匙"合同通常包括设计、施工、装置、装修和设备。承包商应向雇主提供一套配备完整的设施，且在转动"钥匙"时即可投入运行，这种方式的基本特点是在项目实施过程中保持单一的合同责任，不涉及监理，大部分实际施工工作要以竞争性招标方式分包出去(图 2-2)。

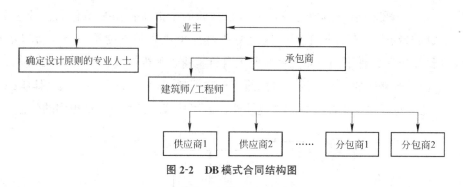

图 2-2　DB 模式合同结构图

DB 模式的主要特点是业主和某一实体采用单一合同(Single Point Contract)的管理方法，由该实体负责实施项目的设计和施工。一般来说，该实体可以是大型承包商、具备项目管理能力的设计咨询公司或者是专门从事项目管理的公司。在理论上讲，这种模式具备两个特点：一是创造了高效率和高效益的条件。一旦合约签订以后，承包商就据此进行施工图设计。如果承包商本身拥有设计能力，就通过合理组织和精心协调提高设计质量，创造经济效益；如果承包商不具备设计能力和资质，就把设计委托一家或几家专业公司，承包商作为甲方身份管理和协调设计工作，使得设计既能体现业主的意图又有利于施工。通过提高设计的可建造性避免设计和施工之间的矛盾，实现节约成本的目标。二是合同单一性清晰了业主和承包商之间的责任关系。总体来说，建设项目的合同关系是业主和承包商之间的关系，业主的责任是按合约规定的方式付款，总承包商的责任是按时提供业主所需要的产品。承包商对于项目建设的全过程负有全部的责任，这种责任的单一性能避免工程建设中各方相互扯皮，也能促使承包商不断提高自己的管理水平，通过科学的管理创造效益。相对于传统的管理方式来说，承包商拥有了更大的权利，它不仅可以选择分包商和材料供应商，而且还有权选择设计咨询公司，但最终需要得到业主的认可。这种模式解决了机构臃肿、层次重叠、管理人员比例失调的问题。

2.2.2 EPC总承包模式

EPC(Engineering-Procurement-Construction)模式即"设计、采购和建造"模式。在EPC模式中，Engineering不仅包括具体的设计工作，而且可能包括整个建设工程内容的总体策划以及实施组织管理策划和具体工作；Procurement也不是一般意义上的建筑设备材料采购，而更多的是指专业设备的选型和材料的采购；Construction包括施工、安装、试车、技术培训等。在EPC模式中，业主与工程总承包商签定工程总承包合同，把建设项目的设计、采购、施工和开车服务工作全部委托给工程总承包商负责组织实施，业主只负责整体的、原则的、目标的管理和控制。设计、采购和施工的组织实施是统一策划、统一组织、统一指挥、统一协调和全过程控制的。工程总承包商可以把部分工作委托给分包商完成，但是分包商的全部工作由总承包商对业主负责。EPC模式的合约中没有咨询工程师这个专业监控角色和独立的第三方，所以不再是FIDIC"红皮书"条件下的三角关系。业主自行组建管理机构或者委托专业的项目管理公司对工程进行整体的、原则的、目标的管理和控制(图2-3)。业主介入具体组织实施的程度较低，总承包商更能发挥主观能动性，运用其管理经验可创造更多的效益。

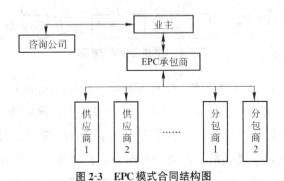

图2-3　EPC模式合同结构图

EPC模式最大的特点之一是业主和承包商的风险责任划分有了明显的不同。国际工程投资项目中一般都将工程的风险划分为业主的风险、承包商的风险、不可抗力风险(亦称为"特殊风险")。在传统模式下，业主的风险大致包括政治风险(如战争、军事政变等)、社会风险(如罢工、内乱等)、经济风险(如物价上涨、汇率波动等)、法律风险(如立法的变更)、外界风险(包括自然)等，其余风险由承包商承担。另外，出现不可抗力风险时，业主一般负担承包商的直接损失。但在EPC模式下，上述传统模式中的外界风险(包括自然)、经济风险一般都要求承包商来承担，这样，项目的风险大部分转嫁给了承包商，工程总承包商在经济和工期方面要承担更多的责任和风险。因此，承包商在EPC模式下的报价要比传统模式下的报价高。

综上所述，EPC模式对业主而言，由单一总承包商牵头组织实施建设项目，可以防止设计者与施工者之间的责任推诿，提高了工作效率。而且，管理相对简单，减少了协调工作量。由于总价固定，基本上不用再支付索赔及追加项目费用。但是，尽管理论上所有工程的缺陷都是承包商的责任，但实际上质量的保障仅仅靠承包商的自觉性还远远不够，仍需要设计对承包商的监控机制。对工程总承包商而言，EPC 模式在提供了相当大的弹性空间的同时也带来了更大的风险。总承包商可以通过调整设计方案包括工艺等来降低成本，但是，承包商获得业主变更令以及追加费用的弹性也很小。

FIDIC《设计采购施工/交钥匙工程合同条件》前言推荐此类合同条件"可适用于以交钥匙方式提供加工或动力设备、工厂或类似设施或基础设施工程或其他类型开发项目"。由此可见，在 FIDIC 合同框架下，EPC 模式适用一般规模较大、设备专业性强、技术性复杂的工程项目，如工厂、发电厂、石油开发等基础设施。

2.3 项目管理总承包模式

2.3.1 CM 模式

CM(Construction Management)模式是 1968 年由美国的 Charles B Thomsen 开创的，1981 年 Charles B Thomsen 在代表作《CM：Developing, Marketing and Developing Construction Management Services》中指出 CM 的全称为"Fast-Track-Construction Management"。他认为，在这一模式中"项目的设计过程被看作一个由业主和设计人员共同连续地进行项目决策的过程。这些决策从粗到细，涉及项目的各个方面，而某个方面的主要决策一经确定，即可进行这部分工程的施工。"在 CM 模式中，具有施工经验的 CM 单位在项目决策阶段就参与到建设工程实施过程中为设计专业人员提供施工方面的建议并负责随后的施工过程管理，改变了设计完成后才进行招标的传统模式。这种模式采取分阶段发包，由业主、CM 单位和设计单位组成一个联合小组，共同负责组织和管理工程的规划、设计和施工，CM 单位负责工程的监督、协调及管理工作，在施工阶段定期与承包商会晤，对成本、质量和进度进行监督，并预测和监控成本和进度变化。

CM 模式在美国、加拿大、欧洲和澳大利亚等许多国家的大型建筑项目管理上广泛应用，比较有代表性的是美国的世界贸易中心和英国诺丁安地平线工厂。在 1990 年代进入我国之后，CM 模式得到了一定程度上的应用。如上海证券大厦，由于其规模大、工期紧、技术复杂，并且主要使用单位对工艺设计又不能及时提供，若等到全部设计图纸完成后再进行施工总承包发包，时间不允许，在图纸尚未完成的情况下进行施工总承包，风险又太大，因此采用了 CM 模式。南京市江苏电网调度中心也是一个采用 CM 模式的大型民用项目，总建筑面积 $73500m^2$，总投资 2.7 亿元人民币。该项目规模大、工期紧，业主采用了 CM 模式发包，使设计和施工能充分搭接以加快建设进度。

另外，国内近几年也有一些其他项目运用了CM模式，如上海岳阳大酒店、深圳国际会议中心、广东汤浅新力蓄电池有限公司新车间工程等。

从国际建设项目实践看，CM模式在实际应用中的模式多种多样，业主委托工程项目管理公司（CM公司）承担的职责范围广泛而灵活。根据合同规定的CM经理的工作范围和角色，一般可将CM模式分为代理型建设管理（"Agency" CM）和风险型建设管理（"At-Risk" CM）两种方式（图2-4）。

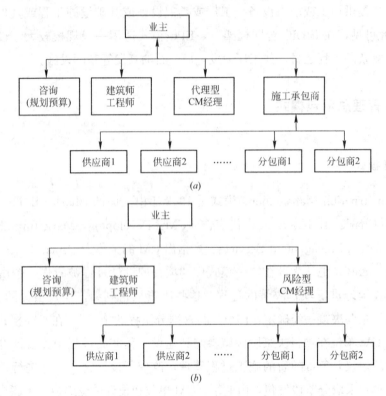

图 2-4 两种CM模式合同结构
(a)代理型建设管理模式；(b)风险型建设管理模式

(1) 代理型建设管理（"Agency" CM）方式。在此种方式下，CM经理是业主的代理，CM经理与业主是信用委托关系，业主和CM经理的服务合同规定费用是固定酬金加管理费。业主在各施工阶段和承包商签订工程施工合同。业主选择代理型CM往往主要是因为其在进度计划和变更方面更具有灵活性。采用这种方式，CM经理根据需要为业主提供项目某一阶段的服务或者全过程服务。一般情况下，施工任务仍然通过竞投标实现，业主与承包商签订工程施工合同，CM经理代理业主管理项目，但他与专业承包商之间没有任何合同关系。因此，对于代理型CM经理来说，经济风险最小，但是声誉损失的风险很高。

(2) 风险型建设管理（"At-Risk" CM）方式。采用这种形式，CM经理同时也担任施工总承包商的角色，一般业主要求CM经理提出保证最高成本限额(GMP：Guaranteed Maximum Price)，以保证业主的投资控制，如最后结算超过GMP，则由CM公司赔偿；如低于GMP，则节约的投资归业主所有，但CM公司由于额外承担了保证施工成本风险，因而能够得到额外的收入。GMP减少了业主的风险而增加了CM经理的风险。风险型CM中，各方的关系基本上介于传统的DBB模式与代理型CM模式之间，风险型CM经理的地位实际上相当于一个施工总承包商，他与各专业承包商之间有着直接的合同关系，并负责使工程以不高于GMP的成本竣工，这使得他所关心的问题与代理型CM经理有很大不同，尤其是随着工程成本越接近GMP上限，他的风险越大，他对利润问题的关注也就越强烈。

从理论上分析，CM模式的优点表现为两点：一是可以缩短建设周期。在组织实施项目时，CM模式以非线性的阶段施工法(Phased Construction)替代了传统的设计-施工的线性关系。采用Fast-Track方法，即设计一部分、招标一部分、施工一部分，实现有条件的"边设计、边施工"，设计与施工之间在时间上产生了交错搭界，从而提高了项目的实施速度，缩短了项目从规划、设计、施工到交付业主使用的周期。CM模式的基本思想就是缩短周期，这是CM模式的最大优点；二是项目组工作方法提升了项目各参与方之间的协调性。CM模式中，业主在项目初期就选定了建筑师和(或)工程师、CM经理和承包商组成项目组，由项目组完成整个项目的投资控制、进度计划与质量控制和设计工作，业主期望依靠建筑师和(或)工程师、CM经理和承包商在项目实施中合作工作方式改变传统项目管理模式中依靠合同调解各参与方关系的做法。比如，CM经理与设计单位的相互协调关系在一定程度上改变了CM单位单纯按图施工的工作方式，他可以通过合理化建议改进设计质量。

CM模式适用于设计变更可能性较大、时间因素重要性突出以及因总体范围和规模不确定而无法准确定价的建设工程。一般认为，业主采用CM模式把具体的项目建设管理的事务性工作通过市场化手段委托给有经验的专业公司，可以降低项目建设成本。但是，在工程实践中要充分发挥CM项目管理模式优势，需要CM经理及其所在单位都具有比较高的资质和信誉，而且CM模式分项招标可能导致承包费增加，这些都是实施CM模式的难点所在。

在建设项目管理CM模式的条件下，我国建筑业企业应该根据自身的类型特征提供不同服务方式。

(1) 施工总承包企业提供CM服务时更适合承担风险型CM。由于施工总承包企业有丰富的工程经验和较强的管理能力，承担CM服务时可以做到施工与设计的协调，系统安排组织施工过程，提高项目管理水平。对于承担CM服务的施工总承包单位，是否参与工程的施工，这取决于业主的要求和双方的约定。在国际惯例中，CM公司可以参与部分施工任务，也可以不参与而只从事专门的项目管理工作。

（2）项目管理公司提供 CM 服务更适合代理型 CM。项目管理公司从事项目管理总体上属于管理型承包，能够实现组织与管理、技术与经济的结合。项目管理公司作为业主的代理，主要为业主提供设计咨询、招标、施工组织和管理服务。服务范围可以是整个项目实施阶段，也可以是其中的某一个或几个阶段。这种模式下的 CM 公司类似于国外业主方的项目管理 PM(Project Management)，但二者并不相同，PM 介入项目的时间要早于 CM，往往在项目初期——投资决策阶段就介入，另外，PM 与 CM 在工作的广度和深度上也有所区别。

（3）工程建设监理企业提供 CM 服务适合承担代理型 CM。我国实施建设监理制已有十几年的历史，在工程实践中，监理企业具备了丰富的工程项目管理经验，能够组织管理大型项目的施工过程，可以为业主提供 CM 服务。三种不同类型的公司提供 CM 服务，有各自的特点，它们之间的比较见表 2-1。

三种 CM 公司运作模式的比较　　　表 2-1

比较方面	施工总承包企业	项目管理公司	工程监理企业
适合类型	风险型 CM	代理型 CM	代理型 CM
取费方式	成本加酬金方式，并向业主承担 GMP	固定取费或者比例取费	固定取费或者比例取费
CM 单位风险	较大，承担工程费用风险	较小，不承担工程费用风险	较小，不承担工程费用风险
服务范围	施工前期准备和施工阶段	整个实施过程或者其中某一阶段	整个实施过程或者其中某一阶段

2.3.2　BOT 模式

BOT 模式即建造—运营—移交(Build-Operate-Transfer)模式，由土耳其总理土格脱·奥扎尔于 1984 年首次提出。20 世纪 80 年代初期到中期，项目融资在全球范围内处于低潮阶段。虽然有大量的资本密集型项目特别是发展中国家的基础设施项目在寻找资金，但由于世界性的经济衰退和第三世界债务危机所造成的影响，如何增加项目抗政治风险、金融风险、债务风险的能力，如何提高项目的投资收益和经营管理水平，成为银行、项目投资者、项目所在国政府在安排融资时所必须面对和解决的问题。BOT 模式就是在这样的背景下发展起来的一种主要用于公共基础设施建设的项目融资模式。BOT 模式的基本思路是由项目所在国政府或所属机构为项目的建设和经营提供一种特许权协议作为项目融资的基础，由本国公司或者外国公司作为项目的投资者和经营者安排融资，承担风险，开发建设项目，并在有限的时间内经营项目获取商业利润，最后根据协议将该项目转让给相应的政府机构。

BOT 模式一出现就引起了国际金融界的广泛重视，被认为是代表国际项目融资发展趋势的一种新型结构。BOT 广泛应用于一些国家的交通运输、自来水处理、发电、垃圾处理等服务性或生产性基础设施的建设中,显示了旺盛的生命力。BOT模式不仅得到了发展中国家政府的广泛重视和采纳,一些工业国家政府也考虑或计划采用BOT模式来完成政府企业的私有化过程。迄今为止,在发达国家和地区已进行的BOT项目中,比较著名的有横贯英法的英吉利海峡海底隧道工程、香港东区海底隧道项目、澳大利亚悉尼港海底隧道工程等。20世纪80年代以后,BOT模式得到了许多发展中国家政府的重视,中国、马来西亚、菲律宾、巴基斯坦、泰国等发展中国家都有成功运用BOT模式的项目。如中国广东深圳的沙角火力发电厂B厂、马来西亚的南北高速公路及菲律宾那法塔斯(Novotas)一号发电站等都是成功的案例。BOT模式在有限的一段时间(开发期、运营初期)内寻求私人的支持,运营中的项目将被转让给相应的政府机构。因此,BOT项目是一种公有部门的项目。有时,项目特许运营期的长度接近项目生命期的长度,BOT模式容易被误解为私有化的一种形式。

BOT模式主要用于基础设施项目包括发电厂、机场、港口、收费公路、隧道、电信、供水和污水处理设施等,这些项目都是一些投资较大、建设周期长而且可以通过运营获利的项目。一般认为,BOT模式的优点表现为:(1)降低政府财政负担。通过筹措各种民间资金参与道路、码头、机场、铁路、桥梁等基础设施项目建设,项目融资的所有责任都转移给私人企业,减少了政府主权借债和还本付息的责任,以便政府集中资金用于其他公共物品的投资。(2)避免政府大量的项目风险。BOT模式使政府的投资风险由投资者、贷款者及相关当事人等共同分担,其中投资者承担了绝大部分风险。(3)项目回报率明确。严格按照中标价实施,政府和私人企业之间利益纠纷少,组织结构简单,协调容易。(4)提高了项目运作效率。由于项目资金投入大、周期长,贷款机构审查和监督民间资本参与的项目比政府直接投资方式更加严格。同时,民间资本对降低风险和获取更高收益目标的追求在客观上为项目建设和运营提供了有利于加强管理和控制造价的约束机制。(5)由外国的公司承包的BOT项目给项目所在国输入先进的技术和管理经验,有效促进了承包商的国际化经营水平的提升。

另一方面,BOT模式在实际应用中也表现出一些不足。例如,公共部门和私人企业往往都需要经过一个长期的调查了解、谈判和磋商过程,这将导致项目前期过长,使投标费用过高;参与项目各方存在某些利益冲突,使融资举步维艰,对融资造成障碍;在特许期内,如果机制不够灵活,就会降低私人企业引进先进技术和管理经验的积极性,政府对项目控制权不足也容易导致民间资本的逐利行为产生社会负效应等等。

BOT模式在工程建设实践中形成许多衍生模式,比如,"建设—拥有—运营—管理"(Build-Own-Operate-Management),简称BOOM;"建设—拥有—运营"(Build-Own-Operate),简称BOO。这些新型的承包方式是伴随着国际承包商现行的融资技巧而兴起的,它使承包商巧妙而又妥善地筹措资金,有效地克服了资金短缺的困难。

2.3.3 Partnering 模式

Partnering 模式是 1980 年代中期首先在美国出现的一种新的建设项目管理模式。从理论上讲，Partnering 模式在充分考虑建设各方利益的基础上，要求业主与参建各方在相互信任、资源共享的基础上达成一种短期或长期的协定，这种协定突破了传统的组织界限，通过建立工作小组相互合作，及时沟通以避免争议和诉讼的产生，共同解决建设工程实施过程中出现的问题，共同分担工程风险和有关费用，以保证参与各方目标和利益的实现。

由于 Partnering 模式具有双方的自愿性、高层管理的参与以及信息的开放性等特征，因此它总是与其他管理模式结合使用的。Partnering 模式改善了项目的环境和参与工程建设各方的关系，明显减少了索赔和诉讼的发生。相对于传统的管理模式，Partnering 模式对于业主在投资、进度、质量控制方面有着非常显著的优越性。同时，相对于承包商而言，Partnering 模式也能够提高承包商的利润。

Partnering 模式特别适用于：(1)业主长期有投资活动的建设工程；(2)不宜采用分开招标或邀请招标的建设工程；(3)复杂的不确定因素较多的建设工程；(4)国际金融组织贷款的建设工程。目前，在我国建筑市场管理体系尚不够完善、各种承发包模式运营缺乏有效竞争环境的情况下，有针对性地引进 Partnering 模式具有一定的建设意义。

2.3.4 PM 模式

PM(Project Management)模式是指项目业主聘请一家工程公司或咨询公司代表业主进行整个项目过程的管理，该公司在项目中被称做"项目管理承包商"PMC(Project Management Contractor)。PM 模式中 PMC 受业主委托从项目的策划、定义、设计到竣工投产全过程为业主提供项目管理承包服务。选用该种模式管理项目时，业主方面仅需保留很小部分的基建管理力量对一些关键问题进行决策，而绝大部分的项目管理工作都由项目管理承包商来承担。PMC 是由一批对项目建设各个环节具有丰富经验的专门人才组成的，它具有对项目从立项到竣工投产进行统筹安排和综合管理的能力，能有效地弥补业主项目管理知识与经验的不足。PMC 作为业主的代表或业主的延伸，帮助业主在项目前期策划、可行性研究、项目定义、计划、融资方案以及设计、采购、施工、试运行等整个实施过程中有效的控制工程质量、进度和费用，保证项目的成功实施，达到项目寿命期技术和经济指标最优化。PM 模式的主要任务是自始至终对一个项目负责，这可能包括项目任务书的编制、预算控制、法律与行政障碍的排除、土地资金的筹集等，同时使设计者、工料测量师和承包商的工作正确地分阶段进行，在适当的时候引入指定分包商的合同和任何专业建造商的单独合同，以使业主委托的活动得以顺利进行。PM 模式的各方关系如图 2-5 所示。

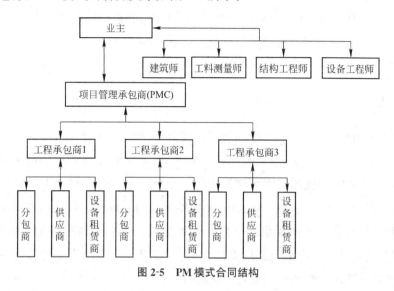

图 2-5　PM 模式合同结构

PM 模式通常用于国际性大型项目，适宜选用 PMC 进行项目管理具有如下特点的项目：项目投资额大（一般超过 10 亿元）且包括相当复杂的工艺技术；业主是由多个大公司组成的联合体，并且有些情况下有政府的参与；业主自身的资产负债能力无法为项目提供融资担保；项目投资通常需要从商业银行和出口信贷机构取得国际贷款，需要通过 PMC 取得国际贷款机构的信用，获取国际贷款；由于某种原因，业主感到凭借自身的资源和能力难以完成的项目，需要寻找有管理经验的 PMC 来代业主完成项目管理，这些项目的投资额一般在 5000 万美元以上。总之，一个项目的投资额越高，项目越复杂且难度大，业主提供的资产担保能力越低，就越有必要选择 PMC 进行项目管理。

采用 PM 模式的项目，通过 PMC 对工程建设各环节的科学管理，可大规模节约项目投资：

（1）通过项目设计优化以实现项目寿命期成本最低化。PMC 会根据项目所在地的实际条件，运用自身的技术优势，对整个项目进行全方位的技术经济分析与比较，本着功能完善、技术先进、经济合理的原则对整个设计进行优化。

（2）在完成基础设计之后通过一定的合同策略，选用合适的合同方式进行招标。PMC 会根据不同工作包括设计深度、技术复杂程度、工期长短、工程量大小等因素综合考虑采取哪种合同形式，从而从整体上给业主节约投资。

（3）通过 PMC 的多项目采购协议及统一的项目采购策略，降低投资。多项目采购协议是业主就一种商品（设备/材料）与制造商签订的供货协议。与业主签订该协议的制造商是该项目这种商品（设备/材料）的惟一供应商。业主通过此协议获得价格、日常运行维护等方面的优惠，多项目采购协议是 PMC 项目采购策略中的一个重要部分。PMC 还应负责促进承包商之间的合作，以符合业主降低项目总投资的目标，包括最优化的项目中的内容以及获得合理 ECA(出口信贷)数量和全面符合计划的要求。

（4）PMC 的现金管理及现金流量优化。PMC 可通过其丰富的项目融资和财务管理经验，并结合工程实际情况，对整个项目的现金流进行优化。

2.3.5 PC 模式

PC 模式于 1990 年代中期在德国首次出现并形成相应的理论。Peter Greiner 博士首次提出了 Project Controlling 模式(简称 PC 模式)并将其成功应用于德国统一后的铁路改造和慕尼黑新国际机场等大型建设工程。PC 模式是在项目管理(Project Management)基础上结合企业控制论(Controlling)发展起来的一种运用现代信息技术为大型建设工程业主方的最高决策者提供战略性、宏观性和总体性咨询服务的新型组织模式，PC 方实质上是建设工程业主的决策支持机构。PC 模式不能作为一种独立的模式取代常规的建设项目管理，而是与其他管理模式同时并存。

PC 模式以现代信息技术为手段对大型建设工程信息进行收集、加工和传输，通过对项目实施全过程所有环节调查分析，为项目的管理层决策提出切实可行的实施方案，围绕项目目标投资、进度和质量进行综合系统规划，以使项目的实施形成一种可靠安全的目标控制机制。PC 模式是工程咨询和信息技术相结合的产物，以强化项目目标控制和项目增值为目的，核心是以工程信息流处理的结果指导和控制工程的物质流。大型建设工程的实施过程中，一方面形成工程的物质流，另一方面在建设工程参与各方之间形成信息传递关系，即工程的信息流。通过信息流可以反映工程物质流的状况。建设工程业主方的管理人员对工程目标的控制实际上就是通过及时掌握信息流来了解工程物质流的状况，从而进行多方面策划和控制决策，使工程的物质流按照预定的计划进展，最终实现建设工程的总体目标。基于这种流程分析，大型和特大型工程项目管理在组织上可分为两层：项目管理信息处理及目标控制层和具体项目管理执行层。PC 模式的总控机构处于项目管理信息处理及目标控制层，其工作核心就是进行工程信息处理并以处理结果指导和控制项目管理的具体执行。PC 模式的特点主要体现在以下几方面：

（1）为业主提供决策支持。PC 单位主要负责全面收集和分析项目建设过程中的有关信息，不对外发任何指令，对设计、监理、施工和供货单位的指令仍由业主下达。项目总控工作的成果是采用定量分析的方法为业主提供多种有价值的报告(包括月报、季报、半年报、年报和各类专用报告等)，这将是对业主决策层非常有力的支持。

（2）总体性管理与控制。项目总控注重项目的战略性、长远性、总体性和宏观性。所谓战略性就是指对项目长远目标和项目系统之外的环境因素进行策划和控制。所谓长远性就是从项目全寿命周期集成化管理出发，充分考虑项目运营期间的要求和可能存在的问题，为业主在项目实施期的各项重大问题提供全面的决策信息和依据，并充分考虑环境给项目带来的各种风险，进行风险管理。所谓总体性就是注重项目的总体目标、全寿命周期、项目组成总体性和项目建设参与单位的总体性。所谓宏观性就是不局限于某个枝节问题，而是高瞻远瞩，预测项目未来将要面临的困难，及早提出应对方案，为业主最高管理者提供决策依据和信息。

（3）关键点及界面控制。PC 模式的过程控制方法体现了抓重点，项目总控的界面控制方法体现了重综合、重整体。过程控制和界面控制既抓住了过程中的关键问题，也能够掌握各个过程之间的相互影响和关系。这两方面的有机结合有利于加强各个过程进度、投资和质量的重要因素策划与控制，有利于管理工作的前后一致和各方面因素的综合，以做出正确决策。

2.4　EPC 总承包与其他工程总承包模式的关系分析

在我国工程建设领域进一步对外开放的环境下，我国建筑业企业掌握国际通行的建设工程项目管理模式，有利于更加广泛深入地参与工程总承包业务，有利于提高工程总承包企业的项目管理能力。尽管我国建筑业从 20 世纪 80 年代初就开始进入海外建筑市场，在国内的一些国际融资的外资项目也采用总承包管理模式，由于体制方面的因素、业主方面的因素以及总承包企业自身能力方面的因素，我国建筑业企业在工程实践中的总承包管理的认识大部分还停留在施工总承包的水平上，缺乏对各种总承包管理模式的特点及适用范围的深入认识。笔者希望通过对几种典型的总承包模式的特点和适用范围的比较分析，消除对总承包管理认识方面的误区，并更加清楚地了解EPC 总承包模式对采用 BOT 等更高层次项目运作的基础和桥梁作用。

2.4.1　施工总承包模式

这是目前国内应用最广的一种建筑工程承包模式。大多数施工单位乃至业主单位都已经对设计和施工由不同单位完成的这一模式很熟悉。一般的运行程序是业主委托一个设计单位，由建筑师和工程师对项目进行设计；设计完成或接近完成时，业主找一个承建商，要求按照设计单位完成的设计进行施工；施工过程中，承建商一般将项目分包给不同的专业分包商，业主在设计单位协助下或者另请监理单位对工程进行监督，确保承建商按图纸和技术规范施工。

在这种承包模式中，设计单位在设计上满足业主的预算和功能要求，同时也希望施工单位严格按图纸和技术规范施工。但是，施工单位却不必对有疏漏或有错误的图纸负责，而且主要考虑尽快完工且不要超支。由此可见，设计方和施工方双方追求的目标存在明显差异。在工程实施过程中，业主方要对技术规范的完整性和施工现场地质条件负责(其中分包商及供应商具体由谁指定，主要是依据承包合同确定)。施工单位按照图纸施工，设计图纸如果有问题，受损的将是业主。

在这种承包模式中，项目管理的工作重点是设计和施工的界面管理。由于设计单位可能因为对施工过程的具体工艺缺乏足够的重视或缺乏相关经验和知识的积累，在设计过程中很难从施工工艺及实际成本的角度来选择降低造价又不影响使用功能的方案。如果建设项目规模大和技术要求高，如果设计和施工过程仍旧按顺序依次进行，往往会引起较多的设计变更，从而会增加建设成本。而且，在这种模式中，业主要同时和多个单位打交道：承包商、设计单位、勘察单位、监理单位，甚至包括分包商和供应商。业主周旋于多个单位之间解决工程实施中出现的各种冲突，最终导致很高的交易成本。

2.4.2 设计和施工总承包

设计和施工总承包模式在《建筑法》第24条已有所体现："提倡对建筑工程实行总承包，禁止将建筑工程肢解发包。建筑工程的发包单位可以将建筑工程的勘察、设计、施工、设备采购一并发包一个工程总承包单位，也可以将其中的一项或多项发包给一个工程总承包单位……"。这种承包模式的基本特点是业主同一个承包单位签订合同。当设计和施工任务由同一家单位完成时，施工阶段可能出现的问题可以在设计阶段就提出并解决，当设计满足施工要求时，还可以有条件地进行边设计边施工，缩短了工期。

但是，这种模式在实际应用中，因为以下约束因素的存在可能影响其优势的发挥。

(1) 业主对工程全过程的监控力度不好把握。比如，如果业主要求审批设计的每个阶段后才允许施工，就会使设计施工合同的优势难以发挥。

(2) 风险承担过于集中。设计—施工承包商承担了工程的全部风险。一旦总承包商违约，并难以支付巨额赔偿金，那么将没有任何单位负连带责任。

(3) 合同总价难以确定。招标时设计图纸尚未完成，难以定出合理的合同总价，使用成本加酬金方式又会降低承包商节约建设成本的积极性。

(4) 承包商需要同时具备设计和施工管理能力，就目前国内的承包商而言，满足这种条件的承包商很少，如果由多家单位联合投标，联合体的协调成本就可能削减设计和施工总承包模式的部分优势。

以上约束因素的消除最终还是取决于建筑企业自身总承包管理能力和业主与承包人之间的相互信任关系。

2.4.3 施工总承包、EPC总承包和BOT总承包

通过比较可以发现，承发包模式的具体选择取决于工程的具体情况，没有哪一种

模式是绝对最优的。我国工程建设领域的实践中向来重视项目的实施技术而轻视项目的组织管理，尤其是建筑企业对各种承发包模式理论上的探讨和研究不够深入，面对一个已经开放的中国建筑市场，我们应该在结合我国国情的基础上，有鉴别地学习、引进国际通行的承发包模式，无疑这是决心实施"走出去"战略的中国建筑企业不可缺乏的基础工作。

EPC总承包模式是一个总承包商或承包商联合体按照合同约定对整个工程项目的设计、设备和材料采购、施工安装、协助运行服务等工作进行全方位管理的总承包。如果调试阶段承包商仍然负主要责任，EPC模式就是Turkey模式。EPC模式最突出的特点是以设计为主导统筹安排采购、施工，而DB模式是以施工为主导。为了适应业主对项目管理的需求，FIDIC于1995年出版了《设计—建造(DB)/交钥匙工程合同条件》(桔皮书)，于1999年出版了《设计—采购—施工(EPC)/交钥匙工程合同条件》(银皮书)，桔皮书比银皮书的使用范围更广。工程总承包的不同模式既有区别又有联系。著名国际项目管理专家 N. G Bunni 在1997年出版的《FIDIC合同条件》一书中指出，BOT模式是一种特殊的DB模式，这不仅因为BOT项目的建造采用DB模式，而且交钥匙合同如果要求承包商负责数月或若干年的项目运营，那么项目就是按照BOT模式建设了。从DB模式到交钥匙工程再到BOT模式，业主从购买项目本身发展到购买项目整个寿命周期内的功能和服务。工程总承包的任何一种模式都不是一成不变的，而是根据项目特点和项目环境形成很多变通模式，以适应工程项目实施需要。20世纪80年代以来，工程承包市场的投资项目中，越来越多的业主采用EPC总承包模式确定工程项目的最终投资和工期，以降低工程项目的风险。EPC项目主要集中在石油化工、加工工业、制造业、供水、交通运输和电力工业等领域，这些领域的项目一般以设计为主导，具有技术较复杂、投资数额巨大、管理难度大等特点，采用EPC总承包模式不仅涉及工程设计公司和施工企业的经营战略变革，同时也成为这种承包企业在竞争日益剧烈的国际工程承包市场中保持竞争优势的必然选择。

尽管我国从20世纪80年代开始推行总承包，实际上绝大部分工程仅仅是施工总承包。目前，在一些工艺复杂和技术要求高的大型项目中，尽管合同模式是施工总承包，但是施工企业已经开始承担大量的深化设计工作。笔者认为，从施工总承包到EPC总承包再到BOT总承包，是大型施工企业主营业务模式逐步升级的途径。承包商从施工管理向设计、采购和施工一体化管理转变，需要由劳动密集型向技术管理密集型转变，要求企业的组织结构和核心业务能力发生根本变化。建筑业企业要成为合格的BOT项目承接商，首先要成为成熟的EPC总承包商，因为"B=EPC"，换言之，BOT项目中的"B"的能力要求实际上包含了"EPC"的内容。作为建筑业企业来说，合格的BOT承建商意味着在具备了完成整个建设项目所需要的能力以外，还需要具备项目融资能力、通过运营回收投入和利润的管理能力。

2.5 EPC 工程总承包模式

如果把建设项目实施的基本要素定义为设计、采购和施工，那么，工程建设项目管理最基本的模式有两种。一种是由业主把设计和施工分别委托给不同承包主体的平行承包方式；另一种是业主委托一个承包主体作为承担设计、采购和施工的 EPC 工程总承包方式。上述工程建设市场上的多种项目组织实施方式事实上是根据项目特点、业主要求、风险分担和承包范围的组合等需要从两种基本模式中派生出来的。由于 EPC 工程总承包组织实施方式符合工程建设项目的运行规律，与平行承包方式相比较存在着更多的经济增长点，表现出一体化管理的优越性，因此，逐渐得到工程总承包市场的认同，在发达国家已经成为最主要的工程建设项目组织实施方式之一，在我国正在积极培育和推广之中。本章主要探讨 EPC 工程总承包项目的特点。

2.5.1 EPC 工程总承包模式的发展背景

从工程承包模式的历史发展看，设计和施工经历了从原始的结合到专业化分离、从追求相互协调向一体化方向发展的过程。

（1）设计和施工没有分离的初始阶段。从出现建筑贸易到 19 世纪末期的漫长时期内，项目承包方式维持着建筑工匠承担所有设计和施工工作的最原始状态，这是由当时建筑物结构单一、施工技术简单的客观情况决定的。

（2）施工和设计的专业化分离。19 世纪工业革命期间，业主对建筑物的功能要求逐渐多样化，建筑和设计技术的复杂化和系统化导致了两个独立的专业领域的形成。1870 年，在伦敦出现了第一个 DBB 模式承包的项目。这种承包方式由于设计和施工相分离，在复杂的工程项目中暴露出工期拖长、设计变更频繁、责任划分不清等缺点。

（3）设计和施工协调阶段。为了克服设计和施工相分离的工程承包模式的缺点，1970 年代出现了 CM(Construction Management)承包模式，业主与 CM 经理签订合同，通过 CM 经理加强设计单位和施工单位之间的沟通和协调，从而提高设计的可建造性，并且希望通过分项工程分阶段招标和提前施工压缩工期。这种方式并没有从本质上改变设计方和施工方相分离的状态，这是因为：尽管协调矛盾的责任由业主转移到了 CM 经理，但是由设计方和施工方之间的利益冲突而导致的沟通障碍仍然存在；各分项工程仍然是 DBB 模式，还存在可以压缩工期的可能；业主和 CM 经理、设计单位、设备供应商、安装单位、运输单位等分别签订合同，多方之间划分责任导致管理关系复杂，同时多次招标增加了参与单位的管理成本。

（4）设计和施工一体化趋势。1990 年代，建设工程承包市场呈现出设计和施工一体化趋势。

首先,业主观念发生了变化。据美国总承包商会(AGC)对 Fortune 杂志评选 500 强企业中的部分企业工程部主管调研结果显示,建筑工程市场的业主观念发生了转变:建设工期尽量缩短的要求增强。世界经济一体化带来的竞争压力使业主期望在最短时间里拥有生产设施,更快地向市场提供产品;业主的全面质量管理理念反映到工程实施要求上,全面的价值度量标准应该综合反映工程的价格、工期和质量,新的观念使工程价格在价值衡量中的重要性相对降低了;集成化管理意识和伙伴关系意识增强了,业主和承包商以及工程师之间的关系更加倾向于为项目整体成功而合作,从准备应对索赔向避免索赔转变,从追求各自利益最大化向整体利益最大化转变。

其次,实现设计和施工一体化的条件逐步成熟。一些大型工程承包公司具备了提供设计咨询、施工管理和采购等综合服务的能力,已经不满足于单纯的施工管理和设计咨询服务;工程项目管理理论中很多理论和模型被纳入一体化管理体系中;制造业的并行工程、价值工程、准时生产、精益生产、柔性生产等新思想观念为工程领域设计和施工一体化研究提供了可借鉴的丰富经验和理论工具;网络信息技术和软件工程理论和实践的突破为设计施工一体化的实施效率提供了技术保障,使设计施工一体化要求的高速信息共享和交流成为可能。

最后,风险向承包商转移的趋势。由于工程项目具有实施时间漫长、合同各方关系复杂和一次性的特性,如果业主与承包商遵循国际上的提出的双赢"Win-win"原则合理分担工程实施过程中的责任和风险,则对双方都有利。风险分担的基本原理是合同中哪一方能够最好地控制某一项风险,从而产生最多的总体效益,则此风险就应分配给那一方。但是,在实践中,业主在项目实施之前无法把握工程最终造价以及竣工的时间,工程建造阶段是整个项目中消耗投资额最多的阶段,也是最容易引起投资金额超支和不能按时投产运营的阶段,因此,业主希望能够由承包商承担建造过程中的大部分风险,以固定不变的包干总价,在固定期限内生产出可以投产运行的工程。

2.5.2 EPC 工程总承包的主要内容

EPC 工程总承包的主要内容如表 2-2 所示。

EPC 工程总承包的主要内容　　　　　　表 2-2

规　划　设　计	采　　购	施　工　管　理
方案设计(设备、材料选型等)	设备、材料采购、专业分包商的选择	土木工程施工(工期控制、多专业穿插计划、品质保证、安全控制等)
施工图及综合布置详图设计	设备订货及进场时间、储存管理等	设备安装、调试的计划管理
采购与施工规划	施工分包与设计分包	绿化环保等

2.5.2.1 规划设计

规划设计包括方案设计、设备主材的选型、施工图及综合布置详图设计以及施工与采购规划在内的所有与工程的设计、计划相关的工作。

(1) 方案设计主要研究工程方案、确定技术原则。包括编制工艺流程图、总布置图、工艺设计以及系统技术规定等。

(2) 详细设计主要是施工图及综合布置详图的设计、设备技术规定和施工技术规定。在设备订货、工程分包和施工验收工作中涉及的工程设计方面的问题以及施工过程中的设计修改也属于详细设计的范畴。

(3) 施工与采购规划主要包括确定施工方案、进行工程费用估算、编织进度计划和采购计划，建立施工管理组织系统以及取得建设许可证等工作。

2.5.2.2 采购

采购工作包括设备采购、设计分包以及施工分包等工作内容。其中有大量的对分包合同的评标、签订合同以及执行合同的工作。与我国建筑企业的采购部门相比，工作内容广泛，工作步骤也较复杂。

2.5.2.3 施工管理

除了工程总承包商必须负责的工程总体进度控制、品质保证、安全控制外，还要负责组织整个工程的服务体系(如现场的水平、垂直运输、临时电、水、场地管理、环保措施、保安等)建立和维护。按照中国现行规范，总包还要用自己直属的施工队伍完成工程主体结构的施工。

2.5.3 EPC总承包项目的建设程序

图2-6中描述了在一个典型的EPC总承包项目中，业主从对项目产生最初的设想到"交钥匙"时接收到一个可以正式投产运营的工程设施的全部过程，并将其和传统的"设计—招标—施工"模式做了对比。

EPC总承包模式的要点是：

(1) 业主在招标文件中只提出自己对工程的原则性的功能上的要求(有时还包括工艺流程图等初步的设计文件，视具体合同而定)，而非详细的技术规范。各投标的承包商根据业主的要求，在验证所有有关的信息和数据、进行必要的现场调查后，结合自己的人员、设备和经验情况提出初步的设计方案。业主通过比较，选定承包商，并就技术和商务两方面的问题进行谈判、签订合同。

(2) 在合同实施的过程中，承包商有充分的自由按照自己选择的方式进行设计、采购和施工，但是最终完成的工程必须要满足业主在合同中规定的性能标准。业主对具体工作过程的控制是有限的，一般不得干涉承包商的工作，但要对其工作进度、质量进行检查和控制。

(3) 合同实施完毕时，业主得到的应该是一个配备完毕、可以即刻投产运行的工程设施。有时，在EPC总承包项目中承包商还承担可行性研究的工作。EPC总承包如果加入了项目运营期间的管理或维修，还可扩展成为EPC加维修运营(EPCM)模式。

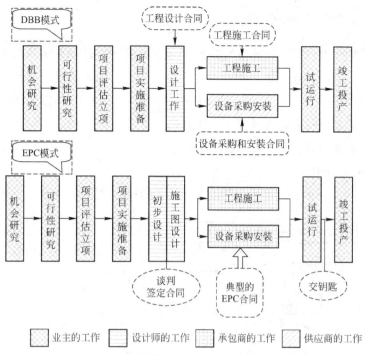

图 2-6 DBB 模式与 EPC 模式建设程序对比图

2.5.4 EPC 项目中业主和承包商的责任范围

表 2-3 中总结了在 EPC 总承包项目的整个过程中业主和承包商在各阶段的主要工作。其中，业主的工作一般委托其雇用的专业咨询公司完成。

EPC 项目中业主和承包商的工作分工　　　　表 2-3

项目阶段	业　主	承 包 商
机会研究	项目设想转变为初步项目投资方案	
可行性研究	通过技术经济分析判断投资建议的可行性	
项目评估立项	确定是否立项和发包方式	
项目实施准备	组建项目机构，筹集资金，选定项目地址，确定工程承包方式，提出功能性要求，编制招标文件	
初步设计规划	对承包商提交的招标文件进行技术和财务评估，和承包商谈判并签定合同	提出初步的设计方案，递交投标文件，通过谈判和业主签定合同
项目实施	检查进度和质量，确保变更，评估其对工期和成本的影响，并根据合同进行支付	施工图和综合详图设计，设备材料采购和施工队伍的选择、施工的进度、质量、安全管理等
移交和试运行	竣工检验和竣工后检验，接收工程，联合承包商进行试运行	接收单体和整体工程的竣工检验，培训业主人员，联合业主进行试运行，移交工程，修补工程缺陷

2.5.5 EPC 总承包项目的管理模式

相对于其他承发包模式，典型的 EPC 总承包模式的特征是业主只与工程总承包商签订工程总承包合同。业主把工程的设计、采购、施工和调试服务工作全部委托给工程总承包商负责组织实施。签订工程总承包合同后，工程总承包商可以把部分设计、采购、施工、大型设备安装调试等工作委托给专业分包商完成，分包商与总承包商签订分包合同，总承包商对业主负总责。

2.5.5.1 EPC 总承包项目的特征

EPC 总承包项目的管理模式与传统管理模式的比较如图 2-7 所示。

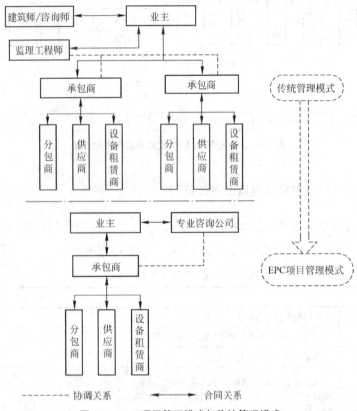

图 2-7 EPC 项目管理模式与传统管理模式

与传统承发包模式相比而言，完全意义上的 EPC 总承包项目的管理模式的合同关系非常简单。主要的参与方仅限于业主和一家总承包商两方，不再存在独立的设计方和建筑师/工程师。总承包对工程的设计、采购和施工向业主负全部责任。其中专业咨询公司的主要职能是在项目前期为业主制定项目原则，帮助业主确定其对于目标工程的功能性要求（有时还包括编制工艺流程图等初步的设计文件，视具体情况而定），在 EPC 交钥匙合同执行过程中以业主代表的身份监督工程实施等。

承担 EPC 交钥匙项目的承包商一般都是自身具备雄厚设计实力的工程公司、咨询公司或二者的联营体,因此绝大部分设计工作都由承包商组织内部的设计队伍完成,有时也会视具体项目需要临时聘用个别的外部建筑、结构、机械、电气设计师等作为内部人员,但一般极少将设计工作大量分包给外部设计单位。一切工程实施工作都是在承包商的直接控制下进行的。承包商与供应商、分包商之间一般存在密切的长期合作关系,以便承包商对工程的实施采取以设计为龙头的、集成化的管理。

在 EPC 总承包项目中,业主希望通过成熟的总承包商的专业优势化解工程实施风险和提高项目效益,因此,在向总承包商转移风险的同时也给了承包商创造价值和获取利润的机会。从总承包商的角度看,EPC 工程的项目管理有以下主要特征:

(1) 承包商承担大部分风险。一般认为在传统模式下,业主与承包商的风险分担大致是对等的。而在 EPC 模式条件下,由于承包商的承包范围包括设计,因而很自然地要承担设计风险。此外,其他承包模式中均由业主承担的一个有经验的承包商不可预见且无法合理防范的自然力作用的风险,在 EPC 模式中也由承包商承担。这是一类较为常见的风险,一旦发生,一般都会引起费用的增加和工期延误,在其他模式中承包商对此所享有的索赔权,在 EPC 模式中不复存在。这无疑大大增加了承包商在工程实施中的风险。

(2) 总价合同的计价方式并不是 EPC 模式独有的,但是,与其他模式条件下的总价合同相比,EPC 合同更接近于固定总价合同(如果措施项目规范调整了仍允许调整合同价格)。通常,在国际工程承包中,固定总价仅用于规模小、工期短的工程。而 EPC 模式所适用的工程一般都比较大,工期比较长,且具有相当的技术复杂性。

(3) 设计、采购、施工的统一策划、统一组织、统一指挥、统一协调和全过程控制是实现设计、采购、施工之间合理有序地进行交叉搭接的组织保障前提,即通过局部服从整体、阶段服从全过程的指导思想优化设计、采购、施工,采购被纳入设计程序,进行设计可施工性分析,以提高设计质量。通过实施设计、采购、施工全过程的进度、费用、质量、材料控制,以确保实现项目目标。

2.5.5.2 EPC 总承包模式的优缺点

EPC 模式的优点主要表现为以下三点:

(1) 对业主而言,合同关系简单,组织协调工作量小。业主只与总承包单位签订一个合同,合同关系大大简化。监理工程师主要与项目总承包单位进行协调,这就使建设工程监理的协调量大大减少。

(2) 缩短建设周期。由于设计与施工由一个单位统筹安排,使两个阶段能够有机融合,一般都能做到设计阶段与施工阶段相互搭接,因此对进度目标控制有利。

(3) 利于投资控制。通过设计与施工的统筹考虑,可以提高项目的经济性,从价值工程或全寿命费用的角度可以取得明显的经济效果,但这并不意味着项目总承包的价格低。

EPC 模式的优点可参见表 2-4。

四种承包模式的优点比较　　　　　表 2-4

	传统承包	施工管理	设计/建造	EPC
合同简明性	★			
节省时间		☆	☆	★
降低费用	★		★	
减少索赔		☆	☆	★
预算和计划的可控制性		☆	☆	★
责任来源单一性			☆	★
质量保障性			★	
融资操作性				★

★：优点显著；☆：优点较显著。（来源：BV Market）

EPC 模式的缺点主要表现为：

（1）对总包而言，招标发包工作难度大，合同条款不易准确确定，容易造成较多的合同争议，成本风险大，因此合同管理的难度一般都较大。

（2）业主择优选择承包方范围小，由于承包范围大，介入项目时间早，工程信息未知较多，因此承包方要承担较大的风险，而有此能力的承包单位数量较少，这往往导致价格较高。

（3）质量控制难度大。其原因一是质量标准和功能要求不易做到全面、具体、准确，质量控制标准制约性受到影响，二是他人控制机制薄弱。

2.5.5.3 EPC 总承包项目的适用条件

一般而言，由于 EPC 总承包项目的管理模式固有的一些特点，为了保证它的优势能够成功实现，在采用 EPC 模式时至少应该考虑到以下前提条件。

（1）由于承包商承担了工程建设的大部分风险，因此，在招标阶段，业主应给予投标人充分的资料和时间，以使投标人能够仔细审核业主的要求，从而详细地了解该文件规定的工程目的、范围、设计标准和其他技术要求，在此基础上进行前期的规划设计、风险分析和评价以及估价等工作，向业主提交一份技术先进可靠、价格和工期合理的投标书。另外，从工程本身的情况看，所包含的地下隐蔽工作不能太多，承包商在投标前无法进行查勘的工作区域也不能太大。否则承包商就无法判定具体的工程量，增加承包商的风险，只能在报价中以估价的方式增加适当的风险费，难以保证报价的准确性和合理性，最终要么损害业主的利益，要么损害承包商的利益。

（2）虽然业主或业主代表有权监督承包商的工作，但不能过分地干预承包商的工作，也不要审批大多数的施工图纸。既然合同规定由承包商负责全部设计，并承担全部责任，只要其设计和所完成的工程符合合同中预期的工程目的，就应认为承包商履行了合同中的义务。

（3）由于采用总价合同，因而工程款应由业主直接按照合同规定时间支付，而不是像其他模式那样先由工程师审核工程量和承包商的结算报告，再签发支付证书。在EPC模式中，工程款支付可以按月进行，也可以按阶段支付（即里程碑式支付），在合同中可以规定每次支付款的具体数额，也可以规定每次支付款占合同价的百分比。如果业主在招标时不能满足上述条件或不愿接受其中某一条件，则该建设工程就不能采用EPC模式和EPC标准合同文件。

2.5.5.4 广义的EPC工程总承包

以上的讨论是基于FIDIC合同模式下一种总承包方式——EPC交钥匙工程展开阐述的。事实上，在我国目前的市场条件下，有很多约束因素致使在工程实践中无法实施和推广工程总承包模式。但是，从另一个方面来看，工程总承包观念已经在政府的大力提倡和推动下得到了社会的广泛认可，大型施工企业也不断接受到来自业主要求主承包人承担总承包管理角色的需求信息。笔者认为，总承包管理的核心内容就是设计（或深化设计）、采购、施工以及调试验收管理，因此，本文所探讨的EPC工程总承包管理是广义的，具体而言，就是建筑企业在作为主承包人完成建设项目的实施任务时，涉及的设计管理、采购管理、施工管理、验收交付以及调试运行管理等方面的一些问题。笔者希望结合自己的工作经历对这些问题进行的探讨，能够为建筑企业管理者和建设工程项目管理者提供一些启示和帮助。

3 EPC总包商的融资策略与项目资金管理

3.1 从"垫资"现象到带资承包

在我国建筑市场尚不成熟的条件下,由于"垫资"现象曾经给国内建筑市场秩序和建筑行业的健康发展带来许多问题和危害,国家主管部门严令禁止任何建设单位以垫资承包作为招标投标条件或者写入工程承包合同,禁止施工单位以垫资承包作为竞争手段承揽工程。笔者认为,"垫资"现象与带资承包的根本区别在于二者的资金运作的目的和方式不同。垫资是责权不清晰、收益不明确情况下的一种被动的盲目出资行为,曾经是建设单位盘剥建筑企业利润的手段或建筑企业低水平恶性竞争的手段,最终可能演变成债务;而带资是在明确收益情况下的一种投资项目的方式,为承包人提供了根据自身专业优势和资金实力扩大利润空间的机会,带资承包在一定程度上反映了承包企业的融资能力和竞争优势。

3.1.1 国内"垫资"承包现象的历史渊源

建国初期,以建设单位自营方式为主,建设单位自己组织设计人员、施工人员,自己招募工人和购置施工机械、采购材料,自行组织工程项目建设。从1953年至1965年,实行以建设单位为主的甲、乙、丙三方制,甲方(建设单位)由政府主管部门负责组建,乙方(设计单位)和丙方(施工单位)分别由各自的主管部门进行管理。项目实施过程中出现的许多技术、经济问题,由政府有关部门直接协调和负责解决。从1965年至1984年,实行以工程指挥部为主的方式,把管理建设的职能与管理生产的职能分开,建设指挥部负责建设期间设计、采购、施工的管理,项目建成后移交给生产管理机构负责运营。

我们国家有很大一批建设项目是在以上几种管理模式下建成的。在这三个时期,工程承发包和工程建设管理都带有明显的计划经济烙印,建设单位和工程施工单位都由政府直接负责管理,建设投资也是由政府根据国家建设的宏观计划进行划拨的,工程施工单位生产经营的目标就是为了完成国家下达的计划任务,不存在通过市场竞争获得承包建设项目的可能性和必要性。在这种情况下,垫资承包是不可能发生的。

党的十一届三中全会提出"改革开放"方针以后,20世纪80年代初,工程建设领域开始推行工程总承包和项目管理工作,先后经历了探索、试点、推广三个阶段。近20多年来,建设部、国家计委和财政部等国务院有关部门,先后颁发了一系列的指导文件、规定和办法指导和推动了建筑市场改革和建筑企业市场地位的确立。

建筑企业的市场主体地位得到确立之后，国内建筑市场变得越来越活跃。由于建筑业是一个劳动密集程度很高的行业，进入门槛较低，从业人数一直处于快速增长之中。从业人数的增多，一方面反映了建筑业的发展速度，另一方面在某种程度上导致了建筑市场供大于求的现状。由于国内大多数建筑企业一直在低水平上过度竞争，使得建设单位在选择建筑企业时具有较大的余地。而建设单位对工程项目建设资金的需求与其实际能够投入建设的资金数量存在着较大的缺口。因此，一些建设单位违反工程建设程序，要求建筑企业垫资。而建筑企业迫于竞争与企业生存的压力，只能答应以垫资承包的方式承接工程。久而久之，垫资承包成为建筑业内的"潜规则"而一度在国内建筑市场盛行。

3.1.2 国内"垫资"现象的表现形式

建设单位与建筑企业之间明目张胆的垫资承包现象已不多见。但是变相的垫资承包的现象仍然存在，主要表现为以下几种形式：

3.1.2.1 以阴阳合同(黑白合同)为表现形式的垫资承包

建设单位希望中标的建筑企业能够垫资承包建筑安装工程，但受制于政府关于垫资承包的禁令，无法将这些要求明确写入正式的工程承包合同。于是建设单位要求建筑企业在正式的工程承包合同之外再签订一个合同，在之后这份合同中加入有关垫资承包的条款。这两份合同即所谓的"一阴一阳"合同(阴阳合同)或"一黑一白"合同(黑白合同)。甚至有些建设单位干脆连"黑合同"也不签，口头要求建筑企业垫资承包，建筑企业迫于竞争压力和自己的劣势地位，只得答应。这样的操作存在许多隐患，一旦双方出现纠纷，建筑企业的利益难以得到保障。

3.1.2.2 以支付合同定金为表现形式的垫资承包

建设单位与建筑企业签订建筑工程承包合同时，建设单位以需要建筑企业保证履约为由，要求建筑企业向建设单位支付相当数量的定金。所谓定金，是签订合同的一方为了证明合同的成立并保证自己的履行而预付给合同另一方的一定数量的金额。定金在合同履行完毕后收回或抵作合同之价款。但是在许多工程建设活动中，有些建设单位往往以建筑企业应该支付定金为由，让建筑企业先期投入一笔巨额的建设资金作为定金，实际上就是垫资，形式上的定金成了实质上的工程建设资金。合同定金成为建设单位规避政府监管而采用的一种垫资承包方式。

3.1.2.3 以支付工程质量保证金为表现形式的垫资承包

建设单位与建筑企业签订建筑工程承包合同时，建设单位以保证工程质量为由要求建筑企业支付相当数额的工程质量保证金。在建设部与财政部2005年1月联合发布的《建设工程质量保证金管理暂行办法》中，对建设工程质量保证金定义为"发包人与承包人在建设工程承包合同中约定,从应付的工程款中预留,用以保证承包人在缺陷责任期内对建设工程出现的缺陷进行维修的资金"。由此可以看出,应是建设单位在支付工程款时,预留一定比例的工程款作为工程质量保证金。但是在不少工程建设活动中,建设单位往往在双方签订的建筑工程承包合同已设立了将一定比例的工程款作为工程质量保证金的情况下,仍额外地要求建筑企业在施工前向建设单位提供一笔数额巨大的工程质量保证金,实际上这笔资金被投入到工程建设之中。所谓的工程质量保证金成为变相的垫资。

3.1.2.4 以参建、联建房地产项目为表现形式的垫资承包

在一些房地产项目中,开发商与承包企业签订所谓的"房地产参建合同",双方在参建合同中约定由承包企业参与建设该房地产项目,并详细规定了参建面积、参建楼层和方位、参建单价和总价款、参建款的支付方式、参建房的交付期限、双方特殊约定等等。实际上,这也是一种为了规避政府监管的变相垫资承包方式。这种假参建、真垫资的行为性质主要采用以下形式:

(1) 承包企业向开发商支付参建款,不是根据工程的形象进度分期、分批地进行,而是在合同签订后、工程正式开工前由开发商向承包企业一次性收取完毕;

(2) 双方有时在房地产参建合同中作特殊约定,比如规定在约定的某个期限内,由开发商以参建款之本金加利息的总价,向承包企业做出一次性回购;

(3) 开发商延长进度款的付款周期,把按月支付工程进度款延长至 3 个月甚至 6 个月;

(4) 降低进度款的付款比例,有的项目开发商仅付 65% 的月进度款。

3.1.2.5 以房地产预售为表现形式的垫资承包

有的房地产项目中,开发商与承建企业签订所谓"内销商品房预售合同",双方在预售合同中约定预售房屋的室号、面积、预售单价和合同总价、交房期限,甚至还约定了交房条件和违约责任等等。这从表面看来是合理的行为。但在一些工程实践中,开发商不以正常的预售价签订预售合同,对承建企业的预售价通常是大大高于正常预售价,开发商在预售合同中也不列明承建企业分期付款的条款。实际上双方也不会将回购条款作为特别约定之条款直接列入内销商品房预售合同中,而是私下另立一份协议。名义上的购房款实际上是建筑企业垫付的建设资金,其实质上仍然是垫资承包。

3.1.3 带资竞标要求 EPC 总包商具备强大的融资能力

在典型的 EPC 模式下,总承包商的融资能力也是竞标时业主考察的因素之一。具有强大融资能力的总包商有更多潜在的资源化解未来可能的项目风险,承担风险的能力更高,可以分担更多的项目风险。业主可以通过让融资能力强的总包商中标而最大限度地转移或化解项目风险,而且强大融资能力本身就是企业信誉和实力的表现。因

此，从竞标的角度讲，EPC总包商如果具备强大的融资能力，将更有可能中标。

尽管在EPC模式下业主并不公开要求EPC总包商垫资承建，但是现实中"里程碑式"付款方式或每6个月支付一次工程进度款等方式就使得承建商不得不自筹巨额的流动资金来解决两次付款期间的工程建设费用，业主也可能由于某些客观因素出现暂时的支付困难。即在业主不能及时支付时，为了保证工程进度不受影响，EPC总包商需要垫资投入工程建设，这也就需要EPC总包商具有强大的融资或资金运作能力。

总之，无论是竞标还是保障EPC工程项目的顺利实施，EPC总包商自身的融资能力和对项目资金的运营能力都是非常重要的。

3.2 EPC总包商的融资渠道与融资策略

自有资金包括现金和其他速动资产以及可以在近期内收回的各种应收款等。企业存在银行的现金通常不会很多，但某些存于银行作透支贷款、保函或信用证的担保金等冻结资金，如果能够争取早日解除冻结，也属于现金一类。速动资产包括各种应收银行票据、股票和债券（可以抵押、贴现、交易而获得现金的证券），以及其他可以脱手的存货等。至于各种应收款，包括已完合同的应收工程款、近期可以完工的在建工程款等。此外，企业已有的施工机具设备，凡可以用于本工程者，都可以按照拟摊入本工程的折旧值作为自有资金。

自有资金无筹集成本，风险较小，利用自有资金可以获得较高的利润回报。但是承包商的自由资金通常是有限的，且国内很多工程需要承包商垫资，因此利用其他途径获取资金的能力非常重要，尤其对承包商竞标的成功起着很大作用。承包商可以通过国内金融机构和国外金融机构融资，下面我们将分别介绍。

3.2.1 利用国内金融市场进行融资

3.2.1.1 利用财政部贷款与商务部贷款

我国财政部有少量对外承包企业周转金贷款，商务部有少量国际经济合作基金贷款，如果承包的是国外工程，可以争取申请这些低息贷款。

3.2.1.2 利用商业银行贷款

（1）利用短期透支贷款

这种方式适用于每月按完成工程量贷款的项目，可由有信誉、有实力的企业担保向国内商业银行获得透支贷款。

（2）利用抵押贷款

EPC工程总承包企业可用设备、厂房、房产等固定资产作抵押向国内商业银行获得贷款。通过银行指定或推荐的资产评估机构对企业的资产进行评估后就可能得到此类贷款。

(3) 利用我国材料及设备出口信贷

出口信贷又称对外贸易中长期贷款,是本国银行向本国出口商或外国进口商提供的并由国家承担信贷风险的一种贷款。它是扩大出口的一种重要力量,出口信贷是一种与本国出口密切联系的信用贷款,它受到官方资助,许多国家都设有专门的出口信贷机构,负责出口信贷的管理和经营业务。根据接受信贷的对象来划分,出口信贷分买方出口信贷和卖方出口信贷。

买方出口信贷(buyer credit)的具体方式有两种:第一种是出口方银行直接向进口商提供贷款,并由进口方银行或第三国银行为该项贷款担保,出口商与进口商所签定的成交合同中规定为即期付款方式。出口方银行根据合同规定,凭出口商提供的交货单据,将贷款直接付给出口商,而进口商按合同规定陆续将贷款本利陆续偿还给出口方银行。这种形式的出口信贷实际上是银行信用。第二种是由出口方银行贷款给进口方银行,再由进口方银行为进口商提供信贷,以支付进口机械设备等的贷款。进口方银行可以按进口商原计划的分期付款时间陆续向出口方银行归还贷款,也可以按照双方银行另行商定的还款办法办理。而进口商与进口方银行之间的债务,则由双方在国内直接结算清偿。这种形式的出口信贷在实际中用得最多,因为它可以提高进口方的贸易谈判效率,有利于出口商简化手续,改善财务报表,有利于节省费用并降低出口方银行的风险。

卖方出口信贷(supplier credit)是出口方银行向国外进口商提供的一种延期付款的信贷方式。使用卖方信贷,进口商在订货时须交一定数额的现汇定金,具体数额由购买商品所决定。如成套设备和机电产品一般不低于合同金额的15%,船舶则不低于合同金额的20%。定金以外的贷款,要在全部交货或工程建成后陆续偿还,一般是每半年偿还一次。使用卖方信贷的最大好处是进口方不须亲自筹资,而且可以延期付款,有效地解决暂时支付困难问题,不利的是出口商往往把向银行支付的贷款利息、保险费、管理费等都打入货价内,使进口商不易了解贷款的真实成本。

我国EPC工程总承包企业在很多情况下承包的是国际工程,在国际工程承包经营中需要大量的材料、设备,利用我国出口信贷既利于我国材料、设备的出口,又利于我国EPC工程总承包企业节省资金,还能使承包工程顺利进行。现在,我国已专门成立了进出口银行来扶持我国的出口贸易,同时也为我国承包商利用我国出口信贷提供了便利。

3.2.1.3 利用信托机构融资

(1) 信托贷款

信托贷款是信托机构开办的一项主要信托业务,它是信托机构利用吸收的一般性信托存款和部分自有资金,对自主选定的企业和项目发放的贷款。

信托贷款作为信托业务的重要组成部分，以其方式活、内容多、范围大等优势解决了许多银行解决不了的资金急需问题。因此利用信托贷款融通资金也是一个很有前途的融资方式。

信托投资公司办理的信托贷款与一般商业银行贷款相比，有二个特点：资金来源于一般信托存款；信托贷款利率比较灵活，可在国家规定的范围内浮动。

信托贷款的条件信托贷款的对象必须是具有独立法人资格的企业。凡经营性的企业经营效益好，均可申请信托贷款，我国EPC工程总承包企业具备申请信托贷款的条件，这是因为：

1) EPC工程总承包企业实行独立核算、自负盈亏，有齐全的会计账务和财务报表。

2) EPC工程总承包企业具有规定比例的自有资金和必要的设备与场地。自有资金水平的高低，是承包企业自身发展能力大小的决定因素之一，同时又是减少经营风险、偿还债务的重要保障。

3) EPC工程总承包企业经营的范围符合国家产业政策，企业布局合理，经营正当，为社会生产、经济发展所需要。

4) EPC工程总承包企业都是国内较有实力的企业，有足够资产作抵押。

综合上述，我国EPC工程总承包企业符合信托贷款的条件，既有发展前途又有还款保证，因此可利用这一融资渠道。

信托贷款按借款人使用资金的性质分为固定资产贷款、流动资金贷款、临时周转贷款三种。

1) 利用固定资产贷款。信托机构发放的固定资产贷款额，最高不超过当年增加的信托存款额、发行债券与实收资本金之和的60%，EPC工程总承包企业可利用固定资产贷款购置设备等固定资产。

2) 利用信托流动资金贷款。贷款时要考虑承包企业自有资金的拥有和使用情况，以及向银行借用流动资金贷款的情况。信托投资公司要审查承包企业申请流动资金贷款的原因及直接用途，要落实还款来源及保障措施。

3) 利用信托临时周转贷款。当原定购进的材料、设备提前到货，资金临时占压时，企业暂时出现资金短缺，可以申请该种贷款。

（2）委托贷款

信托机构融资的另一种方式就是利用委托贷款融资。委托贷款就是委托单位将确属自主使用的一定资金交存信托机构，作为委托贷款保证金，即委托存款，同时委托信托机构按其指定的单位、项目、用途、金额、期限、利率发放的贷款业务。

委托贷款是和委托存款（委托贷款保证金）相对应的一种由委托人指定对象、方向、用途、期限、利率并由委托人自担风险的贷款，是一种多边信用，信托机构作为金融中介，可把需求资金的 EPC 工程总承包企业与资金供给者联系起来，帮助企业融通资金委托贷款的特点。委托贷款纯属中间业务，若资金需求者为 EPC 工程总承包企业，那么信托机构只是企业和资金供给者之间的一架桥梁，它既要与委托单位联系，另一方面又要与借款的 EPC 工程总承包企业联系。信托机构只收一定手续费，所有可能的风险也由委托单位承担，信托机构不承担经济责任。对于委托贷款合同中的每项条款的确定和修改，信托机构无权处理，必须由借贷双方商定。

我国 EPC 工程总承包企业应对信托机构的业务做深入了解，充分利用这一融资渠道。

3.2.1.4 利用国内证券市场融资

改革开放以来，我国企业利用国内有价证券市场筹集资金工作取得很大成就。有价证券市场包括债券市场和股票市场，证券市场作为长期资本的最初投资者和最终使用者之间的有效中介，是金融市场的重要组成部分，投资者通过证券市场买卖有价证券而向发行企业提供资金，企业通过证券市场发行股票或债券，可以筹措到相对稳定的长期资金。

(1) 利用国内股票市场融资

股份制是 EPC 工程总承包企业必走之路。随着人类社会进入社会化大生产时期，企业经营规模扩大与资本需求不足的矛盾日益突出，于是产生了以股东共同出资经营，以股份公司形态出现的企业组织，股份公司的变化和发展产生了股票形态的融资活动，股票融资的发展产生了股票交易的需求，股票的交易需求促成了股票市场的形成和发展，而股票市场的发展最终又促成了股票融资活动和股份公司的完善和发展。因此，股份公司、股票融资和股票市场的相互联系和相互作用，推动着股份公司、股票融资和股票市场的共同发展。

我国 EPC 工程总承包企业实行股份制更有其内在必要性。EPC 工程总承包企业一般都是承包大型工程，而大型工程承包中一个重要而明显的特点是竞争激烈，一些发达国家的大公司依靠其雄厚的资本、先进的技术，在大型工程承包市场上占着主导地位，我国单个 EPC 工程总承包企业很难与这些公司展开竞争。我国 EPC 工程总承包企业走股份制道路，联合成立股份制集团公司，大规模利用社会闲散资金，可以从规模、技术、资本、信息等各个方面提高自己的综合实力，这有利于在大型承包市场中与那些大公司相抗衡，提高竞争力。

目前我国 EPC 工程总承包企业绝大多数是国有企业，实行股份制，就形成了较合理、较规范的权、责、利制衡机制，经营权、所有权分离，形成了有效的监督机制，使经营者的经营行为受到监督，有利于约束和规范经营者行为，有助于国有资产流失问题的解决，还能促进国有资产的保值、增值。

EPC 工程总承包企业实行股份制改革，使各类产权有了明确的界定，有利于企业的进一步融资和发展，从而更有效率地开展国际工程的承包活动。

股票筹集资金的特点是直接向公众筹集资本性资金，投资者拥有企业之股权，分享企业利润股票上市必须具备以下条件：

1）股票经国务院证券管理部门批准，已向社会公开发行。

2）公司股本总额不少于人民币5000万元。

3）开业时间在3年以上，最近3年连续盈利，原国有企业依法改建而设立的，或者本法实施后新组成立的，其主要发起人为国有大中型企业的，可连续计算。

4）持有股票面值达人民币1000元以上的股东人数不少于11人，向社会公开发行的股份达公司股份总数的25%以上；公司股本总额超过人民币4亿元的，其向社会公开发行股份的比例为15%以上。

5）在最近3年内无重大违法行为，财务会计报告无虚假记载。

6）国务院规定的其他条件。

EPC工程总承包企业只要具备了上述条件，不妨通过股票融资的方式上市融资，获取大量资金，为承包更大的工程做好资金准备。

(2) 利用国内债券市场融资

债券是常见的投资手段和集资工具，EPC工程总承包企业利用债券市场融资是其资金来源的重要方式之一。

债券就是各种政府债券、金融债券和公司债券的总称。它是由政府、金融机构或工商企业向社会借债时所出具的标明借债金额、期限、利率、到期还本付息金额的债务凭证。债券体现了一种债权和债务的关系，具有流动性、自主性、安全性等特征。

债券的发行从改革趋势看，更多的企业将通过发行债券来筹资，作为企业的决策者，应全面掌握发行企业债券的基本要求和技巧。我国对发行债券筹资是有一定限制的，按照有关规定企业必须具备以下6个条件才能发行债券：

1）股份制有限公司的净资产额不低于人民3000万元，有限责任公司的净资产额不低于人民币6000万元。

2）累计债券总额不超过公司净资产额的40%。

3）最近3年平均可分配利润足以支付公司债券1年的利息。

4）筹集的资金投向符合国家产业政策。

5）债券的利率不得超过国务院限定的利率水平。

6）国务院规定的其他条件。

发行债券筹集的资金必须用于审批机关批准的用途，不得用于弥补亏损和非生产性支出。企业发行债券要有一定的程序。申请和审批、进行资信评估、企业债券负债表印制应表明具体内容、债券的发行及上市交易。

发行方式主要有：自营发行、代理发行、承销发行、联合发行。债券的偿还方式有：到期一次偿还、分期偿还、提前偿还、债券替代。

债券融资的优点是：债权人不能参加企业赢利分配；企业债券的发行费也不能很高，融资成本比银行贷款低；发行债券，股东对企业的控制权不受损害；债券本金、利息可在税前分发，可享受税收优惠；企业可以回收债券；利用债券融资的财务杠杆作用，可以使企业的利润大幅度上升，也便于企业调整公司资本结构。随着我国人们生活水平的提高，人们手中的闲散资金也越来越多，我国EPC工程总承包企业可以根据公司的情况发行国内债券进行筹资。

3.2.1.5 利用与国内其他企业联合承包融资

大型工程承包市场竞争越来越激烈，我国的EPC工程总承包企业往往势单力薄，特别是在与国际上一些大的国际承包商在大型项目的竞争中常常遇到自有资金不够、技术储备和资深专家不足、管理手段不适应等困难。我国EPC工程总承包企业在国际工程市场中得到的大多是发展中国家的工程，且多为中小规模的工程，有的还只能承担专业分包或分项工程。

我国EPC工程总承包企业要发展壮大，要上新台阶，占领更多的市场份额，最重要的就是要迅速增强实力和竞争力。如何提高我国EPC工程总承包企业竞标时的综合实力，方法很多，有一种切实可行的方法就是我国EPC工程总承包企业走联合之路，成立集团公司。EPC工程总承包企业的联合，可使要素优化组合而得到更充分合理利用，优势互补，提高效益，而且有能力承包更大的、更高档次的项目，在不增加外部资金的情况下，资金实力雄厚了，对外承包工程有了坚定的资金后盾。技术力量强大了，对一些高新技术，困难问题都可顺利解决。联合之后，统筹分工配合，目标一致可重点承包一些大项目。例如即将竣工的世界第一高楼——上海环球金融中心项目，就是由中国建筑总公司与一家地方企业组建一个总承包联合体进行建造的。

3.2.1.6 利用其他融资方式

我国市场经济的深入发展，企业之间的竞争越来越激烈，而国家金融市场的建立和完善，使得企业的融资方式、渠道逐渐增加，企业家也越来越重视融资成本、融资效益、融资风险和融资渠道的开拓。下面浅谈一下我国企业的一些新融资方法。

(1) 企业收购和合并融资

企业收购指企业通过另一家企业的资产或股票取得这家企业的经营控制权。企业合并指企业间无偿合并资产或股票，组成一个企业。企业收购分为资产收购和股份收购。企业合并分为企业合并后不成立新公司和合并后成立新公司。

在激烈的市场竞争中，有的工程承包企业管理不当，效益低下，处于竞争劣势地位，但有的工程承包企业却因经营管理有方，经济效益好，在竞争中处于优势地位。由于在市场竞争中，规模优势有利于企业降低成本，提高抗风险能力，因此处于优势的企业往往需要扩大生产规模以发展生产，如要重新建厂房、购置设备等等，耗费较大，如果利用劣势企业的厂房、设备等，然后注入本企业的经营管理、企业文化等因素，那么收购劣势企业就可以成为解决优势企业问题的好办法。我国EPC工程总承包公司可以利用这种方法扩大自己的规模，利用规模经济效应获得更大的竞标能力和项目运作能力。

(2) 赊购赊销融资

当一个企业出售产品时，需要找买主，而另一个需要这种产品的企业又没有钱，这种难题可以通过赊购赊销的形式解决。一般，买卖双方先商定付款时间，买方从卖方取走产品，真正付款时间是预定延后的时间。在这种交易中，买方企业通过赊购，实际上等于不用签署正式借据，就筹措到了一笔相当于货款数额的短期资金，当所购得的货物用于买方企业的生产经营时，则可获得利润的增加，因而这是一种简单的融资方式。目前，社会上时兴的分期付款，实际上就是一种赊购赊销的融资形式。EPC总包商及其分包商可以通过向下游材料供应商等进行赊购，从而获得更大的资金调剂能力。

3.2.2 利用国际金融市场融资

世界上许多国际工程承包公司在很大程度上利用了国际金融市场进行融资。随着国际金融市场的发展，这种方式在国际工程承包中日益普遍和重要。在发达国家国际工程承包公司的资金来源中50%以上都依赖于外部融通资金，其中美国55%，德国为59%，英国为44%，日本则高达82%，目前许多发展中国家在国际工程承包中越来越多地采用国际融资。所以我国EPC工程总承包企业在利用好国内资金的同时，也应当面向国际金融市场拓宽融资渠道。国际金融市场是一个庞大而完备的市场，利用它可以融通大量自由外汇资金和工程所在国货币及第三国货币，使借、用、还一致，减少汇率风险。在过去的这些年里，我国的EPC工程总承包企业进行国际融资的还很少，因资金短缺缘故而流失掉了许多有利可图的工程项目。国际融资对于我国EPC工程总承包企业来说还是一门新的课题，如何掌握国际融资这门技巧已成为我国EPC工程总承包企业急需解决的问题之一。

EPC工程总承包企业在充分利用自有资金，国内金融机构贷款，证券市场筹资外，应积极开展国际融资，利用好国外市场。

在国际经济发展过程里，一方面是发达国家出现了大量的过剩资本，当这些资本在本国找不到有利的投资环境时，就要突破国界，向资本短缺、生产要素中资本比例低而市场又较为广阔的经济不发达国家或地区输出。另一方面，发展中国家为了加速本国经济发展需要大量资本，在自己资金缺乏的情况下，就需要引进外资以弥补不足。投资收益的国际差异、国际分工的发展、生产国际化水平的提高和国际竞争的激化，进一步影响了国际资本的流动，也促进了国际信贷的发展。

3.2.2.1 利用政府间双边贷款

政府贷款是由一国政府向另一国政府提供财政资金的优惠性有偿借款。政府贷款属于经济援助型之一的贷款，它利率低、期限长、条件较优惠，在双边关系比较协调的情况下，贷款双方政府容易达成协议。通过合理利用发达国家政府贷款开发本国资源，发展生产，可以提高科学技术水平，增强出口能力和我国在国际市场上的竞争能力。

我国与周边国家关系较好，国际地位和信誉高，可充分利用这一优势，利用政府间双边贷款融资。世界上几个主要对外提供政府贷款的国家有日本、美国和德国。日本属亚太地区，中国与它有着地域的优势，且互补利益关系相当密切。同时，中国的巨大市场又对美国和德国具有极大诱惑力，他们对向我国提供政府贷款有很大兴趣，我国政府应积极利用这些有利条件进行融资，支持我国EPC工程总承包企业开拓国际市场，提高竞争力。但政府间贷款数量要受贷款国家的国民生产总值、国家财政及国际收支状况的限制，金额一般不会太大。政府间贷款具有援助性质，利率低，偿还期长，贷款与专门的项目相联系，因此往往又带有一些非经济性条件。政府间贷款一般不会直接用来对外直接承包工程，而只作为项目投资的一部分用于对外招标发包，我国EPC工程总承包企业应积极关注国际市场上这些有外国政府贷款的工程项目，争取中标，因这类项目一般都经过严密评估论证，管理较严密。我国企业一旦中标成为此类项目的承包商，就可望获得可靠收入和信贷支持。

3.2.2.2 利用国际金融组织融资

国际金融组织是指一些国家为了达到某项共同目的，联合兴办的在国际上进行金融活动的机构，世界性的国际金融组织主要有国际货币基金组织(IMF)和国际复兴开发银行(IBRD)。世界银行及其附属机构——国际开发协会的贷款也应是我国筹资的主要来源之一。它的优点是利率固定，低于市场利率，并根据工程项目的需要定出较为有利的宽限期与偿还办法。世界银行与国际开发协会对工程项目所提供的贷款要在广泛的国际承包商中进行竞争性招标，从而压低建设成本，保证建设技术最为先进。该组织以资金支持的项目其基础是扎实的，工程都能按计划完成，而且所提供资金的项目带有一定的技术援助成分。缺点是手续繁杂，从设计到投产所需时间长；贷款资金的取得在较大程度上取决于该组织对项目的评价；该项目所坚持的项目实施条件如收费标准与构成、管理机构、管理方法等都与东道国传统做法不同，但东道国要被迫接受；该组织对工程项目发放的贷款，直接给予工程项目中标的国际承包商，借款国无法知道费用核算结果。

3.2.2.3 利用国际商业银行贷款

国际商业信贷是指借款人在国际金融市场上向外国银行按商业条件承借的贷款。国际上的这种贷款人一般都是企业和其他法人机构，其中包括与出口相联系的贷款。

各国经济的发展需要借用国外资金，而无论是外国政府贷款还是国际金融组织贷款等优惠信贷都有条件限制，资金数量有限，也不易争取，于是各国就积极争取吸收国际市场的资金，以便灵活应用。EPC 工程总承包企业在此方面具体应用方式是多种多样的。

短期透支贷款这种方式较适用于每月按完成工程量付款的项目。如果承包工程所在国的货币是软通货，而且支付货币属于当地货币，利用当地银行透支贷款可减轻货币贬值风险。我国 EPC 工程总承包企业在周转流动资金不足时，可向我国的商业银行或国际公认的金融机构担保向当地银行开出透支担保保函，保函规定最高透支金额及担保有效期，即可获得透支贷款。

透支贷款是指企业从当地银行借一定数量的当地货币或外币，用于购买材料和设备，一旦收到每月的工程付款，立即归还银行。由于这种贷款是随借随还的，银行只按公司账号中的赤字金额逐日计息，尽管贷款年利率可能较高，但实际赤字金额时大时小，而且计息时间并不长，因此花费的利息总值并不多。同时，只要业主付款确实可靠，公司善于经营，贷款最高限额不大，承包商和银行的风险都不会很大。对于贷款时间太长，长久保持的赤字金额较大时，采取透支贷款就不够合算了。承包商应当寻找其他贷款形式，以降低利息费用。

存款抵押贷款。有些国家的当地银行不接受别国银行的透支保函，但通过协商，如果承包商的资信可靠，而且其承包的工程是确实有支付保证的，银行可能愿意提供存款抵押信贷。在工程所在国的支付货币是软通货和按进度付款的条件下，采用这种方法是比较有利的。

承包商可以用很少部分硬通货，或者工程设备作为抵押，从当地银行获得较多的当地货币贷款。抵押款和借款比例称之为抵押存款限额，限额越低对承包商越有利，只有资信极好的 EPC 工程总承包企业，才可以争取到银行的特别优惠，给予最低抵押存款限额(如 10%～15%)，我国 EPC 工程总承包企业在工程所在国应当广交银行界朋友，保持良好信誉，经常向银行介绍本公司工程进度，这样才能争取到优惠的存款限额条件。

采用存款抵押信贷方法，一方面可以少存多借，获得大大超过自有资金的流动资金信贷；另一方面还可以保持自己的硬通货及其利息收入，可避免当地货币贬值的风险。

利用业主开出的银行付款保函作抵押向外国银行申请中短期贷款，当业主要求延期偿付工程款时，这实际上是要求承包商垫付建设资金，而后由业主在一定时间内分次偿还，并支付一定利息。在这种情况下，承包商因垫付资金额较多，可以要求业主从一家可被接受的银行(如国家商业银行)开出付款保函作为支付工程款的保证，这时承包商可利用这份保函同外国银行协商，只要该国银行对承包商的信誉和开保函的银行资信是相信的,而且审查了该项目的可行性,可能接受这份保函为抵押而给予承包商一笔项目专用贷款。

使用这种贷款,一般来说,工程业主给承包商延期付款的利率是较低的,而从外国银行取得商业信贷的利率的确较高,两者之间可能出现较大差额,承包商应当认真计算,将利息差额计入工程报价之中,否则承包商将降低自己的利润来弥补这一差额,甚至会由此造成亏损。

利用材料及设备出口信贷承包国际工程,承包商需从第三国进口材料、设备,因此承包商可充分利用第三国的出口信贷来融资。许多国家都设有专门的出口信贷机构,负责出口信贷的管理和经营业务。

出口信贷的贷款利率一般比相同期限的商业贷款利率低,并且由于出口信贷金额大、期限较长,因而存在一定风险,西方发达国家一般都设有国家贷款保险机构,对出口信贷给予担保,风险由保险机构承担。

利用国际银团的银团贷款。贷款银团就是由一家或几家银行牵头,多家银行参加而组成的银行集团。由这样的一个集团按照内部分工和各自分担比例向某一借款人发放的贷款就是银团贷款,又称辛迪加贷款。

许多大型工程需要的资金太多,承包商带资垫款承包或接受延期付款颇感困难,可以利用国际银团联合贷款的方式融通资金。一般国际承包商同某些较大的国际银行有着良好和密切的关系,他们经常互通情报,碰到某些大型建设项目可以相互合作。在工程项目基本可行的条件下,承包商常常邀请一家国际性银行帮助进行专门财务可行性研究,而后组织工程业主、工程所在国的国家商业银行、银团首席银行坐在一起讨论,对所有涉及贷款、使用和还款以及利息等问题,做出各方都能接受的安排,而后共同签署协议。

我国一些EPC工程总承包公司已开始注意进行这样的工作,并已取得一定成效。对于某些大型工业项目采取这种形式,不仅可解决工程业主和我国公司双方都缺少资金的困难,还可以在这种项目中采用我国生产的设备,带动我国材料、设备的出口。

利用银团贷款时,选择好首席银行十分重要。用一家富有经验而且与承包商有过密切合作历史的银行为首席银行,他往往能向承包商提出许多良好的建议,并向参加银团的其他银行宣传介绍这家公司,如果首席银行是一家国际性的大银行,就更能增强其他银行的信心,吸引更多的银行参加银团贷款。

利用项目融资。项目融资是一种特殊的融资方式,它是由项目的资产(包括项目各种合约内制定的权利)作抵押,并把项目的预期收益作为偿还债务的最主要来源的一种融资方式。这种融资方式与传统的项目筹资方法不同,传统的方法是借款人靠自己的直接信誉和资力或第三方还款担保,而不是依靠项目的预期收益来筹措贷款,贷款项目的还款责任也就全部落在借款人或担保人身上，贷款人可直接追索，而和项目收益无关。而项目融资的着眼点是放在该项目本身经济收益上，贷款人对借款的追索是有限的，也就是说，贷款人也分担了融资中很大一部分风险。

项目融资作为一种特殊的资金融通形式，有其突出的长处，同时也存在一些缺点。

优点：帮助项目发起单位扩大借款能力，便于筹集巨额资金从事大型项目实施，同时使贷款风险分散，项目融资还有助于降低工程费用成本。筹资问题与项目成功挂钩，项目成功与否直接与贷款人利益相关，且项目公司自负盈亏。

缺点：贷款人承受比传统融资方式更大的风险。这些风险包括可能的政治风险；由于投资费用大，建设期长而给贷款人带来风险；主导银行由于提供较多份额的资金而使自身增加风险；参与项目融资各方由于利益、文化风俗的不同而产生内耗易使项目有失败的潜在风险。项目融资从开始酝酿到谈判，直至签约的这一过程极其漫长，这样旷日持久的工作过程中各种因素都会变化，由此而产生风险。

项目融资中，我国EPC工程总承包企业并不直接参与，项目融资主要是业主（发起人）融资的一种方式，我国EPC工程总承包企业若在该项目中标，只是项目的建设者。为增加此类项目中标的可能性，我国EPC工程总承包企业在发起人开始项目融资时就应发挥积极作用，为发起人与银行等金融机构牵线搭桥，提供资料及咨询，以自己的实力与能力向出资者和发起人保证，让其相信项目若被我国EPC工程总承包企业承建能顺利完成，争取中标的最大可能。

利用调换融资。所谓调换融资业务是不同货币的债务或不同利率的债务（固定利率债务与浮动利率债务）进行相互交换的业务。调换融资业务成为适用于各种机构筹资和经营债权资金的一种有价值的融资及防范外汇风险的工具。

随着国际间调换融资业务的飞速发展，调换融资业务派生出多种交易方式，其中最基本的有两种，即利率调换和货币调换。利率调换交易是按两笔货币与金额相同、年期一致的借款之间的不同付息方法的互换，并用协议书确定下来。利率调换这一融资技术是为适应国际市场上利率结构的复杂化而产生的，通过利率调换，筹资双方都可获得采用各自需要的利率的资金。

产生利率调换需有前提条件，一方面有一家资信较好的经营性公司，它可以获得较优惠的浮动利率的资金，而很难以较优惠条件获得迫切需要的固定利率资金；另一方面有一家国际银行或国际金融机构需要浮动利率资金，其拥有固定利率资金的成本相比之下较低，这时即可进行调换。运用利率调换方法可以使资金短缺的发展中国家在国际金融市场上筹集到较难筹集的较长期的固定利率资金，以缓解资金不足。

货币调换是指在两方或两方以上有互补需要前提下，为满足各自的需要，将不同国货币的债务或投资，按签订调换合同时的即期利率进行对双方都有利的调换。

如一家美国公司需要筹措固定利率美元贷款，但只能以优惠的利率借到瑞士法郎贷款，而另一家非美国公司需瑞士法郎贷款，但它只筹措到优惠的固定利率的美元贷款。此时两家公司可以先在各自能够获得优惠条件的市场上举借贷款，然后按协议安排调换双方的不同货币债务，到商定期限时，双方再反向交换即可。通过货币调换，一是可使某些融资者避免远期外汇交易的损失，尤其是避免货币汇率的剧跌损失，并为货币保值提供条件。二是调换的货币债务不计入业务的资产负债表，有利加强对债务的单独管理。三是可降低融资成本。从实质上说，调换业务是一种筹资技巧，它可以使不同的筹资者充分发挥自身的筹资长处，并利用其他筹资者的长处弥补自己的不足，从而尽可能经济、合理地筹集自己所需的资金，同时从调换业务所起的客观作用上讲，也是避免外汇风险的一种有效方法。

3.2.2.4 利用国际证券市场融资

（1）利用国际债券市场融资

国际债券是指在本国境外发行的一切债券。国际债券可分为外国债券与欧洲券两种，外国债券是一国企业或政府在另一国发行的以发行地国家货币为面值的债券，并由该国的银行或证券公司组织承购和推销，并首先出售给该国居民的债券。世界上主要的外国债券市场有瑞士法郎市场、美国扬基市场、德国马克债券市场、日本武士债券市场，它们的规模占整个外国债券市场的95%，中国已多次在美国、日本等成功发行了外国债券。

欧洲债券是指在别国发行的不以该国货币为面值的债券。其特点有：

1）没有官方机构管制，发行债券的手续简便，不需要在证券委员会登记注册。

2）发行时机、发行条件可随行就市，由当事双方自由决定。

3）发行债券由跨国的银团、包销团和销售团组成。

4）债券为不记名的实物债券，有利于发行者和投资者保密。

5）投资者购买债券先交利息所得税，可以促进债券的流通。

欧洲债券市场由辛迪加财团控制，借款者大部分是跨国银行或跨国公司，国营企业和地方政府。国际债券发行的方式有两种：私募与公募。私募又称不公开发行或内部发行，是指面向少数特定的投资人出售债券的方式。私募发行的对象大致有两类，一类是个人投资者，例如公司老股东或发行机构自己的员工；另一类是机构投资者，如大的金融机构或与发行人有密切往来关系的企业等。私募的主要好处是可免去向有关管理机构进行登记，发行费用也较低。公募是指把债券发行到社会广大的公众而非特定的对象。在公开发行的场合，新发行的债券由投资银行承购，并由其分销。发行者在委托外国证券公司或承购辛迪加发行国际债券的过程中，要就全部发行工作进行协商，确定适当的发行条件，包括发行债券的评级、债券发行额、票息率、发行价格、偿还年限、认购者的收益率。这些条件影响到发行者的筹资成本、发行效果，也影响到债券对投资者的吸引力。

发行国际债券的优点有：

1) 资金来源广，债权人分散，发行者可根据自己的需要发行不同币种、面值的债券，另外发行欧洲债券不会受到任何形式的干扰，没有任何附加条件，但发行外国债券受市场所在国官方严格限制、管理、监督，困难多一些。只要我方严守信用，履约偿债，也是可以逐步打开外国债券市场的。

2) 债券偿还办法灵活，发行者处于主动地位。发行者在债券到期前，如偿还贷款，可到二级市场购买，如欲延期偿还，可在债券未到期前再发行新债券更替。

3) 还款期限较长，利率比较稳定，金额也较大。

4) 发行国际债券可提高发行者的声誉，又可能取得在较优惠的条件下连续发行的机会。发行者信誉越高，偿还能力越强，以后发行债券就越容易。如能连续发行，发行费就可能降低。能在国际市场上发行债券是发行者信誉高、偿还能力强的表现，同时又可提高发行者的信誉。

5) 筹措的资金可以自由运用，不必与项目挂钩。

6) 可以连续发行。

我国 EPC 工程总承包企业的国际地位日益上升，信誉好，实力强，近几年，每年都有数十家公司进入全球国际承包商 250 强，具有在国际金融市场发行债券的实力和可行性，再加上我国政府的大力支持，中国银行的信誉和经验，我国 EPC 工程总承包企业应利用这一国际金融市场开拓国际承包市场。

(2) 利用国际股票市场筹资

国际股票市场是在国际金融市场上，通过发行股票来筹集资金的市场。与国内股票市场不同，国际股票的认购和对投资者的销售都是在发行公司所在国之外进行的，亦即在许多由国际银团和证券交易商参与的国际资本市场上的一种筹资方式，股票市场行情的狂涨和暴跌对各国经济的荣衰发生着深刻的影响。国际股票市场在现代世界经济中占有不容忽视的重要地位，我国 EPC 工程总承包企业应积极参与国际金融市场，利用国际金融市场，发行国际股票，它不但可以在国际上筹集资金，还可提高公司的国际信誉。

企业通过发行国际股票进行融资的特点是企业可以获得大额外币资本，大大改善企业财务结构，减轻企业财务负担，增强借债能力；在国际上发行股票并上市提高企业的知名度，为企业进一步在国际资本市场上融资争取优惠利率奠定了基础；由于上市企业也将面临信息披露和投资者的压力，同时将面临竞争的压力，因为股票市场对上市公司永远存在兼并收购的压力；此外企业国际股票融资存在较大的局限性，它只限于效益好的企业。

国际股票融资的主要方式有：发行 B 股在国内的证券交易所上市，B 股是指只能由外国人购买的人民币特种股票。在境外直接发行股票并上市，我国企业在大陆注册，然后申请到美国等国家和地区发行股票并上市。H股，它是指那些获中国证监会批准到香港上市的内地企业在香港上市的股票。红筹股，它是指在境外注册、在香港上市的那些带有中国大陆概念的股票。如果某个上市公司的主要业务在中国内地，其盈利中的大部分也来自该业务，那么这家在中国境外注册、在香港上市的股票就是红筹股。H股与红筹股的主要区别是：H股在内地注册、管理，属于内地公司，而红筹股则是在境外注册、管理，属于香港公司或海外公司。

3.2.2.5　利用国际租赁市场融资

国际租赁是解决资金供需矛盾的有效手段之一。国际租赁是一种以租物形式达到融资目的结合的信贷方式，在当前国际经济活动中，国际租赁是承包商获得资本设备使用权的一种融资方式，是融通中长期资金的一种有效手段。利用国际租赁方式，承包商所需的设备和物品，由租赁公司筹资购买并交付承包商使用，承包商不用一次付清设备的全部款项即可获得设备的使用权，以后再以租金形式分期支付设备费用。承包商要按期以外汇付给出租人租金，即租赁费，在租赁期内，设备所有权属于出租人，使用权属于承包商。因此，通过租赁引进设备资金就实际上利用了外部资金。

租赁在促进承包商设备改进技术进步、筹措资金、提高资金利用率方面具有重要作用：

(1) 租赁为承包商开辟了一条新的融资渠道，弥补了承包商资金空缺，有利于承包商加速固定资产的更新，提高承包商技术装备水平。

(2) 租赁可为承包商节约资金，争取时间，保持资金流动性，提高资金利用率，使承包商免受信用紧缩和通货膨胀等方面的不利影响，因而可回避风险。

(3) 有利于承包商加强经济管理，合理调整资金结构和技术结构，从而适应市场需求的变化，提高竞争力。

(4) 租赁是先用设备后付租金，设备到货后若发现其性能与合同不符，在索赔上就有主动权。

(5) 可能享受一定的税收优惠。根据我国企业所得税暂行条例实施细则规定，纳税人以经营租赁方式租入固定资产发生的租赁费，可在计算应纳所得税额时据实扣除，以融资性租赁方式租入固定资产发生的租赁费虽不直接扣除，但承租人支付的手续费及安装交付使用后支付的利息仍可在支付时直接扣除。

(6) 目前世界上多数国家允许不把租赁设备列入资产负债表，不把未付完租金的设备视为负债。

融资租赁是出租人向制造厂商购买设备，也可由承租人即承包商根据自己承包工程中作业需要自主选型，亲自与供货商谈判，再由出租人订购，然后长期固定出租给承包商，再从承包商付给的租金中收回资金及其利息利润。租金总额相当于设备价款、贷款利息和手续费的总和，承包商在租赁期满时可以按象征性付款（如1美元、100日元等)取得设备的所有权。在少数情况下也可续租或退还给出租人。在租赁期间承包商要按期向出租人偿付租金,并承担维护保养投保等责任,缺点是长期固定使用,如利用率不高或该类设备更新率较快时,则承包商有遭受损失的风险。

转租赁是融资租赁的一种特殊情况,又叫间接融资租赁,是指出租人先以承租人身份从设备厂商租进设备,再以出租人身份转租给承包商,承包商所担义务同直接融资租赁相同。

经营租赁,承包商可以根据所需使用设备的时间长短在合同中规定租赁期限,其期限一般短于融资租赁。租赁期满后,承包商不购买设备,由出租人租给他人继续使用。如果在租赁期中,有新的承租人接替自己,就可以中止合同,也不必支付违约罚款。设备维修费、保险费以及个人财产税由出租人支付,实际上这些费用都列入租金之中而转嫁到承包商身上。所以其租金比其他租赁形式都要高,优点是减少租用设备的闲置浪费,不必担心技术进步引起的设备过时风险。

维修租赁,租赁公司可提供对设备的维修、保养以及办理检修、验收、事故处理等服务工作,其租金高于融资租赁。

杠杆租赁起源于美国,是一种减税优惠性租赁业务,由于出租人不能单靠自己的力量筹集巨额资本,就通过几家大银行和保险公司等金融机构共同贷款来促成交易。这样租赁合同就有三个当事人,第一是出租人,第二是贷款人,第三是承包商(承租人)。出租人以租赁设备为抵押品,从贷款人那里取得贷款购买设备,把设备租给承包商使用,并从承包商那里收回租金偿还贷款。这项业务可以享受减税待遇,出租人以少量的投资获得设备成本100%的减税优惠,因而租金也比较低。

售出回租租赁(反租租赁),售出回租租赁也是融资租赁一种变形,是指设备制造厂商或设备所有权拥有者,将设备售与出租人,然后再作为承租人以融资租赁形式租回使用。这是一种近似信贷的活动,但又与抵押贷款有一定区别。在抵押贷款时,企业始终保持设备的所有权和使用权,只是在到期不能偿还贷款时才丧失设备的所有权。售出回租租赁方式,企业把设备所有权转移给出租人,仅保留设备使用权。采用售出回租租赁涉及的当事人仅两方,业务程序比较简单,我国 EPC 工程总承包企业可以利用反租租赁方式获得所需资金,且可继续使用原有设备,不致影响国际承包工程的进行。综上所述,随着租赁市场的完善和发展,租赁方式也会越来越多,承包商完全按自己的意愿选择既有利又适合自己的租赁方式。我国 EPC 工程总承包企业可根据自身的需要选择灵活多样的租赁方式提高市场竞争力,缓解外汇短缺的压力。

3.2.2.6 利用与国外企业联合承包融资

寻找一家或几家有经济实力的外国公司合作成立联合集团公司也是一种解决资金问题的方法,这是一种分散或转移资金压力的较好办法。承包商可以组织这个集团的联合成员发挥各自的优势,并由各成员分别承担和筹集各自需要的资金。对于我国

EPC 工程总承包企业来说，资金问题是困扰我国 EPC 工程总承包企业在国际承包市场上顺利发展的重要原因，与国外有实力的公司联合，不仅可以解决资金问题，还可以学到他人先进的技术、科学的管理方法。当然，必然要相应地让出一部分利益。

与国外有实力的公司合作承包重要的是要选好伙伴，对它进行财务分析，对市场占有额、资金实力、信誉进行综合评估，要求通过与之合作，资金问题能得到切实解决，且有利于公司的健康顺利的发展。

3.2.2.7 国外流行的其他融资方式

这些融资方式在国内目前还应用不广，有的甚至没有应用，但在发达国家，特别是欧美应用非常广泛，现在我国正处于经济体制转型期，探索新奇、高效、简便、安全的融资方法是我国国际工程承包企业所乐意接受的。

(1) 存货融资

存货融资通常是利用存货作为抵押获得贷款，是西方较常见的一种融资方法，通常如果一个企业拥有很好的财务信誉，那么它只要有存货就可以筹集到资金，而且数目十分可观。存货是一种具有变现能力的资产，适于作为短期借款的担保品。存货抵押一般分为保留所有权的存货抵押和不保留所有权的存货抵押。存货融资是一个较好的融资办法。

(2) 应收账款融资

通过应收账款的抵押可以取得应收账款抵押贷款。应收账款抵押的特点是贷款人不仅有应收账款的债权，而且还有向借款人的追索权，坏帐的损失风险仍在卖方而不在银行。

在西方国家，应收账款可以采取代理方式，即将应收账款卖给代理人，这时贷款人通常没有向借款人的追索权，也就是在代理中卖方明确告知货物买方将货款直接付给代理金融单位，因此代理公司将承担风险，这也就决定了代理公司鉴于坏账风险必须进行详尽的信用调查。应收账款融资的最大优点是融资来源弹性较大；其次，它提供了企业以其他方式很难获得的借款担保；最后，当应收账款予以代理或出售时，企业可以获得在其他情况下无法获得或即使能够获得但成本也会特别高的信用部门服务。

在国际工程承包企业中，由于企业承包的项目规模较大，垫资的数目也相应较高，造成了承包企业应收账款数目过大，给企业的资金周转带来一定困难。在这种情况下，承包企业利用应收账款的抵押取得应收账款的抵押款，可减缓企业因资金不足造成的压力。因其融资的空间较大，在国外，目前这种方法较常见。

(3) 杠杆购买融资

杠杆购买融资，是指企业用其准备收购的企业的资产做抵押向银行申请贷款，再得到的贷款作为收购企业的资金，这种方法特别适用于资金短缺又急于扩大生产规模的企业。由于利用杠杆收购融资一方面筹集到了所需要的资金，另一方面又买下了企业，一般只要投入较少的人力、物力、财力，改造好目标企业就能投产，这相对于新建一个企业要省钱、省力的多，因此这种方法被许多西方国家的企业所采用。

3.3 项目资金管理

国内外项目资金管理模式是多样性的，有多少组织形式就有多少资金管理模式，企业的管理战略决定着其资金管理模式。随着世界经济全球化，知识经济的蓬勃发展，管理学领域在组织形式和管理模式方面不断创新，各种管理模式应运而生，项目资金管理模式也呈现不断求新、不断发展的局面。

3.3.1 项目资金管理模式

国内项目资金管理模式的选择主要是根据企业的战略发展规划、组织形式、规模、业务范围和类型等因素决定的。政治、经济和法律环境从宏观层面影响着企业的战略，从而也直接或间接地影响着资金管理模式的采用。目前大体可以归纳为三种主要模式：集权式管理、集散式管理和分散式管理。

（1）集权式管理模式公司规模较少，组织形式简单，企业多为一元化经营，工程项目较少并且工程项目所在地比较集中，公司可以直接通过资金集中控制来控制工程项目的质量和进度。但从目前情况看即便是企业规模较大，专业的承包企业也较多采用此种资金管理模式。

（2）集散式管理模式公司规模较大，组织形式多样化，企业多为一元化经营，工程项目较多并且工程项目所在地比较分散。资金管理模式采用集权管理为主、分权管理为辅的资金管理模式。这样除了集权式管理模式外，由于工程项目所在地的分散，给工程项目部一定的资金调配权，便于工程项目部通过资金调配的控制来控制在项目设计、分包和采购的质量和进度控制，资金调配权通过资金金额和管理权限加以控制，既能有效控制资金风险，又提高工作效率，集而不死，散而不乱。

（3）分散式管理模式主要集中在贸易公司或从事多元化经营的企业，一般为集团公司，有若干子公司，各子公司所从事的领域具有较大的差别，组织形式为子公司为独立法人，独立核算自负盈亏，工程项目较多并且工程项目规模承包合同总价较少，从而风险也较小，那么子公司根据本公司工程项目的特点，独立地支配资金，集团公司提供一定的指导。由于此类企业承包工程项目的市场较小，又由于此种资金管理模式自身的弱点，已较少在建筑企业中采用。

随着中国企业市场的逐步扩大，承包领域的拓展，对工程项目资金管理模式的研究也不断地深入，承包企业须不断创造适应本企业特点的管理模式，使资金风险得到有效的控制，从而达到企业发展壮大的目的。

3.3.2 项目资金管理的基本内容

3.3.2.1 项目筹资

企业筹资是指企业向其外部、内部筹措和集中经营所需资金的财务活动,是保持企业经营活动顺利进行的条件之一。资金已成为企业竞争的关键性因素,尤其是国际承包工程企业,如何保证承包的工程项目资金畅通,防止出现资金停滞、流失是资金管理的第一要务。

EPC工程项目具有项目金额大、施工周期长、技术含量高的特点,这一特点也决定了通过企业自身的资金规模和技术力量很难完成的项目,往往伴随着筹资需求。作为EPC工程总承包企业,筹措项目资金的原则体现在以下几个方面:

(1) 应从资金管理理念上进行转变。只有这样才能强化资金管理,提高资金使用效益和防止资金流失,才能保证工程项目顺利实施,从而促进企业的可持续发展。

(2) 要从企业的战略上加以考虑。企业资金管理存在的主要问题缺乏现代企业应有的资金管理意识,大多数企业管理者对资金的重要性都有广泛的认同,但有时缺少资金时间价值观和资金流量观。例如:忽视资金的时间价值,在资金的筹集、使用和分配等方面缺少科学性,对现金流量缺乏科学的预测,导致实施项目半途而废,甚至实施项目时高负债经营,项目亏损时面临破产的命运。工程承包企业具有高风险经营的特点,因此作为从事高风险的承包企业,必须从战略高度重视本企业包括筹资活动的资金管理。

(3) 资金筹集要有预测性和灵活性。对资金需要量应有科学的预测,充足的资金来源是保证生产经营活动正常开展的必要前提,因而对筹资环节的控制是资金控制的基础,企业在筹资活动中根据客观需要和实际来安排筹资数量是关键的一环。认为筹集的资金数量越多越好,有备无患,从而忽略了资金的时间价值和企业资本结构的合理比例。因此,容易使企业陷入负债经营的恶性循环之中。企业之间、企业与银行之间又形成了多角债务关系,严重制约了企业经营活动的正常运转。在现代经济全球化的条件下,对于各种资本,企业可采取不同的方式筹集,选择哪种方式则要权衡筹资收益与风险的大小,我国承包企业由于以前筹集方式单一,对适应国际化现代企业的筹资方式缺乏了解和认识,很少结合对未来收益的预测来考虑筹资风险的问题,只是摸着石头过河,缺乏适应现代企业的风险预测机制,筹资渠道单一,随着我国国际化程度的加深,承包企业"走出去"势在必行,要从企业生存角度考虑,同时我国市场经济的进一步发展,金融市场逐步完善,随着我国加入WTO,金融市场也进一步国际化,承包企业筹资渠道也可有多种选择。因此从对承包企业最经济合理的角度考虑,筹资活动必须有预测性和灵活性。

(4) 资金使用的合理性和计划性。资金运用结构不合理,全部资金分配比例失衡,把过多的资金用于还款周期长的项目，致使流动资金补偿不足，几乎全部以流动负债来维持运转，财务风险骤增。另外，流动资金内部各项目之间的分配也不合理，致使资金使用效率低下，其原因在于：盲目承揽项目，项目的经济性差，造成企业的现金流为负值，严重的会使应收账款倍增。由此可见，资金筹集和分配结构要合理，使企业资金结构更为合理，减少企业的财务风险和经营风险。

(5) 加强对资金的事后控制。资金管理事后控制必须有信息反馈制度，企业可根据资金的筹资使用分配过程观察出市场动态以及资金结构的不合理之处，以此作为新的资金循环运动中的借鉴，择其优去其弊，形成经营的良性循环。但有的企业内部缺乏科学的信息反馈制度，使企业的资金运作越来越紧，面对多变的市场，缺乏应变能力，从而形成经贸的感性循环，缺乏及时处理沉淀资金的措施。沉淀资金是企业经营中的正常现象，但有的企业由于资金管理机制不健全，面对结构多变的市场，形成了严重的沉淀资金，如果这部分资金处理得不及时，企业的潜亏程度必定会不断加大。

建立现代企业资金管理机制，以人为本，强化企业的资金管理意识。现代管理就是以人为中心的管理，强调以人为本，充分发挥人的主动性、积极性和创造性。因此，要在广大员工中树立起资金是企业血液的观念，把资金的使用责任到人，把资金的管理列入各级领导的重要议事日程，采取多种手段提高管理人员的素质，实现资金的合理运筹和优化配置，从而实现系统整体功能和目标优化，取得最佳效益。增强资金的时间价值观念，企业经营的每一个环节都应考虑资金的时间价值，将之作为资金需要量预测和资金使用收益预测方面的一个重要因素。较强的资金时间价值观念，可使企业的资金运动方向与市场变化相适应，抓住机遇，减少风险与损失，增强现金流量的意识，企业在资金的统一管理上，应树立现金流量的观念，在财务管理的具体工作中，为管理人员提供现金流量的信息，除年终提供的现金流量表之外，日常工作中可根据不同情况编制现金流量计划以及短期现金流量预测报告和长期现金流量报告，前者可促使企业重视现金流动效益，注重资金的使用效果和流动性，有助于企业减少流动资金的大幅度沉淀，改善流动资金结构。后者有助于企业正确考核长期投资项目，避免盲目投资和资金不到位的现象。

(6) 优化资金筹措结构，科学地预测资金需求量。资金需求量的预测方法很多，如定性预测法、趋势预测法、销售百分比法等。企业在选用时，必须充分考虑各种方法的适应条件，避免脱离企业实际的简单套用，使预测流于形式而毫无意义。企业在多数情况下，影响资金需要量关系最大的是预计销售额，因此销售百分比法是预测资金需要量最常用的方法。企业无论采用哪种预测方法，都应熟知不同时点上资金的不同价值以及生产经营中的现金流量，以合理安排筹措时间，适时适量地获取资金。同时应尽量寻求预测的简明扼要，即只要保证主要项目能在预测中得以充分考虑，达到规划筹资的目的即可，而不必强求精度，以免因小失大，使预测缺乏适用性，拓宽筹资渠道，合理选择筹资方式。

无论选择哪种筹资渠道，都应兼顾资金来源属性，摆正自己在融资活动中的位置，保持良好的信誉，依法保障出资者的合法权益，以增加出资者对企业的信任度，从而减少筹资的困难，企业为了自身利益和出资者的利益，必须结合企业的内外部环境，科学地估算筹资风险，合理地选择筹资方式，正确运用筹资组合理论，分散或转移筹资风险，有效地做到事前控制。

3.3.2.2 资金成本控制

资金成本是指企业为取得和使用资金而付出的代价，包括资金占用费用和资金筹措费用。

作为企业，需优化资金使用结构，科学地制定资金使用机制，优化资金占用结构。首先，合理确定长期资金与流动资金之间的比例。企业应该保持多大的流动资金限度，应当根据企业经营状况产品结构以及市场动态等因素而定，而且不同的市场环境所需的流动资金也是不同的。对于工程承包企业流动资金占有比例较大，尤其对于现汇工程项目，企业应从全方位管理资金，兼顾长远利益和近期利益。其次，合理确定流动资金内部各项目的比例。企业的流动资金占用像一个链条，科学的联结和合理的约束机制会减少浪费，加速资金的周转，在周转价值不变的条件下，周转次数增加一倍，预付资金可以减少一半。量入为出，并进行科学的风险预测和收益预测，以选择最优的资金组合，企业在运筹项目建设资金时应确立资金与知识优化组合的思想。

企业资金的分配要考虑债权人各方面利益的均衡关系，科学合理地确定投资者利润和保持盈余的比例，企业在保证向投资者分配的利润不低于行业内的平均报酬，以满足现有投资者的期望收益的同时，还须保留一定的积累，满足扩大新开工项目的需要，为企业的长远发展奠定良好的基础；建立奖励基金，企业要将人力资本作为一个与资金并重的生产要素，对资金分配享有参与权，有必要在企业设立人才奖励基金，资金的来源可以从税后利润中取得，以激励人力资本所有者为企业投入更多的资源，创造出更大的经济价值；加强对资金的事后控制，建立科学的信息反馈制度，企业在从资金筹集到资金分配的全部资金运动过程中，都要求各部门将有关信息及时反馈到决策部门。资金计划部门应做到及时发现问题，及时研究解决，将风险和损失控制在一定范围内，保证资金管理目标的科学性、系统性、连续性，制定盘活沉淀资金的科学措施，企业对不同的沉淀资金可作不同的处理，建立与金融市场相适应的偿债机制和清债机制，对沉淀资金的使用，应尽可能减少损失，更主要的是防患于未然，建立严格的资金使用机制。从而从资金各个角度考虑，防止资金管理的偏颇，达到有效控制资金成本的目的。

3.3.2.3 资金风险控制

在市场经济条件下，企业已成为市场竞争的主体，它所面临的风险将比其他任何经济制度中的风险都要复杂,风险和风险管理问题已成为现代企业能否健康发展的关键。资金风险具有客观性、必然性、无意性和不确定性,应清醒地认识到风险的客观存在,不断增强风险意识,而不能逃避现实,更不能对风险视而不见,否则将会受到它的惩罚。企业的财务风险存在于企业财务活动的各个环节,企业的理财活动还受到外汇汇率的影响。企业财务风险从财务内容来看,主要包括筹资风险、投资风险、资金回收风险和外汇风险。而如何防范企业财务风险,则是现代企业财务战略管理的重要内容。

(1) 企业筹资风险的防范。工程项目融资多元化经营、工程项目国别多样性是企业分散借入资金和自有资金风险的主要方法。多元化经营分散风险的理论依据在于:从概率统计原理来看,不同产品的利润率是独立的或不完全相关的,经营多种产业多种产品在时间、空间、利润上相互补充抵消,可以减少企业利润风险。企业在突出主业的前提条件下,可以结合自身的人力、财力与技术研制和开发能力,适度涉足多元化经营和多元化投资,分散财务风险。应根据企业实际情况,制定负债财务计划。根据企业一定资产数额,按照需要与可能安排适量的负债。同时,还应根据负债的情况制定出还款计划。如果举债不当,经营不善,到了债务偿还日无法偿还,就会影响企业信誉。因此,工程承包企业如何利用负债经营加速发展,就必须从加强管理、加速资金周转上下功夫,努力降低资金占用额,尽力缩短工程施工周期,加快工程款的回收,降低应收账款比率,增强对风险的防范意识,使企业在充分考虑影响负债各项因素的基础上,谨慎负债。在制定负债计划的同时须制定出还款计划,使其具有一定的还款保证,建筑企业负债后的速动比率不低于1∶1,流动比率保持在2∶1左右的安全区域。只有这样,才能最大限度地降低风险,提高企业的盈利水平。同时还要注意,在借入资金中,长短期资金应根据需要合理安排,使其结构趋于合理,并要防止还款期过分集中。针对由利率变动带来的筹资风险,应认真研究资金市场的供求情况,根据利率走势做出相应的筹资安排。在利率处于高水平时期,尽量少筹资或只筹集急需的短期资金。在利率处于由高向低的过渡时期,也应尽量少筹资或只筹集不得不筹的资金,应采用浮动利率的计息方式。在利率处于低水平时,筹资较为有利。在利率处于由低向高的过渡时期,应积极筹集长期资金,并尽量采用固定利率的计息方式。

(2) 资金回收风险的防范。应加强对应收账款政策的制定及应收账款的管理。出口信贷项目尤其是出口卖方信贷,业主采用延期付款,在建设期内除了收取一定的预付款外,项目大部分工程款项是在宽限期后才开始偿还,因此在制定和实施分期收款的赊销政策时,必须充分考虑尽量减少应收账款的占用额度和占用时间,降低应收账款的管理成本,并防止形成企业的坏账。选择边际利润大于应收账款管理总成本的赊销政策,这样才能真正使企业的赊销政策发挥出优势,保持和提高企业的市场竞争力。当企业应收账款遭到客户拖欠或拒付时,企业应当首先分析现行的信用标准及信用审批制度是否存在纰漏，然后对违约客户的资信等级重新调查摸底，进行再认识。对于恶意拖欠、信用品质差的客户应当从信用清单中除名，不再对其延期付款，除非其采用信用证付款，这样由商业信用上升为银行信用，避免收款风险。应争取在延续、增进相互业务关系中妥善地解决账款拖欠的问题。同时可实行应收账款保理业务。应收账款保理业务是指企业把由于延期付款而形成的应收账款有条件地转让给银行，银行为企业提供资金，并负责管理、催收应收账款和坏账担保等业务，企业可借此收回账款，加快资金周转。保理业务是一种集融资、结算、账务管理和风险担保于一体的综合性服务业务，对于销售企业来说，它能使供应企业免除应收账款管理的麻烦，提高企业的竞争力。

(3) 外汇风险控制工程项目收款币种的多样性必然存在外汇收款的汇率风险；同样由于 EPC 工程技术含量高并且复杂，重要的设备和部件需要从工业发达国家采购，这就必然形成外汇付款的汇率风险。因此，承包工程项目实施前后做好调换币种交易计划，必须具有一定的预测和技术。当持有的某种货币预期有贬值趋势时，可以即期现汇兑换或以期权买卖调换成另一种较为坚挺的货币，如将日元调成美元或欧元。办理对外收付时应正确选择货币种类。一般来说，收入外汇或借入外债时，应争取趋于升值的货币；支付外汇或偿还债务时，则应争取支付趋于贬值的货币。原则是收汇与付汇，借款与还款的币种要尽可能一致。对已经确定的债权债务，根据汇率的变动情况，提前或推后进行收付。当预测某种货币的汇率将上升时，应争取推后收款或提前付款；反之，当预测某种货币的汇率将下降时，应争取提前收款或推后付款。调整企业外币的资产和负债结构。一般来说，当某种货币汇率趋于上升时，应设法增加该种货币的资产项目，减少其他负债项目；反之，当某种货币的汇率将下降时，应设法减少该种货币的资产项目，增加其他负债项目。财务风险管理不仅是现代企业财务战略管理的重要内容，也是整个企业管理的重要组成部分。

只有企业全员、全方位重视财务风险管理，才能使管理有序、有效。随着全国市场一体化和世界经济全球化的逐渐形成，不少经营风险较小的企业却因财务管理失败而被财务风险所葬送。美国学者大卫·赫茨指出了研究和防范风险的重要性：控制了不确定性和风险，就是控制了关键的经营问题和关键的经营机会。加强对风险的管理已成为现代企业经营管理中一项十分重要的内容。任何财务专家都必须树立正确的风险观，善于对自然和社会环境带来的不确定性因素进行科学预测，有预见地采取各种防范措施，使可能遭受的损失尽可能降到最低限度。

4 EPC工程总承包投标策略

4.1 工程投标的基本理论及应用

4.1.1 工程投标的理论基础

4.1.1.1 拍卖理论

工程投标的原始理论依据源自古老的拍卖理论。拍卖作为商品交易的一种方式，在人类历史上存在了2500多年。当人们陶醉于室内物品的拍卖成果时，古罗马已创造了好几项拍卖记录，古巴比伦的家具拍卖早已著称于古罗马，罗马教皇卡里古拉为了应付沉重的债务，经马可奥里乌斯的同意，将自己的家具及教堂用品进行了拍卖。最负盛名的拍卖是公元193年，古罗马禁卫军杀了前国王后，将整个帝国拍卖给下一任国王。在中国古代，公元17世纪中国的寺庙将死去的道士的财产进行拍卖。在1682年，拍卖在伦敦已非常普及，家具、艺术品及古董等都常用拍卖的方式进行交易。1750年，Samul Baker建立了索士比拍卖行，随后年轻的James Cbristie又创办了嘉士德拍卖行，目前这两家拍卖行仍然是世界上最古老、最大的拍卖行。

虽然拍卖行为由来已久，但是对拍卖理论的研究直到20世纪60年代才开始，在随后的40多年里，拍卖理论蓬勃发展，已形成了一套比较完善的理论。

广泛被利用和分析的有4种标准拍卖方式：增价拍卖（或称为公开、口头、英式拍卖）；减价拍卖（或称为荷兰式拍卖）；密闭第一价格拍卖；密闭第二价格拍卖〔又称维克里(Vickrey)拍卖〕。与工程投标活动相似的是密闭第一价格拍卖和密闭第二价格拍卖。

在密封第一价格拍卖机制下，每个竞标者独立地向卖方提供密封的标书，标书上标明其愿意支付的价格，标价最高的投标人以其标价赢得物品。第一价格拍卖和增价拍卖的基本的不同点为：在增价拍卖下，投标人可以观察到对手的出价，从而如果可能的话，可以重新设置其出价；而在密封第一价格拍卖下，每个投标人只能提交一次标书，也看不见对手的出价。在美国，常用这种拍卖方式来拍卖政府所拥有的矿藏开发权、土地使用权等，大量的政府采购合同也是通过密封拍卖进行的。

在密封第二价格拍卖机制下，投标人提交密封的标书给拍卖人，仍然是出价最高者赢，但却不是支付其报价，而是支付第二高报价，这种拍卖形式没有其他拍卖形式普遍，但由于其很好的理论性质而在研究中被广泛利用。

在这4种基本拍卖方式上有许多变形的拍卖方式。例如，卖方常常会设置一个标底,或者收取参加竞标者的"入场费"。拍卖的最大特点是信息的非对称性,价格既不是由卖方说了算,也不是由买卖双方讨价还价来确定,而是由竞争的方式来确定,卖方不完全知道潜在买方愿意出的真实价格,这种信息通常只有买方自己知道,每一个潜在的买方也不知道其他买方的可能出的价。拍卖的竞价过程可以帮助卖方收集这些信息,从而把物品卖给愿意付最高价的买方,这不仅达到了资源的有效配置,也为卖方获得了最高收益。

通过对比密封式拍卖与工程投标的过程会发现,二者的程序非常相似,所不同的就是拍卖的成功买主给的是最高价或次高价,而工程投标的中标方则是最低价或经综合评审后的合理最低价。因此,学习和研究拍卖理论对工程投标理论的发展具有重要的借鉴性。

4.1.1.2 弗里德曼投标报价模型及其改进

工程投标决策的过程复杂,因此学术界在研究这一领域时往往采用的是模型研究方法。从投标阶段的划分来看,由于投标过程具有最明显的两个决策点,即是否投标决策点和投标报价决策点。理论上,模型研究的重点也集中在这两个方面,从而建立相应的工程投标机会决策模型和投标报价模型。从前人研究的历程来看,关于投标报价模型的研究历史悠久,研究成果丰硕,而对投标机会决策模型的研究相对起步较晚,并且是在报价模型研究的基础上发展起来的。

工程投标报价模型中一个关键的概念是标高金。按照国际通用的报价组成,一般工程投标报价由项目成本部分和标高金两部分组成。其中成本部分包括直接成本和间接成本,标高金主要包括利润和风险费。投标报价模型研究的主要问题就是如何确定标高金。

最早提出报价模型的是投标策略研究的先驱 Friedman 博士。1956 年,Friedman 首先提出了第一个投标报价模型——弗里德曼模型:

$$P_A(f) = P_i^m(f) \prod_{i=1}^{n} P_i(f)$$
$$U_A(f) = A(1+f) P_i(f)$$

其中,$P_A(f)$ 为中标概率,$U_A(f)$ 为企业期望利润,f 为标高金与成本的比率,m 为未知竞争对手的个数,n 为已知竞争对手的个数,A 为估算成本,$P_i(f)$ 为战胜一个典型投标人的概率。弗里德曼模型通过计算承包商单独对每一个竞争者的赢率来计算其在某个工程上与其竞争者竞争时的概率。他假设承包商对每个竞争者的赢率是互不干扰的,因此中标概率是赢率的联合概率。

1967 年,Marin Gates 对弗里德曼模型进行了改进,Gates 认为在一个市场中,人员、物资等资源可以自由流动,因而所有投标者的报价并非无关联。Gates 认为,在给定标高金的情况下,与一些掌握其投标资料的对手(即已知对手)竞争而赢得合同的概率为:

$$P = \frac{1}{\frac{1-P_A}{P_A} + \frac{1-P_B}{P_B} + \frac{1-P_C}{P_C} + \cdots\cdots + 1}$$

其中，P_A 为战胜 A 的概率，P_B 为战胜 B 的概率，P_C 为战胜 C 的概率，对于未知对手的情况则变为：

$$P_n = \frac{1}{\frac{n(1-P_{typ})}{P_{typ}} + 1}$$

其中，P_n 为战胜 n 个未知竞争对手的概率，P_{typ} 为战胜一个典型竞争对手的概率。

上述模型建立的共同基础是概率统计论，它们都要求投标者十分了解竞争对手过去投标的有关资料，是一种比较理想的分析结果。但事实上，这些投标模型由于公式复杂，仅考虑概率和竞争因素而没有对定性因素进行评价，同时由于竞争对手信息随着市场环境及自身条件的变化而变化，因此造成信息的不完备性，在这种情况下运用上述模型，在实际决策中往往会产生较大的误差，在工程实践中很少被采用。

4.1.1.3 层次分析法在工程投标中的应用

近年来在是否投标的决策模型中经常用到的方法之一是层次分析法，即 AHP。AHP 方法是 Satty 在 20 世纪 70 年代提出的，AHP 解决的主要问题是将定性问题定量化，基本原则是将待评价的各因素两两比较其相对重要性，然后依据比较结果将所有因素进行排序。AHP 方法基于多目标决策技术，将影响决策结果的概念、判断和记忆等信息组织成层次递接结构来构架逻辑框架，解决现实问题。

通过运用这种技术，可以依照决策者关注的子目标将复杂的决策问题分解成一些更小的组成部分。AHP 提供了一种理解问题的结构化方法，也帮助专家在特定时间内集中思考每一个评价标准。AHP 最大的特点就是系统化的层次分解结构，两两对比分析和矛盾评价。在现实的投标决策中，包括利润在内有许多重要的因素需要考虑。例如，一个承包商可能需要获得的投标机会是能给他带来风险、工作强度连贯性和利润的最佳组合。在设法得到这些大量的影响因素时，研究者建议使用 AHP 法进行分析。在一般情况下，使用 AHP 进行投标决策时包括承包商选择一组特定的最佳评价标准，并赋予每一个标准下可能选择的不同分值及其意义。如果一个评价标准是利润最大化，则可以用其他投标模型计算不同选择情况下的标高金，然后在此基础上分配权重。在投标决策中使用 AHP 的最主要的优势是这种方法支持承包商的常识和专业经验。

4.1.1.4 博弈理论在工程投标中的应用

近年来博弈理论开始被广泛运用在经济管理中的各个方面，工程投标报价分析是其中之一。博弈论（Game Theory），又称对策论，是研究在风险不确定情况下，多个决策主体行为相互影响时理性行为及其决策均衡的问题，也就是说，在某种固定规则的竞争中，结果不是由单一决策者掌控，而是由所有决策者的共同决策实现的单一决者为在竞争中使个人利益最大化。同时博弈论还研究在多个策略中，受个人偏好的影响，所采取的策略选择以及所有决策者决策趋向问题。

博弈论模型是从人类社会的政治、经济、军事等活动中抽象出来的一种数学模型。在这种活动中，首先要有参与人或称局中人。参与人通过对某些行动的选择行为体现对该种活动的参与。参与人的活动要涉及自己和其他参与人的某些利益。这种利益一般不仅与自己的行动有关，也与其他参与人的选择有关。

博弈论首先可从局中人在博弈中的行为具有合作性质且这种合作受到有力的约束还是不具有合作性质划分为合作博弈模型和非合作博弈模型。对于非合作博弈模型，又可从参与人同时选择行动与不同时选择行动的时间上划分为静态博弈模型与动态博弈模型。非合作博弈模型也可以从参与人对于博弈本身信息了解的程度划分为完全信息博弈模型和不完全信息博弈模型。因而非合作博弈可分为完全信息静态博弈、完全信息动态博弈、不完全信息静态博弈和不完全信息动态博弈。

博弈论的主要应用是在非合作博弈方面。1994年获诺贝尔奖的三位经济学家的主要贡献是非合作博弈理论。而现在经济学家谈及博弈论，一般也是指非合作博弈论。博弈理论的优势尤其彰显于信息不对称情况下利益冲突主体的多策略选择。因此，在工程投标报价理论中，运用博弈理论进行报价策略研究是近年来研究的热点问题之一。

工程投标报价的博弈特征主要有：

（1）参与工程竞标的博弈参与人一般不具备（也不可能完全具备）关于博弈的全部信息。

（2）在公开招标投标活动中，只有到开标后各参与人才能够得知对手报价情报的详细信息，虽然递交标书有先后，但是可以认为是同时采取行为。因此工程投标报价的博弈属于不完全信息状态下的静态博弈研究。

投标决策研究的概念模型如图4-1所示。由于投标决策是一个多目标问题，因此概

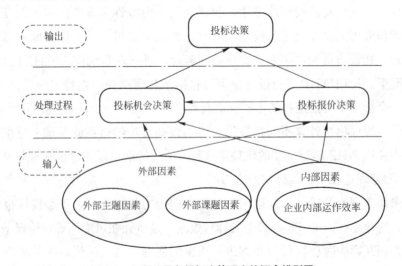

图4-1　工程总承包投标决策研究的概念模型图

念模型主要分析了怎样将影响决策的多种原因分类和加工，形成决策考虑的目标因素。由于 EPC 总承包模式是影响投标决策的一种最重要因素，它将渗透在各个目标因素中影响投标决策的结果。

4.1.2 工程招投标的一般程序

工程投标活动与招标活动是紧密相连的，因此投招标理论的研究是一个统一的过程。用最简单的文字描述投标过程就是投标者在进行投标项目选择、投标标书准备后在规定的时间里向业主提交符合招标文件要求的投标书的一系列活动的总称。在实际的工程投标决策过程中，往往还要将投标研究的范围延伸到中标后的合同商务谈判阶段。

对于投标活动，实业界的工程实践远远早于理论研究。在我国，建筑工程正式采用招标投标方式于 1864 年出现在上海。西方殖民者的入侵，外国资本的侵入，使得国外已经采用的招标投标方式也引入了我国。上海最早采用招标投标的建筑工程是法国在上海的领署，该工程由法商希米德和英商怀氏斐欧特两家营造厂参与投标竞争，最后由希米德中标承建。这种招标投标方式的采用吸引了中国建筑承包商参与投标竞争。1880 年，上海第一家中方营造厂——杨瑞泰营造厂宣告成立，并夺得江南海关工程承建权，于 1893 年顺利建成，博得西方同行的赞赏。自 20 世纪初起，中国营造商基本垄断了上海重要建筑工程的施工承包权。

新中国成立以后，从 20 世纪 50 年代初开始的近 30 年时间里，招标与投标活动在我国被认为是市场经济的产物，因此被长期封存。十一届三中全会后，邓小平提出要重新肯定按经济规律办事，要重视价值规律的作用，招标与投标制度才又被提到议事日程上来，经过近 20 年的推广和应用，我国终于在 1999 年正式颁布了《中华人民共和国招标投标法》，从而确立了招标投标的法律依据，使我国的招标投标制度逐渐成熟与完善。

西方国家对招标投标的实践由来已久，其发展过程是连续的，对投标的认识相对完整和客观。许多大型工程建筑公司都形成了一套适合本企业投标的理论与方法，他们从企业的战略定位与发展就开始认真研究目标市场的特点和进入对策，因此对投标项目的跟踪调查比较全面；同时长期的工程投标实践积累了相当丰富的数据和经验，形成了内部投标信息数据库，这是为今后的投标决策最有力的智力支持。

学术界对工程投标理论的研究从上世纪 50 年代就开始了，主要研究的是投标报价决策理论，后来又出现了"是否投标"的投标机会研究以及影响投标决策的因素集分析。工程投标的研究与招标的招标程序、招标方式以及评标标准有密切的联系。

由于工程招标过程与投标过程是统一的，在每一阶段，有何种的招标活动就有相应的投标活动与之对应。典型的工程项目招标与投标程序如图 4-2 所示。

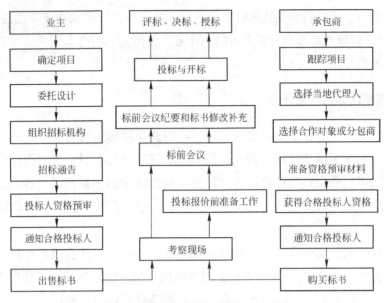

图 4-2 典型的工程项目招标与投标程序

工程的招标方式是影响投标决策的重要因素。首先，拟招标工程所采用的采购模式是影响投标策略最重要的因素，其次，招标文件中的"投标人须知"、"合同条件"和"业主要求"是投标者必须仔细研究分析的内容。

EPC 工程总承包项目下，承包商需要整体考虑项目的设计、采购和施工，而且往往是总价包干的，工作的复杂程度大大增加，所承担的风险也因总包商承担着工程设计、进度控制、安全保证、质量控制和成本等责任而变得更为巨大，因此在是否投标与怎样报价方面，承包商需要慎重考虑，提高决策的准确度。

招标文件是承包商进行投标时最主要的研究对象，承包商依据招标文件中的各项要求来安排部署投标的各项工作。招标文件与工程采购模式相对应，在 EPC 工程总承包模式下，招标文件一般包括：投标邀请函(Invitation of Bidding)、投标人须知、投标书格式与投标书附录、资料表、合同条件(Condition of Contruct)、技术规范(Specification)、工程量清单(Bill of Quantities)、标书图纸(Contruct Drawings)、业主的要求、现场水文和地表以下情况等资料。

其中，投标人须知中规定了详细的投标程序和建议书的要求，后者是投标编写技术建议书与商务建议书时的重要依据。合同条件中有关合同支付方式的确定也非常重要，是采用单价合同还是总价合同或成本加酬金合同对于承包商来说利益与风险均不相同。最为重要的文件是"业主要求"，它包含了针对项目建议的要求，是对整个工程情况作的总体说明，并给出强制或建议使用的相关技术标准和行业规范与程序。尤其对于 EPC 总承包项目，设计深度的要求以及业主能提供工程资料与数据都在"业主要求"中有详细的规定。

对于大型或特大型项目由于招标文件由多家单位编制，常常会出现差异，当发现矛盾时应根据它们的权重来作出判断，如"标书图纸"的权重大于"工程量清单"，即当发现工程量清单上列出的数量与标书图纸上查出的不一致时，应以图纸上查出的数量为准。笔者参与过某项目的投标，因为做标时间太短，投标时仅按业主提供的工程量清单上列出的数量来询价并计算成本。中标后才发现标书图纸上表明的某种材料（发光天幕）比工程量清单表上数额的多出约 100 倍，结果仅此一项就导致亏损 900 多万元人民币。

另外，当图纸上的数量与技术规范不一致时应以规范为准。例如，笔者主持过一个中东国家的深井抽水灌溉工程项目的投标，从图纸上查出的是 12 套杆上泵组，询价组已经按采购 12 套泵组的价格记入报价成本，但是在我们阅读技术规范时却发现了"所有设备均需提供按 10％的备品和配件"的约定，所以我们在成本价中及时增加了一套泵组的价格。

除非有特殊规定，一般情况下当标书文件有含糊不清及相互矛盾之处时，应以下列顺序按排序在先的文件进行解释：

（1）合同或协议书

（2）中标通知书

（3）补遗文件及投标问答（若此类文件之间有矛盾之处，则应该以日期较后者为准）

（4）合同专用条款

（5）合同通用条款

（6）承包人的投标书

（7）技术规范

（8）合同图纸

（9）工程量清单

美国 DBIA 协会对"建议的要求"（Request of Proposal，简称 RFP）这一文件的内容构成做出如下规定：

（1）业主、咨询顾问、评审委员会和总承包商的识别

（2）对建议书的要求：

1）申请人须知

2）资格与谢礼（honoraria）

3）沟通

4）建议书格式

5）替代方案

6）建议书格式补充说明

7）演示说明

8）不合格规定

(3) 建议书评价标准

(4) 授标基础

(5) 业主可供信息

(6) 合同通用条件

(7) 协议书与担保格式

(8) 进度计划与设施要求

(9) 履约规范

亚洲银行对总承包工程项目的招标程序也有许多具体要求。亚洲银行1999年推出的亚行总承包招标文件中对各种总承包项目的招标程序都有详细论述。对于招标程序大致可分为三种：①单阶段投标；②双信封投标；③两阶段投标。

单阶段投标是指投标者一次性提交含有技术建议书和商务建议书的投标文件。在公开唱标时，每一个标书的投标报价和替代方案等细节内容全部公开和记录。标书经评审后由亚行授标，原则上合同授予经评审的最低价响应标。单阶段投标适用于土建内容较多的项目，这些项目不大可能在评价机械、设备等技术替代方案时产生问题。

双信封投标是指投标者将商务标和技术标装在两个信封里同时提交。评标委员会先打开技术标进行评审，如果招标机构要求补充和修改技术标，应与投标人共同讨论，随后投标人被允许修改或调整技术标以满足招标机构的要求。在修改技术标的同时，要求投标人调整相应的价格，此调整仅仅是由于技术标的改变而引起的直接价格变化。调整技术标的目的是保证所有技术标符合业主可接受的技术标准。如果投标人不想为此改动，则可以中途撤回标书。经调整后的技术标通过评审后，开始进行商务标的评审，最后由亚行授予经评审后的最低价响应标。

双信封投标适用于需要做替代方案(如机械、设备安装工程或工业厂房工程等)的技术标。一般情况下业主希望有经验的承包商投标此类项目，但是由于通常不要求对设备和机械方案进行资格预审，因此在标书中往往包含资格后审。在详细评审此类投标人的技术标时，他们的经验和融资能力会作为重点评价因素，因此那些不满足这些标准的标书将不会再考虑。

两阶段投标与双信封投标有类似之处，但差别也较大，最主要的区别是投标人首先要求提交的只有技术标书，而商务标则随后提交。投标人与招标机构共同讨论和澄清技术问题后，经评审通过的技术标将获得亚行的批准着手进行商务标的编制工作。编制的基础和依据是经过调整和补充修改的技术标书。

两阶段投标适用于招标机构不确定应该采用哪一种技术规范，这种情况往往是市场上刚刚出现可供选择的新技术时；同时也适用于招标机构已获得多个市场选择，但是会有两个以上同等性能的技术方案供其选择时。美国DBIA协会在公共基础设施建设的总承包项目竞争性投标过程如图4-3所示。

4 EPC工程总承包投标策略

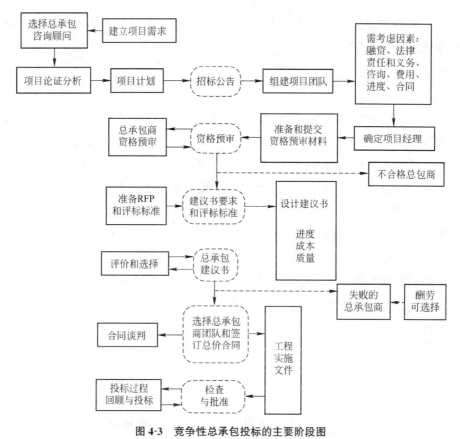

图 4-3　竞争性总承包投标的主要阶段图

注：RFP 指 Request of Proposal。

招标过程与传统模式相比有很多相似之处，但是在项目的前期准备和资格预审过程中，总承包项目会投入更多的时间，并在投标建议书的评审标准上有详细的规定解释和系统的评标方法。

美国 ASCE 协会对于工程总承包项目的招标推荐使用两阶段竞争性评标过程，这是 1996 年由政府机构批准的用于总承包合同的 FARA1996 文件（the Federal Acquisition Reform Act of 1996）中要求的。总承包队伍必须是使用经修订的资质评审标准（qualifications-based selection criteria，QBS）选择确定的。业主必须提供充足的设计和工艺信息，这可以用于识别总承包商的能力，并在整个工程实施过程中评价和管理业主的要求。总承包商与业主之间签订的合同必须说明合同参与各方之间的最直接的沟通方式。在复杂的工程项目上，业主应该对拟选的中标人在编写技术建议书过程中给予物质补偿。

4.2　EPC 工程总承包的投标过程分析

投标过程分析的主要内容包括总承包资格预审的准备技巧和预审后投标各阶段的

准备内容，具体而言，就是分别从技术、管理和商务三个角度来阐述"怎样准备一份具有竞争力的投标书"。

4.2.1 EPC工程总承包项目投标的工作流程

在前面的"工程投标基本理论及应用"中，提出并分析了工程招投标的一般工作流程。对于EPC工程总承包项目而言，投标工作流程具有自身的特殊性。在投标的每一阶段，总承包商工作的重点内容和应对技巧都有所不同。下面从前期准备、编写标书和完善与递交标书三个阶段分别讨论EPC工程总承包项目的投标工作。

4.2.1.1 前期准备

前期准备的主要工作包括：

(1) 准备资格预审文件

(2) 研究招标文件

(3) 决定投标的总体实施方案

(4) 选定分包商

(5) 确定主要采购计划

(6) 参加现场勘察与标前会议

4.2.1.2 编写标书

编写标书是投标准备最为关键的阶段，投标小组主要完成以下工作：

(1) 标书总体规划

(2) 技术方案准备

(3) 设计规划与管理

(4) 施工方案制定

(5) 采购策略

(6) 管理方案准备

(7) 总承包管理计划

(8) 总承包管理组织和协调

(9) 总承包管理控制

(10) 分包策略

(11) 总承包经验策略

(12) 商务方案准备

(13) 成本分析

(14) 价值增值分析

(15) 风险评估

(16) 标高金决策即建立报价模型

4.2.1.3 完善与递交标书
(1) 检查与修改标书

(2) 办理投标保函/保证金业务

(3) 呈递标书

4.2.2 EPC 工程总承包项目投标的资格预审

由于能否成功实施总承包项目关系到业主的经济利益和社会影响，因此在选择总承包商时业主都持比较谨慎的态度，他们会在资格预审的准备阶段设置全面考核机制，主要从承包商的能力和资历上判断其是否适合投标。如果在资格预审之前，总承包公司与业主已有一些非正式的商业接触，并给业主留有良好的企业印象，这将对总承包公司顺利通过资格预审奠定坚实基础。投标小组在准备与业主关键人物或其咨询工程师接触之前，要准备一份专门针对此次总承包项目的营销提纲，含有如何介绍有关本公司总承包能力优势、资金优势和资源优势的内容以及如何与业主人员沟通和需要沟通的内容提纲。然后总结此次信誉策略需要完成的任务表，例如：

➢ 在业主机构、有关部门和咨询公司中明确所要接触的关键人物列表；

➢ 一份关于关键人物的个人档案，包括：特殊爱好、所受教育、技术专长、从前的职业等；

➢ 建立私人接触的途径；

➢ 对公司在总承包方面的专长、技术水平、经验、财政实力和声望等要使对方相信的方法；

➢ 邀请业主的关键人物参观公司过去完成的项目的活动程序。

准备资格预审文件首先要详细了解业主进行资格预审的初衷和对提交的资格预审文件的要求。然后按照业主的要求准备相关材料，在材料的丰富程度和证明力度上作深入分析。

在标准的总承包项目招标程序中，业主一般都需要进行资格预审程序，以便将符合投标的合格承包商个数缩小到 3~5 家。业主在资格预审时一般通过判断"总承包商是否有能力提供服务"这一终极准则进行筛选。在这一准则下，业主要求投标人提供的证明材料有(但不限于)资质、经验、能力、财力、组织、人员、资源、诉讼史(有必要时)等。有时投标小组须注意业主是否在资审要求文件中还写明："如果经过资审评价后仍有超过五家的总承包商符合投标条件，则业主可以制定一个适合本项目的等级排序系统进行进一步筛选"，这种描述在美国的总承包项目中出现过，其目的是要保护业主的根本利益，避免可能的法律问题。

准备资格预审文件需要根据投标的总承包项目的特点有所针对的提供证明材料，表 4-1 为常用的投标小组准备的具体文件内容清单。

投标者准备的资料清单　　　　　　　　　　　　　表 4-1

项　目	分　类	准　备　内　容
资　质	资格证书	设计资质，总承包资质
	荣誉证书	过去曾经获得的社会及工程获奖证书
经　验	信誉水平	已竣工项目业主或合作伙伴的推荐材料
	总承包项目经验	项目专业经验和项目团队机构设置
		主要项目团队成员曾经执行过的类似项目信息
能　力	专业特长	设计专长、特殊施工技能、专用工装设备等
	专业技术	指明该技术可用于该工程的哪些项目 预计可降低费用的水平
	项目控制	质量和安全控制、工期控制、费用控制措施
	履约表现	过去类似项目参与方的背景信息
		当前工作负荷：拟建项目团队中每一个成员的当前任务，能够在该工程实施过程中转向提供的服务时间
财　力	融　资	自有资金数量、已完项目的融资实例
	担　保	担保能力及历史，银行给与的授信规模
	财力支持	公司总部对该工程的财力支持
组　织	总　部	公司总部的组织结构
	项　目	拟用项目团队的组织结构
	能　力	组织与计划程序
人　员	执业资质	各种证书与资质证明
	背景与经验	项目团队每一位成员的背景与经验
	人员安排	项目团队需要定义在该工程各个阶段拟用人员的工作性质和服务功能
资　源	设　备	现有设备及新增设备承诺
	分包商	拟用分包商名单
	供应商	拟用供应商名单
其　他		任何可以证明降低该工程风险、减少费用支出和提高实施效率的清单

4.2.3 EPC 工程总承包项目投标的前期准备

前期准备的各项工作是投标工作的基础。通过资格预审后对业主招标文件的深入分析将为接下来的所有投标工作提供实施依据。亚洲开发银行总承包招标文件中含有下列内容：

(1) 投标者须知

(2) 合同通用条件

(3) 合同专用条件

(4) 业主要求

(5) 投标形式与投标附录：对于双信封投标形式分别给出技术/商务投标形式和技术/商务投标附录

(6) 标准格式：投标保证格式、合同协议书格式、履约保函格式、预付款保函格式、国内优惠保证

(7) 报价表与计划表：报价单、支付计划、价格调整、主要工程设备信息、主要人员信息、分包商信息

(8) 图纸

(9) 部分合同条件释疑

其中对于"投标者须知"，除了常规分析之外，要重点阅读和分析的内容有："总述"部分中有关招标范围、资金来源以及投标者资格的内容，"标书准备"部分中有关投标书的文件组成、投标报价与报价分解、可替代方案的内容，"开标与评标"部分中有关标书初评、标书的比较和评价以及相关优惠政策的内容。上述虽然在传统模式的招标文件中也有所对应，但是在 EPC 总承包模式下这些内容会发生较大的变化，投标小组应予以特别关注。

在通读合同通用和专用条件之后，要重点分析有关合同各方责任与义务、设计要求、检查与检验、缺陷责任、变更与索赔、支付以及风险条款的具体规定，归纳出总承包商容易忽略的问题清单。

对于"业主要求"，本文曾多次提到，它是总承包投标准备过程中最重要的文件，因此投标小组要反复研究，将业主要求系统归类和解释，并制定出相应的解决方案，融汇到下一阶段标书中的各个文件中去。完成招标文件的研读之后，需要制定决定投标的总体实施方案，选定分包商，确定主要采购计划，参加现场勘察与标前会议。

确定总体实施方案需要大量有经验的项目管理人员投入进来。对于总承包项目，总体实施方案包括以设计为导向的方案比选以及相关资源分配和预算估计。按照业主的设计要求和已提供的设计参数，投标小组要尽快决定设计方案，制定指导下一步编写标书技术方案、管理方案和商务方案的总体计划。同时要给予估价人员充分的时间进行各项方案的成本预算，首先做出一个简明扼要的投标概算指导方针，然后估价人员和项目管理人员据此对比分析不同方案的差异，包括：

- 工作量的大小和规模
- 方案概述和操作顺序
- 资源需求
- 设备利用率与日常运营开支的预算
- 成本和现金流的预估
- 风险评估

选定分包商和制定采购计划是两项较为费时的工作，需要提早开始。如果总承包项目含有较多的专业技术时，可能需要在早期阶段进行选择分包商和签订分包意向书的工作，这也是为总承包商增强实力、提高中标机会的手段。制定采购计划同样需要总承包商事先选择合适的供应商作为合作伙伴，由于大型总承包项目一般都含有较多的采购环节，能否做到设计、采购和施工的合理衔接是业主判断总承包商能力的重要因素之一，因此有必要在投标准备阶段就初步制定采购计划，尽早开展与供应商的业务联系，这样也有助于总承包商利用他们的专业经验和信息制定优秀的采购方案。

现场勘察和标前会议是总承包商唯一一次在投标之前与业主和竞争对手接触的机会，如果允许，总承包商可以协同部分分包商代表一同参加。注意搜集以下资料：
- 工作条件和限制条件
- 气候条件
- 当地的法规，包括劳工法和进口规定（国际工程适用）
- 当地货源，运输条件
- 银行与保险业务安排等

在标前会议上，投标人应注意提问的技巧，不能批评或否定业主在招标文件中的有关规定，提出的问题应是招标文件中比较明显的错误或疏漏，不要将对己方有利的错误或疏漏提出来，也不要将己方机密的设计方案或施工方案透露给竞争对手，同时要仔细倾听业主、工程师和竞争对手的谈话，从中探察他们的态度、经验和管理水平。当然，投标人也可以选择沉默，但是对于有较强竞争实力的总承包商来说，在会上发言无疑是给业主、工程师留下良好印象的绝佳机会。

4.2.4　EPC工程总承包项目投标的关键决策点分析

完成总承包投标前期准备工作后，投标小组应按照既定的投标工作思路和实施计划继续着手完成投标文件的编制工作。这一阶段是总承包投标的关键所在，任何需要考虑的投标策略和方案部署都需要在标书的准备过程中考虑进去。按照总承包投标内容要求，投标文件一般划分为技术标和商务标两部分：技术标包括设计方案、采购计划、施工方案和管理方案以及其他辅助性文件，商务标包括报价书及其相关价格分解、投标保函、法定代表人的资格证明文件、授权委托书等。在准备这两部分内容时应当充分考虑影响总承包投标质量和水平的关键因素，设立关键决策点，如表4-2所示。其中最为重要的两大问题是：总承包设计管理问题和总承包设计与采购、施工如何合理衔接问题。因为以设计为主导的EPC总承包模式与传统模式的最大区别是设计因素，因此在投标中与传统模式具有明显差别的必然是设计引起的管理与协调问题。

工程总承包投标文件编制中的关键决策点　　　　表 4-2

分　类	分析内容	关　键　决　策
技术方案	设　计	应投入的设计资源
		业主需求识别
		设计方案的可建造性
	施　工	怎样实现业主的要求、如何解决施工中的技术难题
		施工方案是否可行
	采　购	采购需求和应对策略
管理方案	计　划	各种计划日程（设计、采购和施工进度）
	组　织	项目管理团队的组织结构
	协调与控制	设计阶段的内部协调与控制
		采购阶段的内部协调与控制
		施工阶段的内部协调与控制
		设计、采购与施工的协调与衔接
		进度控制
		质量和安全控制
	分　包	分包策略
	经　验	经验策略
商务方案	成本分析	成本组成
		费率确定
		全寿命期成本分析
	标高金的分析	价值增值点判断
		风险识别
		报价模型选择

总承包投标小组在准备投标书时需要准备两个文件：技术标与商务标。其中技术标的内容常常需要含有总承包项目的技术方案和管理方案。

4.2.4.1　技术标

（1）技术方案分析

技术方案分析是总承包项目投标阶段与报价分析同等重要的一项任务，它也是管理方案设计的基础。技术方案主要涵盖对总承包设计方案、施工方案和采购方案的内容。设计方案不仅要提供达到业主要求的设计深度的各种设计构想和必要的基础技术资料，还要提供工程量估算清单用以在投标报价时使用；施工方案需要描述施工组织设计，各种资源安排的进度计划和主要采用的施工技术和对应的施工机械、测量仪器等；采购方案则需要说明拟用材料、仪器和设备的用途、采购途径、进场时间和对本项目的适应程度等。因此在技术方案的编制过程中需要针对各项内容深入分析其合理性和对业主招标文件的响应程度，研究如何在技术方案上突出本公司在总承包实施管理方面的优势。

在正式编写技术方案之前须全面了解业主对技术标的各项要求和评标规则。对不同规模和不同设计难度的总承包项目而言，技术方案在评标中所占的权重是不一样的。借鉴欧美国家的总承包项目的招投标经验，对小型规模和技术难度较低的总承包项目，业主在评标之初开始关注投标者提交的技术方案和各项工作的进度计划，然后对其进行权重打分，最后按照商务标的一定百分比计入商务标的评分当中。由于这种规模的总承包项目技术因素所占的比例较小，因此除非投标者的报价非常相近而不得已按照技术高低来选择，否则技术因素的影响不足以完全改变授予最低报价标的一般原则。

对于中等规模和技术难度适中的总承包项目，业主的评标程序与上述小型项目一致，但是因为这种规模的项目，设计与施工技术较为复杂，因此选择哪一家总承包商作为中标方通常基于对报价、承包商经验、技术以及在投标过程中的成本支出数额等因素的综合权重评价，各投标方的报价调整为含有技术因素的综合报价，显然这种情况中标人不一定授予最低报价标。

对于大型规模和超高技术难度的总承包项目，业主非常重视对技术因素的评价，评价结果会在很大程度上影响商务标的选择，同时评标因素的权重要针对特殊的项目重新分配。由于这种规模的项目的标书制作成本相对较高，因此业主对资格预审时"短名单"的选择和必要时的"第二次资审"都很慎重，尽力减少各方不必要的资源浪费；对于评标的最终结果业主需要进行多次的讨论，论证该决策的合理性。

投标小组还需要在投标之前注意搜集有关业主评标因素的内容，这样有助于在准备各种技术方案时有的放矢，提高效率。例如，下面是美国DBIA协会对总承包技术评标因素的规定，类似的标准文件可以在各种工程建筑协会的网站上搜集：

> 设计图纸和设计特点
> 技术替代方案：技术革新与环境适应性的内容
> 功效与灵活度
> 材质与系统设置
> 有用区域的数量
> 进场
> 安全
> 能源保护
> 运营与维护成本
> 价值工程评价进度安排

1) 设计方案

设计方案编制开始之前，首先应设立此项工作的资源配置和主要任务。

设计资源配置就是要对相关设计人员、资料提供和设计期限上做出安排。设计资源的配置要视总承包项目的设计难度和业主要求的设计深度而定，并且是针对投标阶段而言的,与中标后的设计资源安排有所区别。投标的总承包公司可能以施工管理为主导,设计工作需要再分包,因此在投标阶段应安排设计分包商的关键设计人员介入投标工作,识别业主的设计要求和设计深度,在有限时间内给出一个或多个最佳设计方案。在国际上,业主对投标者在投标阶段提供的设计深度要求并无统一规定,一般达到基础设计(basic design)或初步设计(preliminary design)深度。但是,我国的总承包项目开始招标时,业主往往已经完成了初步设计,设计图纸和相关技术参数都提供给投标者,因此在投标阶段的方案设计基本是对业主的初步设计的延伸。这一区别可能对投标阶段整体的设计安排产生影响,对设计人员的要求也有所不同。

资源配置完成后要制定本阶段的主要任务书:识别业主的要求和对设计方案评价的准则,不同设计方案的优选。

① 识别业主需求和评价准则

对总承包项目而言,投标阶段的设计要求是投标小组需要认真研究的首要问题。业主的设计要求一般都写在招标文件的"投标者须知"、"业主要求"和"图纸"信息中,首先明确业主已经完成的设计深度,招标文件中的图纸与基础数据是否完整;其次明确投标阶段的设计深度和需要提供的文件清单。考虑到报价的准确性,在资源允许的情况下适当加深设计深度,这样报价所需的工程量和设备询价所需的技术参数就更加准确。

识别业主设计方案的评价准则时,寻找招标文件中是否有以下特殊要求:设计方案的完整性是否符合业主的要求以及存在的偏差程度;设计方案的创新性以及可建造性;整体工程设施布置与现场地区气候和环境条件的总体适宜性;工艺设计中拟使用的设备和仪器的功能、质量、操作的便利性等技术优点;整体工程设施是否达到了规定的性能标准;工程运行期间所需的备件的类型、数量、易购性、相应的维修服务等。

② 优选设计方案

设计开始后,根据资源要求可以进行多种方案设计。尤其对于工艺设计而言,施工技术和构件来源的选择余地较大,因此设计方案会多种多样。完成主要设计任务之后,投标小组最紧迫的工作是设计方案的优选问题。不一定要选择唯一的方案,可以以主要方案和替代方案的形式提供给业主。这时方案决策的核心是制定优选标准,对入选方案的优缺点进行全面分析。

优选的标准以业主的评价准则为基础进行归纳和挑选,影响方案排序的最主要的因素是:方案的可建造性、方案的价值、方案对投资的影响。

方案的可建造性分析要评价设计方案的可行性、合理性。EPC总承包模式下的设计与施工、采购工作衔接非常紧密,如果方案设计得不切实际,技术实现困难,工期和投资目标不能保证,则这一方案是失败的。因此在可建造性分析时需要有施工技术工程师和采购工程师的参与,并创造设计人员与他们和谐沟通的氛围。

方案的价值要用价值工程原理分析比较每一方案的"单位功能成本"。价值工程的核心公式为：价值＝成本/功能。一个方案的"价值"越高说明其不仅满足了业主的最优功能需求，同时也满足了业主投资最小化的目标。进行方案的价值分析时可以按照特定的价值分析步骤，对方案设计对象的功能具体化，计算不同类型的单位功能成本并加以综合评价。设计方案的价值分析不仅可以得出不同方案的价值排序，还可以为下一步的报价分析奠定基础。方案的投资影响主要分析业主的"投资满意程度"。

首先，要分析方案的成本，这也是为投标报价做准备。投标小组要明确，如果不同方案带来的成本节约程度是不显著的，则不应该花费过多的资源和时间来"多设计一个方案"。投标小组需要做出一个简明扼要的方案成本比较因素，如工作量的大小与规模、工艺实施顺序、资源消耗、成本估算和风险估计，以此为依据分析各方案的成本差异。

其次，需要对方案的全寿命期的运营成本进行分析。因为不同的设计方案所导致的工程未来的运营费是不同的，运营费越高说明该方案越不经济，可能降低业主对投标者的投资满意度。表4-3是编制设计投标方案时的关键决策点。

设计投标方案编制的关键决策点　　　　　　　　　　　表4-3

分　　类	分析内容	关　键　决　策
设计资源配置	人　员	根据业主的投标设计要求安排合适的设计人员
设计资源配置	设计资料	收集业主设计资料和公司内部的设计基础数据
设计资源配置	期　限	怎样在投标期限内安排设计时限
需求识别	设计深度	业主已完成的设计深度
需求识别	设计深度	投标阶段的设计深度
需求识别	设计深度	是否需要根据竞争环境加深设计
需求识别	评价准则	设计方案评价
需求识别	评价准则	对方案设计的其他因素的评价
方案优选	方案的可建造性	设计方案的适用性
方案优选	方案的可建造性	是否需要施工和采购人员介入方案设计
方案优选	价值工程	比较不同方案的单位功能成本
方案优选	投资影响	比较不同方案的全寿命期成本差异

2）施工方案

总承包项目的施工方案内容与传统模式下的技术标书内容很相似，这里所论述的施工方案更偏重于技术角度，而施工的各种组织计划以及与设计、采购的协调管理等内容则在下面"管理方案"的策略分析中讨论。

总承包项目投标阶段编写的施工方案要说明使用何种施工技术手段来实现设计方案中的种种构想。同设计方案一样，首先要识别业主的需求，其次要分析施工方案的可行性。

如果业主需要投标人在施工方案中采用业主规定的施工技术，一定会在招标文件的"业主要求"中说明，如果该技术难度超过了公司现有的技术水平，公司可以考虑与其他专业技术公司合作来满足业主要求，最好提前与专业技术公司签订分包合作意向书。

完成施工方案的编制后需要进行方案的可行性论证，保证施工方案在技术上可行，在经济上合理。施工方案是设计方案的延伸，也是投标报价的基础，因此其论证要根据项目特点和施工难度尽量细化。论证的过程中要有各方专家在场，设计师、采购师和估算师都应参与其中。关键施工技术的描述不能过于详细，以免投标失败后该技术成为中标者的"免费果实"；技术描述要紧密结合招标文件，不宜细化和引申，更不应作过多的承诺。

同设计方案类似，施工方案也可以提出替代方案。替代方案必须具备"替代优势"，如可以节约成本或提高工效，这些内容可单独描述，并说明是供业主参考，不作为报价的基础。

3）采购方案

制定采购方案是总承包投标的一项重要工作，尤其对于工艺设计较多的总承包项目，如大型石化或电力工程，在投标时需要确定材料、设备的采购范围。由于这类项目的报价中材料、设备的报价占到总报价的50%以上，因此制定完善的采购方案、提供具有竞争力的价格信息无疑对中标与否非常重要。对初次参加投标的总承包公司而言，关键设备采购计划能否通过业主的技术评标是不可忽视的重要条件，只要存在任何一个关键设备未通过技术评标，则将视为不合格的投标人。

投标小组制定采购方案时最好由拟任的采购经理主持。对于业主特别要求的特殊材料设备或指定制造厂商，投标小组要在制定采购方案之前就应提早进行相关的市场调查，尤其对采购的价格信息要尽早掌握，同时还要考虑项目建设周期中的价格波动因素，对于先前未采用过的设备和材料或新型材料不能采用经验推论，避免因盲目估价而造成的失误。对于可以由总承包商自由决定的采购范围，应在采购方案中提供以下信息：

➢ 供货范围

➢ 主要设备材料的规格

➢ 技术资料

➢ 性能保证等

制定采购计划时，不必要为业主提供过细的信息，列明重要材料设备的质量要求和拟采用的主要质检措施即可，必要时可提供主供货商的基础资料，包括资质、与总承包商的合作经验和价格信息。对采购与设计和施工的衔接措施，采购的内部进度计划可以在这里写明，也可以作为管理方案的一部分单独编制。

(2) 管理方案分析

从业主评标的角度看，在技术方案可行的条件下，总承包商能否按期、保质、安全并以环保的方式顺利完成整个工程，主要取决于总承包商的管理水平。管理水平体现在总承包商制定的各种项目管理的计划、组织、协调和控制的程序与方法上，包括选派的项目管理团队组成、整个工程的设计、采购、施工计划的周密性、质量管理体系与HSE［健康（Health）、安全（Safety）和环境（Environment）］体系的完善性（公司与项目两个级别）、分包计划和对分包的管理经验等。

制定周密的管理方案主要为业主提供各种管理计划和协调方案，尤其对EPC总承包模式而言，优秀的设计管理和设计、采购与施工的紧密衔接是获取业主信任的重要砝码。当然，在投标阶段不必在方案的具体措施上过细深入，一是投标期限不允许，二是不应将涉及商业秘密的详细内容呈现给业主，只需点到为止，突出结构化语言。

以下将对上述内容进行系统描述，包括：

- 总承包经验策略
- 总承包项目管理计划
- 总承包项目协调与控制
- 分包策略

图4-4是总承包项目管理方案的解决思路，投标小组在进行内容讨论和问题决策时可以按照以设计、采购、施工为主体进行管理基本要素的分析，也可以按照管理要素分类统一权衡总承包项目的计划、组织、协调和控制，本文将采用后者的论述方式。

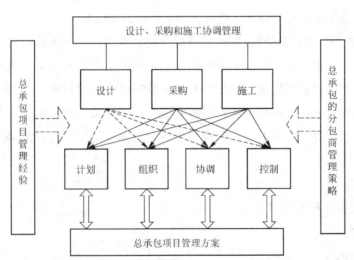

图4-4　总承包项目管理方案的解决思路

1) 总承包经验策略

经验策略是减少风险、争取投标时间的最佳手段之一。如果公司在过去曾经以总承包商或主要分包商的角色参与过类似项目，这将增加中标的机率。由于已经有过实施的经验和教训，在风险识别上会比一般投标人更具敏锐的洞察力，可以对项目的宏观环境进行客观的评价。同时，丰富的经验不仅为投标小组指明决策方向，还大大节约了投标的时间成本：①节约了大量未知信息的调研时间；②公司积累的项目投标文件以及竣工文件可以直接修改后作为新项目的投标资料，从而免去资料从无到有的复杂编写过程；③参与过以前项目投标的人员这次将是轻车熟路，工作的沟通会比较顺畅，同时节约时间以集中决策项目的难点问题。

2) 总承包项目管理计划

在投标阶段，总承包项目管理计划可以从设计计划、采购计划和施工计划来准备，提纲挈领地描述总承包商在项目管理计划上做出的周密安排，争取给业主留下"已经为未来的工程做好充分的准备"的印象。由于各种管理计划是项目实施的基础，好的管理计划可以使项目实施效率事半功倍，因此计划水平的高低在很大程度上可以判断一个总承包商的实力。

投标小组首先应做出一个类似于项目总体计划表的文件，包括进度计划、资源安排和管理程序等内容，然后分述设计、施工和采购计划。

① 设计管理计划

对于投标小组而言，设计计划的重点是制定设计进度计划和设计与采购、施工的"接口"计划。特别是对设计决定造价的概念要贯穿于整个设计工作过程中。

设计进度直接影响总承包项目的采购和施工进度，此计划的合理性关系到业主的投资目标能否如期实现，是业主评标的重要因素之一。设计进度与设计方案要紧密结合，使用进度计划工具如网络计划等，将工程设计的关键里程碑和下一级子任务的进度安排提供给业主即可。

设计与采购、施工的"接口"计划是解决总承包项目协调运作过程中设计工作如何与采购和施工衔接的问题，这一计划非常重要，是业主衡量总承包商能否实现项目实施的连贯性的重要标准。"接口计划"会涉及的内容可能有：设计对采购分工的要求，需要早期订购的设备计划，施工委托，开车服务委托，设计对施工进度、费用、质量、安全和环境的要求计划，设计对需要分包的要求计划，设计对标准规范的要求计划等。

② 施工管理计划

施工管理计划最主要的内容是给业主提供施工组织计划、施工进度计划、施工分包计划和各项施工程序文件的概述，施工计划中要含有与采购工作接口的计划内容。

施工组织计划中首先要向业主提供拟建的项目施工部组织结构、关键人员（如项目经理、总工程师、生产经理、设计部经理等）的情况、关键技术方案的实施要点、资源部署计划等内容。施工进度计划是在总承包项目计划中施工计划的细化，同设计进度计划一样，施工进度计划要把关键里程碑和下一级子任务的进度安排提供给业主。施工分包计划,写明业主指定分包商的分包内容,总承包商主要分包工程计划和拟用分包商名单。

涉及施工管理的各项程序文件的概述是证明总承包商项目管理能力的文件,投标小组可以在该文件中简单罗列以下内容:项目施工的协调机构和程序,分包合同管理办法,施工材料控制程序、质量保证体系、施工安全保证体系和环境保护程序,以及事故处理预案等。

③ 采购管理计划

含有大量采购任务的总承包项目,采购管理的水平直接影响工程的造价和进度,并将决定项目建成后能否连续、稳定和安全地运转。投标小组要将采购管理计划与设计、施工管理计划结合,同步进行。在投标文件中主要写入的采购管理计划包括:采购管理的组织机构、关键设备和大批量材料的进场计划、设备安装及调试接口计划、管理程序文件等。

采购管理最重要的原则是能及时、准确地将设计方案中的材料、设备采买到位,保证施工进度的正常运转。因此采购的进度计划很关键,在投标文件中描述时能够突出总承包商为采购工作所作的紧凑安排即可,不需要将过细的采买过程呈现给业主。

采购的接口计划是保证总承包项目设计、采购和施工的重要文件。为业主提供采购部门与设计部门、施工部门的协同工作计划,以及专业间的搭接,资源共享与配置计划,是接口计划的重要编制内容。

采购管理程序文件可以向业主罗列公司已有的采购管理程序文件和相关的采购程序流程图,规范的项目管理程序是一个公司管理水平的有力证明。

总承包投标的管理计划方案是这一阶段进行策略分析时重点讨论的内容,必要时投标小组需要与公司决策层共同商讨如何准备周密的管理计划,在未来的非价格因素评分时最大化地增加分值。

总承包项目组织各种管理计划需要经过合理设计的项目组织来完成。为了能让业主相信总承包商有能力执行各种管理计划,投标小组需在投标文件中提供总承包项目组织结构和人力资源管理的各项措施。

总承包项目组织的设计以项目矩阵式组织设计为原则,从总公司各职能部门抽调人选。在介绍项目组织时,按照由总到分的顺序,先描述总承包项目基本组织结构,然后分述设计、采购、施工的项目组织子结构。在给出结构图的同时需要给出各种职位的职责描述。

3)总承包项目协调与控制

总承包项目的协调与控制措施力求为业主提供公司对内外部协调、过程控制以及纠偏措施的能力和经验,因此应尽量使用数据、程序或实例说明总承包商在未来项目实施中的协调控制上具有很强的执行力,尤其是总包对多专业分包设计的管理程序、协调反馈程序、专业综合图、施工位置详图等协调流程的表述。

① 设计、采购与施工的内部协调控制

设计内部的协调与控制措施以设计方案和设计管理计划为基础编制。措施要说明如何使既定设计方案构想在设计管理计划的引导下按时完成，重点放在制定怎样的控制程序保证设计人员的工作质量、设计投资控制和设计进度计划，尤其是设计质量问题，应在投标文件中写明项目采用的质量保证体系以及如何响应业主的质量要求。由于由多专业进行设计，所以总包对设计协调的重心是提供共同的设计平台（基本条件，如空间布置的分配、制定位置调整原则等），为了避免各专业设计时只顾自己方便不顾其他专业施工等问题，总包应负责将各专业的施工图合成综合施工详图，并在合成的过程中将空间交叉、矛盾等问题处理掉，这样将可大幅减少在施工过程中因上述原因而发生的返工、缩短工程施工中的处理时间，从而保证进度计划的实现。投标小组可以为业主简单举例说明出现设计偏差或协调变更后的处理流程，尤其要证明总包对设计的现场持续服务能力。

采购内部的协调控制措施简要描述在采买、催交、检验和运输过程中对材料、设备质量和供货进度要求的保证措施，出现偏差后的调整方案，同时介绍公司对供应链系统的应用情况，尤其应突出公司在提高采购效率上所作的努力。

施工内部的协调与控制机制和措施对总承包项目实现合同工期最为关键。投标小组在这一部分中可以很大程度上借鉴传统模式下的施工经验，如进度、费用、质量、安全等控制措施，不过应突出 EPC 总承包模式的特征，如出现与设计、采购的协调问题上是否设立了完善的协调机制等。

② 设计、采购与施工的外部协调控制

对设计、采购与施工的外部协调控制是完成三者接口计划的过程控制措施。投标小组可以为业主呈现设计与采购的协调控制大纲、设计与施工的协调控制大纲以及采购与施工的协调控制大纲文件。例如，在设计与采购的协调控制大纲文件中应体现：

➢ 设计人员参与工程设备采购，设计人员应编制设备采购技术文件

➢ 设计人员参与设备采购的技术商务谈判

➢ 委托分包商加工的设备由分包商分阶段返回设计文件和有关资料，由专业设计人员审核，并报经业主审批后及时返回给分包商作为正式制造图

➢ 重大设备、装置或材料性能的出厂试验，总包的设计人员应与业主代表一起参加设备制造过程中的有关目击试验，保证这些设备和材料符合设计要求

➢ 设计人员及时参与设备到货验收和调试投产等工作

在设计与施工的协调控制大纲文件中可涉及下列各项：

➢ 设计交底程序

➢ 设计人员现场服务内容

- 设计人员参与的施工检查与质量事故处理，施工技术人员应协助的工作范围
- 设计变更与索赔处理

在采购与施工的协调控制大纲文件中可以包括：
- 采购与施工部门的供货交接程序
- 现场库管人员的职责
- 特殊材料设备的协调措施
- 检验时异常情况处理措施
- 设备安装试车时设计与施工技术人员的检查

③ 控制能力

项目的进度和质量是总承包项目业主最关心的问题之一。投标小组需要在进度控制和质量控制方面阐述总承包商的能力和行动方案。

在进度控制方面，投标小组需要考虑总承包项目的进度控制点、拟采用的进度控制系统和控制方法，必要时对设计、采购和施工的进度控制方案分别描述，如设计进度中作业分解、控制周期、设计进度测量系统和人力分析方法，采购进度中设计-采购循环基准周期、采购单进度跟踪曲线、材料状态报告，施工进度中设计-采购-施工循环基准周期、施工人力分析、施工进度控制基准和测量等。

在质量控制方面，主要针对设计、采购与施工的质量循环控制措施进行设计，首先设立质量控制中心，对质量管理组织机构、质量保证文件体系等纲领性内容进行介绍，然后针对设计、采购与施工分别举例说明其质量控制程序，如果业主在招标文件中对工程质量提出特别的要求，为了增加业主对质量管理方案的可信度，投标小组可以进一步提供更细一级的作业指导文件，但是应注意"适度"原则，不要过多显示公司在质量管理方面的内部规定。

4）分包策略

为了满足业主的要求，总包商除了在项目的技术方案、管理架构流程以及询价、组价方面上花大量精力之外，还要掌握"借力"和协力的技巧，将分包的专业长处也纳入总包的能力之中。

在投标文件中写入总承包商的分包计划，利用分包策略能为总承包商节省投标资源，加大中标概率。成熟的总承包商会利用分包策略，充分利用投标的前期阶段与分包商和供应商取得联系，利用他们的专业技能和合作关系为投标准备增加有效资源，同时为业主展现总承包商在专业分包方面的管理能力。分包策略运用得法可在很大程度上降低总承包商的风险，有利于工程在约定的工期内顺利完成。利用分包策略时要从长远角度出发，寻求与分包商建立持久的合作关系，把分包商看成合伙人，在规划、协调和管理工作上彼此完全平等。在选择分包商时要注意选择原则，因为分包策略是一把双刃剑，如果失去原则，总承包商可能会为自己埋下各种风险隐患，例如信用危

机、服务质量缺陷等等问题。一般选择原则可以参考以下几点：
> 选择有过良好合作经历的两三家分包商或供应商进行询价
> 最优秀的总承包商也不一定能全部低成本地完成分包商的工作，拟选分包的专业设计能力十分重要
> 分包商的专业技术能力最关键，若中途发现该分包不具备能力而发生更换，将会延误工期、增大成本
> 不可选择有诉讼历史、信誉曾遭指责的公司
> 对于那些需要垫资的项目，分包商若有能力并愿意提供材料、设备后再付款或接受业主对总包的付款条件，可以大幅度地减少总承包商的现金流量压力
> 仔细审核分包商的询价，研究其建议的实施方案、单位生产率和现金流量情况
> 分包商的承诺是否可信，是否存在降价空间等

4.2.4.2 商务标

总承包项目的商务方案最主要部分是项目的投标报价以及有关的价格分解。报价的高低直接影响投标人能否通过评标，获得项目。在策划报价方案之前应确信业主的评标体系，尤其是怎样评价技术标和商务标，最后的评标总分按照何种标准计算。

国际上常用的两种评价标准：一种是最佳价值标（Best Value Proposals），即评标小组将技术标与商务标分别打分，并按照各自权重计算后相加得评标总分；另一种是经调整后的最低报价（Low Price Proposals），即将技术标进行打分后按照反比关系，即打分越高调整的价格越低的原则，将原有商务报价进行调整后取报价最低的投标者为中标人。如果业主采用上述评标方法，在准备总承包报价书时要充分考虑技术标的竞争实力，如果实力欠缺则要尽量报低价以赢得主动，如果拥有特殊的技术优势就可以在较大余地范围内报出理想的报价，并充分考虑公司的盈利目标。

明确评标体系后就可以按照报价工作的程序展开工作。投标报价决策的第一步应准确估计成本，即成本分析和费率分析；第二步是标高金决策，由于这是带给承包商的价值增值部分，因此首先要进行价值增值分析，然后对风险进行评估，选择合适的风险费率，最后用特定的方法如报价的博弈模型对不同的报价方案进行决策，选择最适合的报价方案。一般总承包商的报价策略原则是该报价可以带来最佳支付（Best-payoff），因此必须选择一个报价——足够高以至带来充足的管理费和利润，同时还得低到在一个充满竞争对手的未知环境中有足够把握获得中标机会。

商务方案的解决思路如下：商务方案包括成本分析和标高金分析。其中成本分析包括成本费用识别与成本估算，而标高金分析则包括管理费与利润的费率确定、风险识别与风险费用估算。

（1）成本分析

上文中曾论述过估算师的水平高低对报价的准确度影响很大。因此投标小组在进

行报价估算之前,必须选择优秀的有经验的估算师主持报价工作,并制定相关的估算师职责。

工程总承包项目的成本费用由施工费用,直接设备材料费用,分包合同费用,公司本部费用,调试、开车服务费用和其他费用组成。也可以将工程总承包费用分解成设计费用、采购费用和施工管理费用三个部分。不过设计工作主要是脑力劳动,牵涉的费用开支不占总报价的主要部分,因此可以归为公司本部费用一并计算,采购费用除直接材料设备费及直接发生的各种费用之外,人工费仍可归为公司本部费用计算,因此这两种归类方法是统一的。表4-4给出了各部分的费用组成。

工程总承包项目成本费用组成表　　　　表4-4

分　类	费　用　分　解
施工费用	人工费:施工现场进行建筑安装工程所需的直接与间接劳力费用
	施工辅助费用:施工现场为安装设备和散装材料所耗用的安装辅助材料费用、台班机具费、临时设施费、施工间接费和税金
	施工管理人员工资费用:施工管理费,即施工公司本部及现场管理和监督人员的工资和各种津贴
	施工管理人员非工资费用:施工公司本部及现场管理和监督人除工资以外发生的费用,如计算机使用费、差旅费等
直接设备材料费用	设备费:所有用于工程的永久设备的采购费
	材料费:所有用于工程的材料采购费
	直接设备材料相关费用:如运杂费、销售和使用税、运输保险费、进口报关手续费、银行财务费等
分包合同费用	所有总承包公司委托分包商承办的那一部分项目实施工作的费用
公司本部费用	设计人员工资费用:为本项目进行工程设计人员的工资与津贴
	设计人员非工资费用:除设计人员工资以外的各种开支,如通信费、计算机使用费、文具费、复制费、差旅费等
	管理人员工资费用:为本项目服务的管理人员的工资与津贴
	管理人员非工资费用:为本项目服务的管理人员除工资以外的各种开支,如差旅费、办公费、计算机使用费、日常杂项开支等
调试、开车服务费用	调试、开车人员工资费用:公司本部派出或外聘的项目调试、开车人员工资与津贴
	调试、开车人员非工资费用
其他费用	投标费、代理费、专利费、银行保证金、保险费、税金等

各种成本费用在计算时应以市场价格为主要编制依据,对于公司本部费用计算,如果能够依据公司实际发生额的平均水平进行计算是成本估算的首选方案,如果无法分解细目需要以某一费用的一定费率来计算,则费率的决定需要进行论证,保证其合理性,特别重要的费率要由公司决策层讨论决定。按照表4-4中的相关内容,根据本公司的实际情况,可以大致估算出该工程总承包项目的成本费用。

(2) 标高金分析

工程总承包项目的成本估算完成后，投标小组将对标高金进行计算和相关决策。标高金由管理费、利润和风险费用成。管理费属于总部的日常开支在该项目上的摊消，与上一节中的公司本部费用有所不同，因为公司本部费用是与项目直接相关的管理费用和设计费用开支。管理费用的划分标准没有统一的定义，根据公司实际情况由公司自行决定。

确定管理费率和利润率是一个多目标决策过程。一方面为了盈利目标和公司的长远发展，这两个费率定得越高越好，但是业主在竞争性投标环境中对期望中标价是有一定上限的，同时工程承包市场的供需变化将确定利润率的浮动区间，因此确定费率的大小需要对目标费率进行选择。一般最简单的也是最客观的方式是模糊综合评价法，即首先确定费率的几个目标选择值，然后再建立费率影响因素的层次分解结构，最后用专家评分系统完成对几个目标费率的选择倾向百分比计算，最终选择倾向度最高的费率为此次投标的目标费率。

确定风险费最重要的是计算风险费率，由于风险因素对总承包项目的影响甚大，如果预计的风险没有全部发生，则可能预留的风险费有剩余，这部分剩余和利润一同成为项目的盈余额，也就是价值增值的部分，如果风险费估计不足，则只有用利润来补贴，盈余额自然就减少，有可能成为负值，导致项目的亏损。计算风险费率可以运用模糊综合评价法和层次分析法计算，由于涉及较多的数学知识，本书对此暂不作介绍，感兴趣的读者可以查阅有关工程总承包风险管理方面的著作。

4.3 EPC工程总承包项目投标报价的具体策略

4.3.1 EPC工程总承包项目投标的策略

4.3.1.1 认真参加现场考察和标前会议

施工现场考察是投标者必须经过的投标程序，按照国际惯例，投标者提出的报价单一般被认为是在现场考察的基础上编制报价的。一旦报价单提出之后，投标者就无权因为现场考察不周、情况了解不细或其他因素而提出修改投标、调整报价或提出补偿等要求。

现场考察既是投标者的权利，又是他的责任。因此，投标者在报价以前必须认真地进行施工现场考察，全面地、仔细地调查了解工地及其周围的政治、经济、地理等情况。现场考察时一定要注意以下内容：①了解当地的地理、地貌、气象方面的情况；②了解施工所需的建筑材料料源及分布情况以及供应能力，调查材料、机械到场的价格；调查场内外交通运输条件，现场周围道路、桥梁通过能力，便道、便桥修筑位置和数量；③了解施工供电、供水、排污和环保要求；④了解办公及员工住房房源的情况、三通一平情况等。国际招标还应了解项目实施所在国的政治、经济状况及前景、同类企业的数量和能力；有关法律、法规、当地劳动法规及劳动力资源、宗教信仰、食品供给能力和种类、当地的禁忌等。

作为施工单位对工程项目进行投标时，只有充分了解现场，充分掌握现场资料，做出的施工方案才会切实可行，做出的预算才可能符合实际，这样在最后决定报价时才能做到心中有数。

现场考察结束后，招标方一般会安排标前会议，针对招标文件中出现的差异和不清楚的地方，回答投标人提出的问题。投标人应积极参加此会议，利用这个机会获得必要的信息。标前会议提出问题时应注意以下三个方面：

（1）对合同和技术文件中不清楚的问题，应提请说明，但不要表示或提出改变合同和修改设计的要求；

（2）提出问题时应注意防止其他投标人从中了解到本公司的投标机密；

（3）不宜在会上表现出过高的积极性。

4.3.1.2 对招标文件中所有实质性要求和条件作出响应

《招标投标法》规定："投标文件应当对招标文件提出的实质性要求和条件做出响应。"所谓"实质性"要求和条件，是指招标文件中有关招标项目的价格、项目的技术规范、合同的主要条款等。这意味着投标人只要对招标文件中若干实质性要求和条件的某一条未作出响应，都将导致被废标。

如何保证对招标文件中所有实质性要求和条件都作出响应呢？首先要认真研究招标文件，对招标文件提出的要求和条件逐条进行分析和判断，找出所有实质性要求和条件，在投标文件中一一作出响应。如果把握不准实质与非实质性的界限，企业可向招标人进行询问，且最好以书面方式进行。在企业产品和实力能够满足招标文件要求的前提下，编制一本高水平投标文件，确保投标文件完全实质性地响应招标文件是企业在竞争中能否获胜的关键。在现实投标活动中，有不少投标人往往会因为没有完全实质性地响应招标文件的要求和条件，导致投标失败，这样的结果非常令人惋惜。有些信誉、实力和产品水平都是国内一流的企业，就是因未响应招标文件中一条商务条款而前功尽弃。

4.3.1.3 一些常见的工程投标策略

（1）先亏后盈法

承包商为了开发某一新地区，依靠自身的雄厚资本实力，采取一种不惜代价、只求中标的低价投标方案，应用这种手法的承包商必须有较好的资信条件，并且提出的施工方案也先进可行。

（2）优惠取胜法

向业主提出缩短工期、提高质量、降低支付条件，提出新技术、新设计方案，提供物资、设备、仪器(交通车辆、生活设施等),以此优惠条件取得业主赞许,争取中标。

(3) 以人为本法

注重与业主和当地政府搞好关系,邀请他们到本企业施工管理过硬的在建工地考察,以显示企业的实力和信誉。按照当地崇尚的信仰、道德水准去处理好人际关系,求得理解与支持,争取中标。

(4) 扩大标价法

这种方法也比较常用,即除了按正常的已知条件编制价格外,对工程中变化较大或没有把握的工作,采用扩大单价、增加"不可预见费"的方法来减少风险。但是这种做标的方法往往因为总价过高而不易中标。

(5) 以信取胜法

这是依靠总承包企业长期形成的良好社会信誉、技术和管理上的优势、优良的工程质量、强烈的服务意识和到位的服务措施、合理的价格和业主期望的工期等因素争取中标。

(6) 靠合理化建议取胜

即仔细研究设计图纸,发现不合理之处,提出对应修改建议,从而降低工程造价或缩短工期,提高对招标单位的吸引力。

4.3.1.4 合理使用辅助中标手段

承包商对工程招标进行投标时,主要应该在先进合理的技术方案和较低的投标价格上下功夫,以争取中标。但是还有其他一些手段对中标有辅助性的作用,主要体现在:

> 许诺优惠条件
> 聘请当地代理人
> 与当地公司联合投标
> 与发达国家公司联合投标
> 选用受业主赞赏的具有专业特长的公司作为分包
> 开展外交活动

4.3.1.5 标书的排版编制包装

投标的报价最终确定以后,投标的排版编制、包装和各种签名盖章等,要完全严格按照招标文件的要求编制,不能颠倒页码次序,不能缺项漏页,更不允许随意带有任何附加条件。任何一点差错,都可能引起成为不合格的标书导致废标。严格按章办事,才是投标企业提高中标率的最基本途径。另外,投标人还要重视印刷装帧质量,使招标人或招标采购代理机构能从投标书的外观和内容上感觉到投标人工作认真、作风严谨。

4.3.1.6 不要忽视最后一个环节——递送投标书

标书的递交为投标的最后一关,递交的不正确很可能造成前功尽弃的后果,所以要完全严格按照招标文件的递交要求包括递交地点、递交时限、递交份数等递交标书。递送方式可以邮寄或派专人送达,后者比较好,可以灵活掌握时间,例如在开标前一个小时送达,使投标人根据情况,临时改变投标报价,掌握报价的主动权。邮寄投标文件时,一定要留出足够的时间,使之能在接受标书截止时间之前到达招标人或招标采购代理机构的手中。

4.3.2 EPC工程总承包项目报价的策略

投标的重中之重是投标报价,它直接关系到中标的成功与否,同时也关系着中标企业的利润如何。这是个非常值得研究的课题。投标报价是以投标方式获得工程或项目时,确定承包该工程或项目的总造价。报价是业主选择中标者的主要标准,也是业主和投标者签订合同的依据。报价是工程投标的核心,报价过高,会失去中标机会;过低,即使中标,也会给工程带来亏本的风险。因此,标价过高或过低都不可取,要从宏观角度对工程(或项目)报价进行控制,力求报价适当,以提高中标率和经济效益。投标报价的策略和技巧,其实质就是在保证工程(或项目)质量和工期的条件下,寻求一个好的报价。

4.3.2.1 工程标价确定

工程投标报价是反映企业水平的工程成本价、利润及企业内部诸因素的综合反映,即:工程标价=工程成本价+工程利润+企业内部因素+投标信息因素。

工程成本价是运用造价工程管理中的预算定额,根据企业自身的实际,联系所参投工程的现状,研究对比预算价格,经技术分析后产生的工程价格。它所反映的内涵应是履行该工程全部合同责任所需的成本费用,所以该价就是保本价。工程利润是在工程成本价的基础上,企业得到的有形回报。对每一个投标工程,必须因工程制宜,具有一定的伸缩性。

(1) 如何准确地确定工程保本价

保本价的准确确定是做好工程投标报价的前提。要正确确定保本价必须做好以下几个方面的工作:

1) 要认真细致地阅读招标文件和施工图纸,吃透标书,仔细分析研究并弄清承包者的责任和报价范围、各项技术要求、需使用的特殊材料和设备,充分考虑工期、所用工艺的成熟度、误工赔偿、保险、付款条件、税收等因素。如某中国公司在伊拉克承揽的一个大型综合水利水电、灌溉项目实施中,曾经发生停工10个月的重大变故,其主要原因是承包商的决策者认为:单价合同是按工程量取费的,单价高的项目(如钢筋混凝土工程)可以尽可能加大工程量,从而获得更多的利润。设计公司按此思路放开设计，导致设计完成后发现工程造价超出合同额的30%。而此时的业主强调：工程量的增加额不得超过"不可遇见费率的约定"。最后，总包仅获得了合同额7%的增量，工期也只有3个多月的延长，短缺的6个多月工期总包只得组织参建的数十家中外分包，采用异常艰难、代价高昂的赶工来消化，从而避免了约2000万美元的延期罚款。

2) 要考虑好施工现场的自然地理条件。对地形地貌、地质等施工条件，临时设施布局，道路、供水及排污、供电、场内外交通、通讯设施、施工材料供应，以及社会治安等情况都要进行考察（均应列入现场考察、核实的内容）。

3) 要仔细核算工程量，尽可能准确无误。工程量的大小直接影响报价的高低，对于总价承包合同，计算好工程量更为重要。工程量的漏算或错算有可能带来无法弥补的经济损失。

4) 精心编制工程预算，合理确定保本价和预算价。结合本单位的设计成本、施工管理、财务管理、成本核算情况，总结已完工的工、料、机消耗指标以及各类费用的比例，以此预测所投工程的成本，即保本价。根据当地政府或企业内部的定额（或估价表）结合最新的材料发布价和取费文件确定工程预算价。在此基础上分析工程的费用和各组成部分，找出可降低成本、增加盈利的措施，为确定最后投标报价最好技术准备。

(2) 要关注投标报价中的企业内部因素和投标信息因素

要做好投标报价，投标企业的制标人员对企业内部因素和投标信息因素要特别注意，因为企业内部因素和投标信息因素都是灵活多变的。只有把握住企业内部因素和投标信息因素，才能最有希望在投标过程中取胜。企业内部对标价有较大影响的因素是多方面的，主要因素是：项目核心班子成员的选择，企业当前的在施项目的情况，对标书所要求的技术储备或熟悉情况，对所要求的施工技术、工艺掌握的熟练程度，施工现场与住地的距离远近，后备物资的来源、供应情况，所需施工机械设备的型号、规格和数量。对标价有较大影响的投标信息也很多，包括：竞争对手的数量、实力、信誉和报价情况；招标单位的主观意向，如招标单位是强调标价还是强调工期，或者质量要求特别高等。投标除了要抓住保本价这一要害以及利润决策外，还要抓住企业内部因素和投标信息因素，充分发挥企业自身的优势。

一般来说，下列情况下报价可高一些：

➤ 施工条件差（如高空作业多、气候恶劣、施工、交通条件差）的工程

➤ 专业要求高的技术密集型工程（如核电站、大型电站等），而且本公司这方面有类似工程建设经验，声望较高时

➤ 总价低的小工程，以及自己不希望承揽而被邀请投标时又不便于不响应的工程

➤ 特殊的工程，如高压输变电工程、港口码头工程、地下开挖等

➤ 业主对工期要求急

➤ 邀请招标项目

- 业主支付条件不理想的项目

下述情况下报价应低一些：
- 前期设计已经完成且施工条件好的工程，工程相对简单、工程量较大而一般公司都可以承担的工程，如大量的土方工程、一般的房建工程等
- 本公司目前急于打入某一市场、某一地区，或虽然已经在某地区经营多年，但即将面临施工机具和管理人员剩余的情况，机械设备等无场地转移时
- 正在实施的工程，投该工程后续工程标时，可利用一期工程的现有设备、劳务，成本相对较低
- 投标对手多，竞争力强时
- 业主的支付信誉好或支付条件好时

4.3.2.2 常用投标报价方法

(1) 突然降价法

报价是一件保密的工作，但是投标人往往通过各种渠道、手段千方百计地收集、了解竞争对手的价格等情况，因此在报价时可以采用迷惑对方的手法，即先按一般情况报价，或表现出自己对该工程兴趣不大，或在投标致函中承诺，到快投标截止时再突然降低投标价。采用这种方法时，一定要在准确投标报价的过程中考虑好降价的幅度，在临近投标截止日前，根据情报信息与分析判断，最后一刻决策，出奇制胜。

如果由于采用突然降价法而中标，因为开标只降总价，在签订合同后可采用不平衡报价法调整工程量表内的各项单价或价格，以期取得降价的补偿。

(2) 不平衡报价法

所谓不平衡报价，就是投标人根据投标的具体情况及竞争对手的情况分析和判断，对各分部分项工程的费用重新进行分配和调整，以期改善投标人的资金流动或获取额外的盈利。通俗的说，就是对施工方案实施可能性大的报高价，对实施可能性小的方案报低价。如在某市某银行基础工程的投标中，一施工企业就是采用此方案而夺标的。某银行基础工程主要包括地下室4层及挖孔桩。地下室的施工采用连续墙封闭后，土方分层开挖，连续墙加设4～6层锚杆加固，土方开挖完毕后进行挖孔桩施工及地下室施工。投标该公司考虑到某银行地处某市繁华的商业区和密集的居民区，是交通十分繁忙的交通枢纽，采用爆破方法不太可行，因此在投标时将该方案的单价报得很低；而将采用机械辅以工人破碎凿除基岩方案报价较高。由于按原设计方案报价较低而中标。施工中，正如该公司预料的以上因素，公安部门不予批准爆破，业主只好同意采用机械辅以工人破碎开挖，使其不但中标，而且取得了较好的经济效益。

有成功的例子，也有失败的案例。如某中国公司承揽的中东某国的水下清淤工程，报价时对站外钢结构备件采用类推法进行浮管计价，中标后采购价是估价的30倍，业主认为是总包自己判断失误，不接受补偿请求，导致仅浮管备品一项就损失了360余

万美金。

(3) 概率分析法

概率分析法适用于考虑竞争对手的存在，而且研究了某些重要对手的报价行为和中标概率情况下的报价。概率分析法主要解决报价时如何才能低于竞争对手又有利可图的报价问题。

一般来说，投标人在投标竞争中会遇到以下几种情况：一是知道对手是谁，也知道对手有多少；二是知道对手有多少，但不清楚他们是谁；三是既不知道对手是谁又不知道对手有多少。上述情况，可按只有一个对手和多个竞争对手两种情况来分析。只要我们依据一些仅有的资料和竞争对手的一些情况，认真地加以分析和研究，就能做出具有竞争力的报价。

概率分析法能否行之有效，取决于投标人在以往竞争中对其他竞争对手的信息掌握的程度。通过分析研究，把竞争对手过去投标的实际资料公式化，就可以建立通常所说的投标模型。在投标竞争中，根据竞争对手的多少及这些对手是否确定，可建立不同的投标策略模型。

决定投标后，承包商要估算出自己的成本(A)，设承包商投标报价为 B，则该工程的直接利润即为投标报价与估算成本之间的差额：$I=B-A$。

只有投标得中时，承包商才能获得利润，投标失利，利润为零。因此在判定投标策略时，要用预期利润 I 作比较依据。预期利润就是直接利润的期望值，即各种投标方案的中标概率与直接利润的乘积。如果中标概率为 P，则不中标概率为 $(1-P)$。因此，预期利润 $=P\times I+(1-P)\times 0=P\times I$。

情况 1：假设只有一个对手

如果投标人在投标竞争中已经知道对手只有一个（注：我国招标法规定公开招标最少应该有三家投标单位，这里是假设），这时就要仔细分析平时掌握到的关于这个对手的各种信息。任何招标项目开标时，一般都要公开宣布投标人的报价。这时机智的投标人要当场将各对手的标价记录下来，用以与自己的标价或自己对工程的估价进行比较，以便为今后类似情况的投标提供信息。如果可能，还要收集工程的实际造价（不论是直接的资料或者是间接的资料），除此之外，投标人还应记录其他的特殊情况，如了解某投标人招揽工程的缓急情况等等。掌握了对手过去的和现在的投标信息，投标人就可以将这些资料汇集起来，形成投标策略。显而易见，投标人掌握的资料越多越准确，他的策略成功的机会也就越多。

如果已知一个确定的对手，并且在过去投标时曾和他打过多次交道，从而掌握了他的投标纪录，对他的投标报价都有记载。那么，根据这些信息，即可求出其在历次投标中的报价与估算工程成本的比值及其出现的频率，并据以算出概率。而后，可计算出本单位不同报价低于对手的不同报价的概率，随后即可通过计算和比较预期利润，来选择最可取的报价方案。

下面以一个普通的招标工程为例来说明概率分析法的具体应用。

某工程招标，乙单位打算投标，估计工程成本为 400 万元。在不考虑竞争对手时，考虑 4 个报价方案，计算结果如表 4-5 所示。

不考虑对手的报价方案　　　　　　　　　　表 4-5

报价方案（万元）	估计成本 C（万元）	可能利润 I（万元）	中标概率 P	预期利润 PI
$A_1=550$	400	150	0.1	15
$A_2=500$	400	100	0.3	30
$A_3=480$	400	80	0.6	48
$A_4=450$	400	50	0.8	40

乙单位积累的对手甲的投标报价情况如表 4-6 所示。

对手甲的投标报价信息　　　　　　　　　　表 4-6

甲的报价 B/估计成本 C	频率 f	概率 $P=f/\sum f$
0.8	1	0.01
0.9	2	0.03
1.0	8	0.10
1.1	14	0.19
1.2	22	0.30
1.3	19	0.26
1.4	6	0.08
1.5	2	0.03
合计	74	1.00

计算乙的不同报价 A_i 低于甲的不同报价 B_i 的概率，见表 4-7。

报价概率计算　　　　　　　　　　表 4-7

乙的报价 A/估计成本 C	$A_i<B_i$ 的概率 P	
0.75	1.00	
0.85	0.99	
0.95	0.96	
1.05	0.86	
1.15	0.67	概率 P 为大于 A/C 值的概率 P_b 之和
1.25	0.37	A/C 小于 1 的报价，都会亏本
1.35	0.11	
1.45	0.03	
1.55	0.00	

计算和比较预期利润，选择最可取的报价方案，计算结果见表 4-8。

预期利润计算表   表 4-8

报价 A	可能利润 I	中标概率 P	预期利润 PI	选择报价方案
1.05	$0.05C$	0.86	$0.04C$	
1.15	$0.15C$	0.67	$0.10C$	报价为估价成本 1.15 倍的方案预期利润最高，应该是最可取的报价方案，本工程估算成本为 400 万元，投标可报价为 460 万元，中标概率为 0.67，预期利润 40 万元
1.25	$0.25C$	0.37	$0.09C$	
1.35	$0.35C$	0.11	$0.04C$	
1.45	$0.45C$	0.03	$0.01C$	
1.55	$0.55C$	0.00	$0.00C$	

情况 2：有多个具体的竞争对手

在现实投标中，只有一个竞争对手的情况是几乎不存在的。大多数是有多个竞争对手。如果承包商在投标时知道具体的竞争对手并掌握了这些对手过去的投标规律，那么他可以把这些竞争对手看作单独存在的对手，根据已经掌握的资料，用上述只有一个对手情况下的分析方法，分别求出自己的报价低于每个对手报价的概率。由于每个对手的投标报价是互不相关的独立事件，根据概率论，他们同时发生的概率等于他们各自概率的乘积，用公式表示，即 $P = P_1 \times P_2 \times P_3 \times \cdots \cdots P_n$，求出 P 之后，按只有一个对手的情况分析就行了。

情况 3：有多个不具体的对手竞争

如果投标人知道竞争对手的数量，但不知道对手是谁时，就必须将其投标策略做一些调整，因为投标人不知道竞争者是谁，他的投标策略就缺乏可靠性，在这种情况下，投标人最好的办法是假设在这些竞争者中有一个平均值，先从这些对手那里收集他们的信息，并且将这些信息汇集起来，得出想象的"平均对手"信息。有了这个平均对手的信息，投标人就可以计算出采用各种报价时低于"平均对手"的概率。也可以利用已收集到的具有一定代表性单位的资料，不论这个单位是否参加这次投标，只要它能代表平均对手，均可以拿来分析研究。因为他对这些对手来说具备代表性。这样，投标人就可以按照前述的方法求得报价能击败这个平均对手的概率，然后再计算出战胜所有对手的概率和预期利润，并最终求得最佳报价。此法称为"平均对手法"。

由于 N 个具体的竞争对手变成了 N 个平均竞争对手，则报价低于 N 个对手的概率 P 等于 N 个平均对手的概率 P_0 的乘积），即 $P = (P_0)^N$，求出了 P，就可以按不同报价方案分析、确定最佳的投标策略。

情况 4：既不知对手数量，也不知对手是谁的情况

在投标竞争中，投标人如果既不知道对手的数量，也不知道对手是谁时，就很难掌握战胜对手的主动权。为了尽可能掌握主动，必须预先估计对手的数量，还要估计每个对手可能参加投标的概率，然后按照平均对手法计算参加投标的最佳报价。

5 EPC 工程总承包的商务谈判与合同管理

5.1 商务谈判

5.1.1 商务谈判及商务谈判的基本模式

5.1.1.1 "商务谈判"的定义

商务谈判是指人们为了实现交易目标而相互协商的活动。"讨价还价"是商务谈判的基本内涵，除此之外，商务谈判还有另外两层意思：一是寻求达成交易的途径，二是进行某种交换。

5.1.1.2 商务谈判的特点

商务谈判的直接原因是参与商务谈判的各方有自己的需求，一方需求的满足可能涉及或影响他方需求的满足，任何一方都不能无视对方的需要。因此，商务谈判的双方参加商务谈判的主要目的不能仅仅以追求自己的需要为出发点，而是通过交换观点进行磋商，寻找双方都能接受的方案。显然双方的目的和需要是既矛盾又统一的，通过商务谈判，可以使矛盾在一定条件下达到统一。由此看来，商务谈判具有以下五大特点：

（1）商务谈判不是单纯追求自身利益需要的过程，而是双方通过不断调整各自的需要而相互妥协、接近对方的需求，最终达成一致意见的过程。

商务谈判是提出要求，做出让步，最终达成协议的一系列过程。商务谈判过程的长短，取决于商务谈判双方对利益冲突的认识程度以及双方沟通的程度。

（2）商务谈判不是"合作"与"冲突"的单一选择，而是"合作"与"冲突"的矛盾统一。

通过商务谈判达成的协议应该对双方都有利，各方的基本利益从中得到了保障，这是商务谈判合作性的一面；双方积极地维护自己的利益，力图从商务谈判中获得更多的利益，这是商务谈判冲突性的一面。在制订商务谈判策略时，应该防止两种倾向：一是只注重商务谈判的合作性，害怕与对方发生冲突，对对方的要求一味地退让，导致吃亏受损；二是只注意冲突性的一面，将商务谈判看作是一场你死我活的争斗，一味进攻，不知妥协，导致商务谈判破裂。这两种倾向对于商务谈判都是不利的，在商务谈判应尽量避免。

（3）商务谈判不是无限制地满足自己的利益，而是有一定的利益界限。

商务谈判者在追求自己利益的同时，不能无视对方的利益要求，特别是对方的最低需要，否则会迫使对方退出，使自己已经到手的利益丧失殆尽。当对方利益接近"临界点"时，必须保持警觉，毅然决断，以免过犹不及。商务谈判不是一场棋赛，不要求决出胜负，商务谈判也不是战争，不要置对方于死地。商务谈判是一项互惠互利的合作事业。

（4）判定一场商务谈判是否成功，不是以实现某一方的预定目标为唯一标准，而是有一系列综合的价值评判标准。

对这个问题很多人认识不清，而习惯于将自己获得了多少利益，对方失去了多少利益作为衡量标准，这是"商务谈判近视症"的表现。一场成功的商务谈判，应该是在实现预期目标的过程中，所获收益与所付出成本之比最大，同时也使双方的合作关系得到进一步发展和加强。

（5）商务谈判不能单纯地强调科学性，而应体现科学性与艺术性的有机结合。

商务谈判是双方协调利益关系并达成共同意见的一种行为和过程，人们必须以理性的思维对双方利益进行系统的分析研究，根据一定的规则制订商务谈判的方案和策略，这是商务谈判"科学性"的一面。同时，商务谈判又是人与人之间的一种直接交流活动，商务谈判者的素质、能力、经验、心理状态等因素对商务谈判的结果影响极大，这是商务谈判"艺术性"的一面。"科学性"能让商务谈判者正确地去做，而"艺术性"能让商务谈判者把事情做得更好。

5.1.1.3 商务谈判的类型

商务谈判作为以人为主体而进行的一项活动，自然受到商务谈判者的态度、目的及商务谈判双方所采用的商务谈判方法的影响。商务谈判按商务谈判者所采取的态度和方法来区分，大体有三种：

（1）软式商务谈判

软式商务谈判也称"友好型商务谈判"。商务谈判者尽量避免冲突，随时准备为达成协议而作出让步，希望通过商务谈判签订一个皆大欢喜的合同。软式商务谈判强调建立和维护双方的友好关系，是一种维护关系型的商务谈判。这种商务谈判达成协议的可能性最大，商务谈判速度快，成本低，效率高。

但这种方式并不是明智的。一旦遇到强硬的对手，往往步步退让，最终达成的协议自然是不平等的。实际商务谈判中，很少有人采用这种方式，一般只限于双方的合作非常友好，并有长期业务往来的范围。

（2）硬式商务谈判

硬式商务谈判也称"立场型商务谈判"。商务谈判者将商务谈判看作是一场意志力的竞争，认为立场越硬的人获得的利益越多。因此，商务谈判者往往将注意力放在维护和加强自己的立场上，处心积虑地要压倒对方。这种方式有时很有效，往往能达成十分有利于自己的协议。

但这种方式同样有其不利的一面。如果双方都采用这种方式进行商务谈判，就容易陷入骑虎难下的境地，使商务谈判旷日持久，这不仅增加了商务谈判的时间和成本，降低了效率，而且还可能导致商务谈判的破裂。即使某一方迫于压力而签订了协议，在协议履行时也会采取消极的行为。因此，硬式商务谈判可能有表面上的赢家，但没有真正的胜利者。

（3）原则式商务谈判

原则式商务谈判有四个特点：
- 主张将人与事区别对待，对人温和，对事强硬；
- 主张开诚布公，商务谈判中不得采用诡计；
- 主张在商务谈判中既要达到目的，又不失风度；
- 主张保持公平公正，同时又不让别人占你的便宜。

原则式商务谈判与软式商务谈判相比，同样注重了与对方保持良好的关系，同时也没有忽略利益问题。原则式商务谈判要求商务谈判双方尊重对方的基本要求，寻找双方利益的共同点，千方百计使双方各有所获。当双方的利益发生冲突时，根据公平原则寻找共同性利益，各自做出必要的让步，达成双方均可接受的协议，而不是一味退让，以委曲求全来换取协议。

原则式商务谈判与硬式商务谈判相比，主要区别在于主张调和双方的利益，而不是在立场上纠缠不清。这种方式致力于寻找双方对立面背后存在的共同利益，以此调解冲突。它既不靠咄咄逼人的压服，也不靠软弱无力的退让，而是强调双方地位的平等性，在平等基础上共同促成协议。这样做的好处是，商务谈判者常常可以找到既符合自己利益，又符合对方利益的替代性方案，使双方由对抗走向合作。

（4）三种商务谈判方式的特征比较（见表5-1）

三种商务谈判方式的特征比较　　　　　　表5-1

	软　式	硬　式	原　则　式
目　标	达成协议	赢得胜利，要有所获才肯达成协议	有效地解决问题，达成对双方都有利的协议
谈判态度	对人和事都温和；尽量避免意气用事；信任对方，视对方为朋友	对人和事都强硬；视商务谈判为双方意志力的竞赛；不信任对方，视对方为敌人	对人温和，对事强硬；视对方为问题的共同解决者；信任与否与商务谈判无关；根据客观标准达成协议
立　场	轻易改变自己的观点，坚持要达成协议	坚持自己的立场	重点在利益而非立场，坚持客观的标准
做　法	提出对方能接受的方案和建议	威胁对方，坚持自己接受的方案	规划多个方案供双方选择，共同探究共同性利益
结　果	屈服于对方压力；增进关系，作出让步	施加压力使对方屈服；迫使对方让步，不顾及关系	屈服于原则，不屈服压力；将问题与关系分开，既解决问题，又增进关系

5.1.1.4 商务谈判的基本模式

商务谈判是一个连续的过程,每次商务谈判都将经过5个环节,这就是国际通行的APRAM模式,即评估(Appraisal)、计划(Plan)、关系(Relationship)、协议(Agreement)、维持(Maintenance)。

(1) 进行科学的项目评估(Appraisal)

商务谈判是否取得成功,过去认为取决于商务谈判者能否正确地把握商务谈判进程,能否巧妙地运用商务谈判策略。然而,商务谈判能否成功往往不取决于商务谈判桌上的你来我往、唇枪舌剑,更重要的商务谈判前的准备工作,其中主要是项目评估工作。

商务谈判成功的前提,必须是项目经过科学的评估证明是可行的;否则,若草率评估,盲目上阵,虽然在商务谈判桌上花了很大力气,达成了令人满意的协议,但若最终项目失败,再"成功"的商务谈判也是自欺欺人。所以说,"没有进行科学评估就不要上商务谈判桌",这应该成为商务谈判的一条戒律。

(2) 制订正确的商务谈判计划(Plan)

任何商务谈判都应有一个商务谈判计划。一个正确的商务谈判计划首先要明确自己的商务谈判目标,分析对方的商务谈判目标是什么,并且将双方的目标进行比较,找出双方利益的共同点与不同点。对于双方利益的共同点,应该仔细罗列出来,在商务谈判中予以确认,以便提高和保持双方商务谈判的兴趣和争取成功的信心,也为解决双方的矛盾奠定一定基础。对于双方利益的不同点,要发挥创造性思维,根据"成功的商务谈判应该使双方的利益都得到保障"的原则,积极寻找使双方都能接受的解决方法。

(3) 建立双方的信任关系(Relationship)

在任何商务谈判中,建立双方的信任关系是至关重要的。建立这种关系的目的,是为了改变"一般情况下,人们不愿意向自己不了解、不熟悉的人敞开心扉、订立合同"的心态。相互信任的关系会使商务谈判的进程顺利很多,降低商务谈判的难度,增加成功的机会。所以,商务谈判双方的互相信任是商务谈判成功的基础。

(4) 达成协议(Agreement)

这个阶段的工作重点是通过实质性的商务谈判达成使双方都能接受的协议。在商务谈判中应该弄清对方的商务谈判目标,及时确认双方的共识,寻找解决分歧的各种办法。需要强调的是,商务谈判的最终目标不是达成令人满意的协议,而是使协议的内容得到圆满的贯彻落实,完全合作的事业,使双方的利益目标得以最终实现。

(5) 协议的履行与关系的维持(Maintenance)

达成协议并非万事大吉。要知道,协议签订得再严密,仍然要靠人来履行。为促使双方履行协议,要做好两件事情:1)要别人信守合同,自己首先必须信守合同;2)对于对方遵守合同的行为应给予适当的反应。

另外，良好的合作关系如果不及时加以维持，就会淡化、疏远甚至恶化。而要重新恢复原有的关系，就要花费更多的精力和时间。因此，维持良好的合作关系，对合同的履行乃至新的合作都是必不可少的。

5.1.1.5 衡量商务谈判结果的标准

衡量商务谈判好坏的标准涉及两个方面，一是商务谈判人员是否称职，二是商务谈判是否成功。

(1) 对商务谈判人员的评价

商务谈判人员，特别是首席商务谈判人的个人能力对商务谈判的成败至关重要。如何评价一个成功的商务谈判人员呢？商务谈判技巧主要有三项标准：

➢ 双方都认为商务谈判者的商务谈判是富有成效的；
➢ 商务谈判者在以往的商务谈判中取得过较大成功；
➢ 其商务谈判结果在执行过程中能够得到切实履行。

通过研究取得的重要发现是，如何使商务谈判结果得到圆满的落实，这是大多数商务谈判所普遍遇到的问题。要使商务谈判结果落实到合同履行中，关键涉及到两个因素：一是商务谈判各方是否具有良好的合作精神，二是合同执行者的个人素质是否满足合同履行的要求。这两个因素相互联系，相互影响，缺一不可。商务谈判者的能力应该包括他在商务谈判中重视到了这个问题。

(2) 衡量商务谈判成功与否的标准

前面提到，衡量商务谈判是否成功有一系列综合的标准。商务谈判是一项互惠互利的合作事业，从这点出发，衡量商务谈判是否成功应该有3个价值评判标准：

➢ 预期目标的实现标准。商务谈判的结果是否达成预期的目标，这是评价一场商务谈判是否成功的基本标准。
➢ 成本优化标准。商务谈判的成本通常有三种：一是为达成协议所作出的让步，即最终商务谈判结果与预期目标的差异，这是商务谈判的基本成本；二是为商务谈判花费的各种资源，如投入的人力、物力、财力和时间，这是商务谈判的直接成本；三是机会成本，即为某项商务谈判所占用的资源是否失去了其他获利的机会。人们往往只注重基本成本，而容易忽略直接成本，更无视机会成本的存在，这是一大误区。只有注意了这三种成本的存在，才能在商务谈判中表现出更大的主动性和能动性。
➢ 合作关系标准。商务谈判是人与人之间的交流活动。商务谈判的结果不只是体现在成交价格的高低、利益分配的多少、风险和收益的关系上，还应考虑商务谈判是否促进了双方的友好合作关系。商务谈判者应该具有战略眼光，不应只计较一场商务谈判的得失，更应着眼于长远和未来。"生意不成交情在"应该是商务谈判桌上普遍适用的规则。

5.1.2 关于商务谈判的两种观点

商务谈判是每一笔交易的必经路程。大多数情况下，目的一致（为了盈利）而方式各异的谈判双方最终都要通过商务谈判来达到交易。众所周知，商务谈判实际上是一个艰难的沟通和相互认可的过程，特别是一项 EPC 项目的商务谈判，其中交杂着大量的冲突和妥协。在各类商务谈判中，总有一方占上风。这种优势产生于供需关系的不平衡、商务谈判人员能力水平的差异。商务谈判的结果是否令人满意，取决于商务谈判者是否具备高超的商务谈判技巧、准确的判断力和英明的策略。

对于商务谈判有两种完全不同的观点："零和博弈"与"创造附加值"。

5.1.2.1 零和博弈

零和博弈论者认为，商务谈判双方的利益总和是固定的，一方的获利直接就是另一方的损失；一方获利多了，另一方受损就多。"零和博弈"商务谈判的特点是：从一开始，商务谈判就集中在如何分配已经存在的优势、劣势、盈利、损失、责任、义务上，双方的利益取向是相反的。如果一味地运用这种商务谈判方式，容易导致一方认为自己是赢家，另一方认为自己是输家，或双方都认为自己是输家。

这种观点认为，"零和博弈"的结果必定有赢有输，所谓"双赢"的结果是不可能的。在亲切的微笑、友好的握手、盛情的宴会背后，双方都在为赢得最大利益而针锋相对。典型的例证是，正是认识到"零和博弈"的趋势，许多刚刚开放的发展中国家在制订开放引资政策时，就对外国投资者在本国能够取得的最大利益做出法律规定，如给予本国投资者以否决权、51%以上的控股权等等。

目前，太多的商务谈判者运用零和博弈方式，这样的商务谈判容易发展成为口角、欺诈、不愿倾听、单方辩论、不确定感、不信任感，更糟糕的是，没有创造出更多的附加值。这样的商务谈判方式即使成功了，也只能收益有限，或者得不偿失。

5.1.2.2 创造附加值

另一种观点是"创造附加值"，即双方建立长期的合作伙伴关系，达到"双方共赢"的结果。商务谈判要求双方就不同方案对每一方的全部费用和盈利产生的影响进行坦率的、建设性的讨论，提出创造附加值或降低建造成本的办法，并公平地分配其中的利益。这种合作能创造附加值，当一方获得更多时，无须对方受损或减少收益。

创造附加值的方式对商务谈判双方有很高的要求，如果商务谈判者对这种商务谈判方式的好处缺乏远见，他们就不能展开坦率和建设性的对话。

笔者认为，上述两种商务谈判方式都有其存在的依据，这不是孰是孰非的问题，而是为了达到最好的结果，如何使两者有机地结合起来的问题。通过初步的合作，双方可以建立起良好的相互信任的关系，创造出令双方受益的附加值。在附加值被创造出来后，双方还可以通过零和博弈方式，有效地分配附加值。特别对于 EPC 工程总承包项目的建设，更应该提倡创造附加值的方式。因为：

（1）EPC 工程总承包项目的关键问题是保证工程的进度和质量。这方面一旦出现问题，处理的结果绝不是扣除一点违约罚金那么简单。若能在保证质量的基础上将工期有所提前,就能让业主的投资早日开始得到回报。

(2) EPC工程总承包项目的工程内容极其复杂,合同条款上难免有考虑不周或说明不清的地方,如果业主和承包商相互不合作、不配合,势必会发生很多的合同争议,双方处理起来既非常棘手,同时也耗费双方大量的时间和精力。

(3) EPC工程总承包项目工期一般很长,施工质量的好坏直接影响到项目在运营期的运行质量和成本。而施工质量在建设期的验收阶段是不能完全反映出来的,需要经过运营期的检验方可作出结论。

国外EPC工程总承包项目为了保证工程按期完成,普遍采用的做法是在施工合同中确立若干个进度里程碑,并根据每个里程碑的重要程度事先设定不同金额的奖金或违约罚金。工程实施中以这些里程碑来考核进度,实现一个就奖励一次。同样一旦某个里程碑出现延误,业主则扣除该里程碑所对应的违约金作为对承包商的处罚。有的项目甚至约定若最后的竣工目标没有实现,则以前阶段发放的奖金将全部扣回,以鞭策承包商按时完成所有里程碑设定的目标。具体实践中可以采取更好的做法。即在设定里程碑的同时,一方面按照国际上的通行惯例,从合同价格中提取一部分金额分配到各个里程碑中,作为违约偿金;另一方面,业主还准备了等额的奖金,同样分配到这些里程碑中。承包商一旦按时完成了某个里程碑,将会得到双倍的支付,反之若未能按时完成某个里程碑,则不仅得不到合同价格内的违约偿金,同时还将失去一笔数量不菲的奖金。通过各种方式,可以激发承包商积极合作、保质保量完成工程的热情,使工程进度提前,创造极其可观的附加值,为业主提前运营、提前取得效益、提前偿还贷款利息都带来极大的好处。为此,业主也会额外向承包商增发一笔可观的奖金。这是"创造附加值"商务谈判思想的运用。

5.1.3 商务谈判的策划与运作

一个EPC工程总承包项目的商务谈判往往令人感到费神费力费时间。由于商务谈判标的数额巨大,技术复杂程度高,使商务谈判者感到责任重,压力大。因此,商务谈判者必须以认真谨慎的态度对待整个商务谈判。一个完整的商务谈判包括商务谈判准备、初步接触、实质性商务谈判、达成协议和协议执行五个阶段,这五个阶段彼此衔接,不可分割。

5.1.3.1 商务谈判准备阶段

对于EPC工程总承包项目,如果想通过商务谈判达到包括质量、成本、工期在内的预期目标,那么首先就要做好充分的准备,对自身状况与对手状况有较为详尽的了解,由此确定合理的商务谈判方法和商务谈判策略,才能在商务谈判过程中处于有利地位,使各种矛盾与冲突化解在有准备之中,获得较为圆满的结局。

EPC工程总承包项目涉及面广,准备工作的内容也相对较多,大致包括商务谈判者自身的分析、对对手的分析、商务谈判人员的挑选、商务谈判队伍的组织、目标和策略的确定、模拟商务谈判等等。

(1) 自身分析

商务谈判准备阶段的自身分析主要指项目的可行性分析。如果对项目只进行定性的分析或机械地按照上级领导的意志进行分析，是难以保证决策的正确性的。

在项目可行性研究中，首先要做的是技术选型。人们总是容易被先进技术的"光环"所迷惑，以为先进的技术一定具有良好的经济性和可靠性，其实，先进的技术不一定能带来良好的经济效益。若要通过采用先进的技术取得良好的经济效益，往往需有雄厚的资金实力、优良的技术素质、先进的管理水平相配套，而这些要素却常常不同时具备。因此在技术选型上要有战略眼光，不能盲目崇拜先进技术。

技术选型确定之后，就要对市场原材料的行情及变化、资金需求量、融资条件、汇率风险等因素进行定性的、定量的、静态和动态的经济效益分析。只有通过量化的经济分析证明是收益明显的项目，才是可行的。

资金来源是EPC工程总承包项目首当其冲的问题。EPC工程总承包项目投入资金量大，占用周期长，业主可能会遇到融资的困难，有的国内项目还出现业主要求承包商垫资的情况，这就需要考虑利用银行贷款等多种融资形式的可行性。因此，如何及时融到足够的资金，在项目的可行性分析中应该非常谨慎。

以上都是商务谈判准备阶段对自身情况作全面分析的基本内容。在完成上述各项工作之后，基本可以确定项目是否可行，以及供应商、承包商(也就是今后潜在的商务谈判对手)的选择方向。

(2) 对商务谈判对手的分析

孙子曰：知己知彼，百战不殆。要取得商务谈判的主动性，必须对商务谈判对手进行全面细致的分析研究。只有掌握了对手的各方面情况，才能探察对方的需要，掌握商务谈判的主动性，使商务谈判成为满足双方利益的媒介。

EPC工程总承包项目的业主始终处于"买方市场"的有利地位，他可以利用这个有利形势，在选择承包商之前，就能够以"潜在承包商资格预审"的名义，调查和了解承包商的各种资料，包括人员组成、技术实力、商务情况，甚至承包商近几年的财务报表，以了解对手的基本情况。需要了解掌握的资料主要包括：

➢ 对手的综合实力。包括公司的历史背景、社会影响、资金实力、财务状况、技术装备水平、以往业绩等。这方面的资料通常可以通过事先的调查问卷、源地考察等方式进行。

➢ 对手的需求与诚意。包括对方的合作意向、合作目的、合作愿望是否真诚、达成合作的迫切程度及以往与其有过合作的项目情况。总之，要尽可能了解对手的需要、信誉、能力和作风。

▶ 对手商务谈判人员的状况。即对方的商务谈判者由哪些人员组成，他们的身份、地位、性格、爱好、商务谈判经验如何，其首席商务谈判人的权力、权限、特长和弱点、以往商务谈判成败的经历、商务谈判态度及倾向性意见等。

总之，对未来的商务谈判对手了解得越详细越深入，估计得越准确越充分，就越有利于掌握商务谈判的主动性，把握商务谈判的进程。

(3) 商务谈判队伍的组织

首先要确定首席商务谈判代表。首席商务谈判代表必须责任心强，心胸开阔，全局意识坚定，知识广博，精通商务和其他业务知识，商务谈判经验丰富，有娴熟的策略技能，思维敏捷，善于随机应变，同时富有创造力和组织协调能力，具有上通下达的信息沟通渠道，善于发挥商务谈判队伍的整体力量，最终实现预期目标。商务谈判队伍的其他成员则可各具所长，善于从思想上、行动上紧密配合，协调一致。

EPC工程总承包项目的商务谈判大多分技术、商务等若干商务谈判小组分别进行。各商务谈判小组成员应具有明确的分工，职责分明，人员不宜过多。必要时，专业小组还可细分质量保证、信息化管理等，以形成专业化的商务谈判力量。这样不仅专业对口，商务谈判深入，而且有利于提高商务谈判效率，节省时间。

就像一支足球队需要前锋、后卫、守门员一样，商务谈判小组需要一些"典型"角色来使商务谈判顺利进行。这些角色一般包括商务谈判首席代表、白脸、红脸、强硬派、清道夫。配合每一个商务谈判特定的场合还需要配备其他角色。理想的商务谈判小组应该有3~5人，而且所有关键角色都要有。一般来说，一个人担当一个角色，但常常是一个商务谈判者身兼几个相互补充的角色(见表5-2)。

商务谈判小组不同成员的角色及任务　　　　表5-2

角　色	作　用
首席代表：任何商务谈判小组都需要首席代表，由最具专业水平的人担当，而不一定是职位最高的人	指挥、协调商务谈判，及时汇报； 裁决与专业知识有关的事； 精心安排小组中的其他人
白脸：由被对方大多数人认同的人担当。对方非常希望仅与白脸打交道	对对方的观点表示同情和理解； 看起来要做出让步； 给对方安全的假象，使其放松警惕
红脸：白脸的反面就是红脸。这个角色就是常常提出一些尖锐的问题，使对手感到如果没有他或她，会比较容易达成一致	需要时中止商务谈判； 削弱对方提出的任何观点和论据； 胁迫对方并尽力暴露对方的弱点
强硬派：这个人在每件事上都采取强硬立场，使问题复杂化，并要其他组员服从	用延时战术来阻挠商务谈判过程； 允许他人撤回自己提出的未确定报价； 观察并记录商务谈判的进程； 使商务谈判小组的讨论集中在商务谈判目标上
清道夫：这个人将所有的观点集中，作为一个整体提出来	设法使商务谈判走出僵局； 防止讨论偏离主题太远； 提出对方论据中自相矛盾的地方

如何正确地配置商务谈判小组人员，做到人尽其才，也是商务谈判的战略之一。作为首席代表必须仔细地为每个组员分配角色和责任，以使商务谈判小组能够应付对手的任何行动。

(4) 目标与策略的确定

建立商务谈判的目标是对主要商务谈判内容确定期望水平，包括技术要求、验收标准和办法、价格水平等。当其他条件确定后，价格就是商务谈判的重点目标。

商务谈判目标要有弹性，通常可分为最高目标、中间目标、最低目标三个层次。最高目标是一个理想的目标境界，必要时可以退让或放弃；最低目标是达成交易的底线，底线常常是决策者制定的，谈判者不能再有让步；中间目标则是最高最低两个目标之间的商务谈判平衡点，是力求最终实现的期望值。

具体确定某个商务谈判的目标是一件复杂的事情，它依据对许多因素的综合分析和判断。首先要分析商务谈判双方各自的优势、劣势。如果对方是唯一的合作伙伴，则对方处于有利地位，我们的目标就不能订得太高；反之，我们若有若干类似项目可供选择，那么我们的目标可以订得适当高些。其次，应考虑与商务谈判对手是否有大范围、长期合作的可能性。如果这种可能性很大，那么就应该着眼于更大范围、更加长期的合作空间，而对于其中某个商务谈判目标就可适当地确定合理的水平，不能过于苛求。

目标一旦确定，就可以对商务谈判进程做出具体计划。首先要对人员各自的分工和职责予以明确；其次，充分落实各项准备工作，如选定咨询专家、搜集文件资料、分析有关的数据；第三，确定商务谈判过程的进度，向对方表明最后期限的方式也应该是策略性的，不能随意或不明确；第四，合理地分解商务谈判目标，并把实现各分项目标作为各商务谈判阶段的具体任务；第五，制订每个商务谈判阶段的具体策略，充分估计对方的反应和各种可能出现的情况，对各种僵局的化解要有可行的对策。

(5) 模拟商务谈判

模拟商务谈判往往不被重视，这是一个普遍存在的问题。尽管前面已经制订了详细的商务谈判计划和策略，但仍不能确保商务谈判一定按自己的设想进行，因为计划和策略不可能尽善尽美，商务谈判过程中难免出现未能预见的突发问题。为了更直观地预见商务谈判前景，对一些重要的、难度较大的商务谈判，应该采取模拟商务谈判的方式，通过"换位思考"来检验准备工作是否充分，及时修正和完善商务谈判准备工作。模拟商务谈判还可磨合商务谈判小组的队伍，明确各个角色的职责，提高商务谈判小组成员的默契配合程度。

5.1.3.2 初步接触阶段

初步接触开始进入商务谈判议题，无论选择什么样的初始议题和讨论方式，都会对实质性商务谈判阶段问题的解决产生直接的影响。因此，从初步接触开始，商务谈判人员就应该向优秀的演员那样进入角色，发挥各自的经验和才智，促使这场真枪实弹的"表演"圆满结束。

(1) 营造商务谈判气氛

初步接触阶段的任务，一是要为双方建立良好的商务谈判气氛创造条件，更要尽可能了解商务谈判对手的特点、意图和态度，掌握对方的信息资料，调整自己的商务谈判策略和方案，以求取得商务谈判的主动。

一般来说，初次接触不宜立即进入实质性洽谈，相反，应该选择一些与商务谈判无关、令双方都感兴趣的话题随便聊聊，使双方感到有共同语言彼此之间形成轻松和谐的气氛，为后续商务谈判的沟通做好准备。

(2) 确定商务谈判地点

商务谈判的成果可能会受到商务谈判地点环境的影响。商务谈判地点的确定应该与商务谈判的正式性和规模相适应，从商务谈判一开始就为对方创造一种良好的气氛。

选择地点时，要考虑许多因素，包括双方的交通便利程度、会议配套设施、对方的食宿方便性。选择尽可能满足自己要求的商务谈判地点。有专家建议，在墙上挂一面钟，让大家都看得见时间，一来可有利于提醒商务谈判的节奏，二来也给人以一定的紧迫感。

(3) 留意细节

商务谈判主持方要完全掌握现场情况，巧妙利用气氛、时间及商务谈判间歇来增强自己的优势。EPC项目的每一次商务谈判可能都是长时间的。因此主队有必要检查卫生间的设施，确认会场的光线是否适宜。身体的舒适度也可能成为决定因素：略微调低室温，或者延迟供应早点，可以促使对方尽快做出决定。

(4) 安排座位

除非相当正式的商务谈判，对任何商务谈判来说，5人小组是最大极限。面对面方式的商务谈判最为常见，尤其是当商务谈判双方想强调各自不同的立场时，在座的每一位都会淋漓尽致地发挥他们的能力，并融为一体。双方面对面坐在方桌的两边，主队坐在进门的一侧，这是一种通常采用的正规做法。为了削弱对手，尽量让首席代表坐在上手，造成控制会议局面的印象。

(5) 初次接触时的做法

初次商务谈判时，不要一次性暴露所有的战术，而应该把注意力放在摸清对方的底牌上。通过摸底可以大致获悉对方利益之所在，以便发现对方共同利益的共同点，这个阶段的工作应该是确定商务谈判的规程、计划进度，提出一些关于商务谈判的建议，甚至可以交流一下对商务谈判的期望、基本立场、评判标准，明确商务谈判的内容和范围。应避免可能形成分歧和冲突的问题，而强调双方已达成的一致意见，为今后商务谈判留出充分的磋商余地。

5.1.3.3 实质性商务谈判阶段

随着初次商务谈判的不断深入，商务谈判自然转入实质性阶段。商务谈判实质性阶段是对合同的工作范围、技术要求、验收标准、合同进度、价格及付款条件、违约责任等内容进行磋商，这是商务谈判的重点内容，处于各方利益的考虑，双方都可能在某些敏感问题上形成立场的对峙和态度的反复，从而使商务谈判显得波澜起伏、艰难曲折。

EPC 项目的合同商务谈判，绝对不是指经过一二次实质性商务谈判就能进行合同签订的。实质性商务谈判一般都要分为若干个阶段，每个阶段又同时分几条线同时进行，如提出报价、（技术、商务）反复磋商、重要问题的一揽子处理、双方高层协商确定价格、合同条款的最终确定等等。

（1）正确报价

对于 EPC 工程而言，大多数做法是总承包商先行报价，而不论其报价是否合理，业主都不会一次性接受初始的报价，免不了会讨价还价。因此，总承包商的报价都应留有一定的让步余地，但不论怎样，报价必须合情合理，否则会使业主觉得对方缺乏诚意，从而破坏会谈气氛或在业主的质询和攻击下，原先的价格防线一溃千里。

报价的高低没有绝对的界限，它取决于特定的项目、特定的合作背景、合作的意愿。一般来说，标的越大，价格条件就越复杂，标价的弹性就越大。所以，对报价正确性的判断，不仅依赖于商务谈判前的充分准备，而且还依赖于经验丰富的商务谈判人员的正确判断。

（2）反复磋商

商务谈判磋商的同时，业主应对报价作反复研究和分析，逐渐理解对方的报价内容和报价的策略，调整自己的商务谈判目标和策略，不断降低对方的期望值，尽量缩小双方的差距。

由于商务谈判双方对商务谈判结果的期望不同，在初期报价上多少带有技术上、策略上的考虑，因而双方不会就有关问题达成一致。参与商务谈判的双方总想竭力降低对方的期望值，挑剔对方的问题，不厌其烦地证明自己观点的合理性，争取说服对方。其实，任何商务谈判者要想维护自己的利益，首先应充分了解对方报价的依据，让对方说明价格结构的合理性，对照自己对价格的分析，找出对方的差距以及产生原因，从中找出都可以接受的中间价格。

商务谈判阶段的战术和技巧：

➤ 判别气氛。商务谈判既要交谈，也要倾听和观察。由于商务谈判的气氛瞬间万变，因此要时刻留意商务谈判气氛，做到眼观六路、耳听八方。

➤ 提出建议。客观地提出新的建议是商务谈判遇到障碍时的必经之路，也是商务谈判战术的关键。提出建议的同时，要仔细留意对方的反应，也要给自己留出充分的余地，以便灵活应对。

> 回应提议。当对方提出一个提议时，要避免马上给出赞成或反对的意见，不要害怕保持沉默，要清楚对方也在估计你的反应。最好用自己的理解来概括对方的提议，这会给你更多的时间考虑对方的建议，也为证实你是否正确理解了对方的提议提供了机会。理解对方的意思非常重要，特别是用外语进行商务谈判时。

> 对付计谋。有经验的商务谈判者要能识破商务谈判中常用的花招手段，避免在商务谈判中因出错而付出昂贵的代价。常见的计谋有：疲劳术——有意拖延谈判时间，使得对方因疲劳厌战；饥渴术——在谈判中停止供应点心和饮料；示弱术——有意公开自己的授权有限，请求对手让步；虚张声势术——有意泄漏一些能给对方压力的信息；攻心术——袒露一些对方最担心出现局面的后果等。对付的方法是：避免引入新的商务谈判事项；不仅不流露出倦意，反而让对方感觉你精力充沛；让对方感觉你的耐饥渴能力尚有余地；运用幽默来化解对方的攻击，而不让它挑起愤怒；让对方感觉你信心十足等等；不理会某个计谋而使对方的预谋无效；暂停是商务谈判的一个延迟策略，也可视情况灵活使用。

> 建立自己的优势。建立优势的方法有两种：一是不轻易动摇自己的立场。为了保持自己有利的地位，需要不断评估对方的策略和战术，找出双方都感兴趣的共同点，同时还要考虑做好让步的准备，二是辩论，辩论是商务谈判进程中的关键阶段，通过辩论可以寻找双方的共同点并维护自己的立场。

> 巩固自己的优势。在商务谈判取得上风时应该强化自己的论据，尽可能多地引用相关论据来巩固优势，以使对方接受自己的观点。当本方提出一个充分而有力的建议时，要提醒对方如果拒绝了该建议所产生的不利后果。商务谈判中避免批评对手，绝对不要进行个人攻击。让步只是达成协议的积极手段，如果决定以让步避免商务谈判破裂，应该有附加条件，这样的让步才不会毫无回报。

> 削弱对方的优势。为使商务谈判成功，在巩固自己优势的同时应设法用一套或多套策略削弱对方对商务谈判的影响。如不用对方的母语而选择自己的母语进行谈判，或者采用第三国语言进行沟通可削弱对方的优势。又如商务谈判时，可通过怀疑他们资料的正确性，不断地检查对方资料的正确性来削弱对方的自信，但须避免用人身攻击来削弱对方。削弱对方优势的有效方式是找出对方提议中与实事不符之处或逻辑错误。

> 最后"一分钟"策略。这是国际商务谈判中常见的方法之一。如宣称：如果同意这一让步条件就签约，否则就终止商务谈判或用期限达成协议要挟对方等。遇到僵持的情况也要冷静，不能随便抛出这种"要挟"，通常应采取回旋的办法说明理由和缓和气氛，并通过场内场外结合，动员对方相互妥协，或提出折中方法等。

> 及时纪录双方达成的共识。经过艰苦的商务谈判，双方的分歧从一个长清单逐

渐缩短为短清单，对于每次商务谈判取得的成果，双方应该在每次商务谈判之后，立即以书面形式记录下来，形成商务谈判纪要，以便以后查考。出于语言上的差异和口头表达的随意性，有时双方都认为谈定的事情，理解上仍存在分歧，所以书面形式予以确认，对商务谈判的顺利进行十分必要。

（3）一揽子处理与高层协调

对于经过反复磋商后仍不能解决的问题，双方应列出详细清单，进行一揽子处理。常见的一揽子处理方式有两种：交换式让步、无交换式让步。交换式让步包括工程范围的交换、某些费用之间的交换和妥协；无交换式让步仅指合同价格上的双方的折衷。

妥协和让步是商务谈判技巧成熟的表现。让步要讲究艺术，有效的让步策略有以下三种：

➢ 让对方感到我方做出的让步是一次重大让步。不能让对方理解为我方的让步是迫于压力，是轻率的、仓促的，否则对方非但不感到满意，反而会得寸进尺。

➢ 以相同价值的替代方案换取对方立场的松动。替代方案的含义是，我方愿意以放弃某些利益为代价，换取对方同等价值的利益。

➢ 以让步换取对方同等的让步。对方的让步是否相同一般难以衡量，只能估计。

商务谈判是一个循环的过程，每个阶段的商务谈判、每个分歧的消除，都可能经历分析准备、融洽气氛、实质性磋商、最终达成一致。每一个循环的完成，都是对商务谈判朝着达成协议的方向推动。

EPC工程总承包项目的商务谈判，即使经过了上述的商务谈判过程，仍会遗留一些双方谈判层面无法妥协的重大问题，这就是EPC工程总承包项目的商务谈判始终离不开双方最高层领导最终"拍板"的原因。这有它的客观性，也有其必要性。（1）工作层经过长时间的商务谈判，对该谈的议题都已经进行了各种形式的分析、辩论、僵持和妥协，该用的手段和技巧都已用尽，商务谈判已进入僵持状态，难有新的突破，就需要高层决策层的介入，通过决策层高瞻远瞩的手段和方法，促成协议；（2）EPC工程总承包项目合同价很高，即使双方的差距很小，也仍可能高达几百万甚至上千万美金，这不是一般谈判层可以轻易决定的，也需要高层领导的介入；（3）工作层商务谈判权限的限制，迫使其只能做出有限的让步，不能对大的分歧作过多的妥协。为了体现商务谈判的激烈和艰苦，双方工作层都不愿意直接解决所有的分歧和争议，加上对高层领导的依赖，总会将最后遗留的分歧交由高层领导拍板。

如果到高层商务谈判阶段，双方的合作意愿已基本确定，不会出现意外的问题。高层的商务谈判依然是上述商务谈判过程的重复，只是议题的数量较为集中。在听取工作层的汇报之后，高层对遗留的分歧都会有清楚的了解。高层的商务谈判主要是利用各自的优势，做出最后的妥协，促成协议的签订。一般来说，待双方的差距不是很大时才有必要提交高层拍板，因而，高层商务谈判的问题往往只是一两次会面就可以解决的问题。

5.1.3.4 达成协议阶段

经过高层的协调，商务谈判的所有问题基本得到全面的解决，开始进入协议阶段。但在协议尚未签订之前，仍有大量的工作要做，双方仍不能过于乐观，而是要更加小心。这个阶段的主要工作是：

(1) 回顾商务谈判过程，将商务谈判结果落实为合同条款

商务谈判结果与合同文本是有一定差别的。商务谈判是对主要问题进行定性的辩论，而合同文本则要通过文字将商务谈判结果准确地表达出来，特别是对边界条件要做出准确的描述，消除误解。在这个阶段，原本已达成一致的问题，仍可能出现理解上的分歧，需要经过重新商务谈判和澄清，达到更严密的理解上的一致。

(2) 准备合同文本

由于存在文字表述出现歧义的可能性，特别是非母语合同文本，合同由谁起草则大有学问。EPC 工程总承包项目的商务谈判，一般都是基于事先由一方初步起草的合同文本进行的。进入合同文本最终定稿阶段，仍有大量的文字编写工作，如对原来有争议条款的修改、合同附件的编写等等，对此双方依然不能有丝毫的疏忽，也不能过分相信对方会完全按照自己的理解去表述合同条款。合同条款叙述得详细清楚还是简单粗略，是否有什么"伏笔"，都是双方必须密切注意的事宜。稍有不慎，就可能为合同的履行留下隐患。

(3) 合同签字与生效

前述的工作全部完成，合同文本准备完毕，就可进入合同的签字，合同签字只表明合同已经成立，但并不等于合同已经生效。合同生效需要一定的条件，这在合同条款的生效条件中应该有所规定。生效条件多种多样，如对方提交合同履约保函、合同须经过双方政府部门的批准等等，有的合同还将甲方支付预付款作为生效的条件之一，这都是正常的。

5.1.4 合同价格的确定

EPC 工程总承包项目的合同价格是由多种因素构成的，影响价格的因素非常复杂，涉及范围广泛。EPC 工程总承包项目的价格谈判是整个商务谈判最敏感最关键的内容，一场商务谈判是否成功常常取决于合同的价格是否为双方所接受。

5.1.4.1 影响价格的因素

(1) 技术要求的确定

商务谈判者应该注意到，技术指标、验收标准定得过高，价格就可能增加很多。实际工程中并不是指标定得越高越好，有些指标甚至是不必要的。因此，制定技术指标和验收标准时，一定要实事求是，以满足工程的功能和寿命需要为原则，不要脱离

实际，盲目地制定过高的指标和标准。

（2）工期的长短

工期的长短也影响合同价格。工期越急，承包商一次性投入的人力和设备成本就大；交叉性工作增大了管理的难度，加上需要采取早强、加班等特殊措施来缩短工期，合同价格就会增加。反之工期太长，管理费用也会随之加大。

（3）融资成本的高低

EPC 工程总承包项目的资金来源多种多样，包括从国外采购大型设备时，由卖方国家的政府或金融组织提供的出口信贷，这些贷款都是有成本的，由于西方国家及金融机构对发展中国家企业贷款的利息较高。因此，在价格商务谈判中，要充分考虑资金成本。对于利息较高的贷款，要确定一个对我方较为宽松的提贷条件，以便我们在需要时随时能够提取贷款，而在有更低利息的贷款可供使用时，能随时放弃那些贷款而不用支付较高的罚息。

（4）保险途径与方式

在进口设备的采购中，设备的价格按照国际惯例一般都会涉及保险费用。而保险人的选择、保险范围的确定、保险费率的高低、重置价格的定义等等，都会对价格以及合同执行期间的费用产生较大的影响。

举个例子，一台设备在采购合同中的价格为 50 万美元，其含义仅表示在本合同中的购买价格，并不表示以后供货的固定价格。如果这台设备在运输过程中出现了灭失，海运险的赔偿仅根据合同中确定的重置价格 50 万进行赔付，而要重新采购这台设备的价格可能已经涨至 70 万，甚至更多，远高于合同中确定的价格，这是很正常的。这就是重置价格与重新采购价格的区别，在采购合同中要考虑到这种区别，为今后的补充采购创造良好的条件。

（5）运输方式

运输方式的选择同样影响到价格。海运、批量运输的价格会较低，而个别运输、空运的价格自然很高。工程建设过程中，紧急采购的情况时有发生，采购合同若能考虑到总包商今后紧急采购时的价格、费用和运输责任，会给总包商节省大量的费用。

（6）支付币种

价格商务谈判中支付币种的选择很有讲究。尤其是遇到买方信贷时就须更加慎重，币种是与汇率风险联系在一起的。商务谈判者应具有一定的国际金融方面的基础知识，巧妙地选择支付币种，一旦汇率发生变动，有时可能带来意想不到的好处。但是对于规模较大、工程建设周期较长的项目，其汇率风险不能确定，而且是支付需要多种货币时，就应考虑如何避免币种选择不当造成的建造成本上升问题。这对于投资巨大的 EPC 工程总承包项目来说，其对成本的影响或效益是十分明显的。笔者在某大项目的谈判中坚持"付什么货币就收什么货币"的原则确定了合同的货币支付条款，仅海外钢材采购一项，就避免了因欧元对人民币升值而产生的约四千万人民币损失。

(7) 支付条件

支付条件包括支付方式和支付时间。支付方式有现金、支票、汇票、信用证、托收托付、提贷。支付时间的长短对双方都有一个利息的问题。价格商务谈判时，双方都会希望争取一种对自己有利的支付方式，特别是标的很大的建设项目。由于业主对总包商的付款条件常常难以被供货商或分包接受，总包常常需要承受付款周期、付款比例、付款币种的差异所带来的风险，承包商为了降低支付风险，还可考虑其他金融手段(例如期货合约、买方信贷、互换合约等)。

5.1.4.2 正确处理各种价格之间的关系

在对影响价格的因素做出分析之后，还应充分理解并正确处理各类价格之间的关系，包括积极价格与消极价格、实际价格与相对价格、硬件价格与软件价格、固定价格与浮动价格、综合价格与单项价格等。

(1) 积极价格与消极价格

价格的高低没有一个明确的标准，而往往是与主观愿望相比较的结果。一个人不愿意花20万元买一辆汽车，却愿意花10万元修复一辆汽车；一个教授花20元买一件衬衫觉得很贵，而花50元买一本书却满不在乎；有人不愿意花30元坐出租车，却甘愿花200元请客吃饭。前一种感觉是"消极价格"，而后一种行为则是"积极价格"的反映。这是人们的一种正常心理，在价格商务谈判上也是一样。对方迫切需要的东西，其价格大多属于"积极价格"，而对于不喜欢的东西，其价格往往属于"消极价格"。

对于同一个产品，有人嫌贵，有人认为便宜，这是因为同样的价格在两个人的心目中分别属于不同的价格类型。如果将消极价格转化为积极价格，就可以让嫌贵的人接受这个价格。在价格商务谈判中，不要轻易为价格的高低所左右，而更重要的是要认清价格的类型，透过表象把握实质，转消极价格为积极价格，达成双方满意的价格协议。因此，商务谈判不是简单的讨价还价，而是化消极为积极的心理转变活动。

(2) 实际价格与相对价格

以实际成本为基础的价格是实际价格，而与商品或服务的有用性相关联的价格称为相对价格，后者也可称为满足愿望的某种价值，或附加值。作为卖方往往希望将买方的注意力引到相对价格上，而买方力图将问题集中在实际价格上。如何在两者之间形成协议，作为买方，业主可以在接受相对价格的同时，增加一系列的附加条款。如帮助安装、技术转让、调试维修、技术培训等，对相对价格提出具体的要求。运用相对价格进行商务谈判，对买卖双方都是十分重要的，成功的关键在于熟练掌握实际价格与相对价格的商务谈判技巧。

(3) 硬件价格与软件价格

硬件价格与软件价格的概念在价格商务谈判中也是十分重要的，不可偏废，作为成熟的商务谈判人员不能重硬轻软。

硬件价格指与产品的品质、性能、数量、交货时间等相关的价格；软件价格则是指与产品、工程、设备有关的专利、专有技术、品牌、技术服务的价格。硬件价格往往构成价格商务谈判的主体，但若对软件价格不予重视，就会使硬件价格的商务谈判中取得的利益在软件价格的商务谈判中丧失。

软件价格的弹性很大，商务谈判时要注意分析影响软件价格的全部因素。软件价格宜与硬件价格同时商务谈判，否则，只谈硬件，忽略软件，或先谈硬件后谈软件，都对价格谈判不利。

(4) 固定价格与浮动价格

EPC项目总包商与业主的合同一般采用固定价格，一般总价是包死的。但是在采购环节，总包商或分包商与设备材料供应商的合同中，一般是浮动价格。这时候总包商要尽量考虑汇率的变动、通货膨胀的变动，尽量避免汇率风险和通货膨胀风险。

5.1.4.3 EPC工程总承包项目合同价格的确定

合同价格的确定方式基本上有两种，第一种是自下而上型，即对每个单项价格进行累加，得出总价；第二种是自上而下型，即先确定合同总价，再分解到各个分项价格中。从表面上看，这两种方式的定价方向是相反的，但实际上他们的基础工作是相同的，都必须对分项价格作详细的分析研究。两者的区别在于，第一种方式是各个分项设备价格非常清楚，累加之后的总价均为双方所接受；而第二种的不同之处就在于，总价因为谈判妥协需要而让利，发生变更后到底采用均衡调整还是根据分项价的预期利润系数来调整往往意见难以统一，出现分歧后常需要交由高层拍板确定。

EPC工程总承包项目的合同价格很高，设备采购数量极大，施工项目内容多，因而难以在短期内完成各个分项价格的统计，不具备第一种方式所需要的定价条件，即使条件具备了，商务谈判也是一个费时费力的事情，因此双方都不会选择第一种方式，通常选择第二种。EPC工程总承包项目合同总价的确定通常依据下列因素：

(1) 概算指标法。概算指标是指按工程中某个建筑物、构筑物为对象，以建筑面积、体积或成套设备装置的台或组为计量单位而确定的本行业的单位价格指标。常见的概算指标有发电厂的每千瓦造价、房地产的每平米造价、炼钢厂的每吨造价等。

(2) 投资估算法。包括适用于整个项目的投资估算、适用于某个建筑的投资估算、适用于某成套设备的投资估算等。为提高投资估算的科学性和准确性，可按项目的性质、技术资料和数据的具体情况，有针对性地选用适宜的方法。常用的估算方法有：资金周转率法、生产能力指数法、指标估算法等。

(3) 近期类似工程的价格。根据收集到的类似工程或设备的生产能力和投资额的资料，分析、比较、调整并确定本项目的价格水平。

(4) 项目预算。上述的若干种方法得到的价格数据均为估算数据，而不是满足本项目要求的价格数据。在上述数据的基础上,还要根据本项目投资预算的要求,调整和确定本项目的价格目标。

通过上述方法,基本可以确定 EPC 工程总承包项目中各主要合同的价格范围,这些工作都是由工作层或商务谈判组完成的。工作层将分析研究的结果形成报告提交给决策层,并提出可接受价格的推荐意见,高层就可在此基础上最终确定出合同底价,并据此价确定价格谈判策略。

5.1.5 合同条款的商务谈判

合同条款是商务谈判必定涉及的基本内容。合同条款通常要求尽可能完善、全面、准确、肯定和严密,要清楚地约定双方的权利、责任和义务,防止和减少日后在执行中发生不必要的矛盾和争议。

5.1.5.1 合同条款商务谈判的原则

(1) 注重法律依据

合同的法律依据不仅要强调本国的法律,还应考虑国际公约及国际惯例。首先,商务谈判者要注意我国合同法、招标投标法的基本要求,同时也应注意我国有关外汇管理、国家安全、公共健康、社会治安、税收等法律法规。其次,如果对方是外国企业,还应充分考虑对方所在国的有关法律法规要求。另外应恰当地运用国际组织,如联合国、国际商会、国际商务机构所颁布或推荐的一些国际公约、国际惯例等内容,如国际商会颁布的《国际贸易术语》、国际咨询工程师联合会制定的《土木工程施工合同条件》即 FIDIC 等。这样不仅可简化商务谈判的过程,使合同条款更加符合国际惯例,更重要的是,这样做可使合同容易得到双方政府的批准。注重法律依据是合同商务谈判需要注意的第一个问题。

(2) 追求条件平衡

合同条款必须体现权利和义务对等的原则。合同条款对双方的义务和权利的规定不是偏向于某一方的,而是公正地根据其所得到的利益而赋予其应尽的义务。只有以"公平"为宗旨,合同才能为双方所接受,并甘心履行,否则在特定背景下得到的利益,可能会在另一个不同的背景下失去,造成合同履行的不顺利。

另外,如果脱离了"公平"的原则而签订的合同,一旦因出现争议而提交仲裁,仲裁委员会也会根据"公平"的原则进行裁决。因此,合同条件的"公平"、"平衡"是商务谈判者必须重视的又一个基本问题。

(3) 条款明确严谨

合同条款中用词造句要力求明确,专业、法律方面的术语应力求标准、规范,如对合同涉及的工作量、完成时间、技术标准、成本和费用、支付方式等应该尽可能表达清楚,避免出现理解上的歧义,形成合同争议。

举个最简单的例子，合同经常出现"乙方负责××工作"，在履行合同中乙方可据此提费用问题，因为乙方可理解为：他只负责完成此项工作，费用应由甲方支付。而甲方可理解为：此事是乙方的责任，当然费用由乙方承担。双方就会为此发生争议。严格的提法是：乙方须自费在多少天内按照某国标，完成××工作。这样就不会出现理解上的歧义。

另外，如果合同条款是用英语编写的，更应弄清所使用单词的确切含义，必要时可用多个类似的单词加以具体的叙述，避免理解上的不一致。

（4）以我为主起草

在可能的情况下，合同条款应自己直接起草，这样做有诸多好处：第一，可以正确地反映本方的观点，使自己的要求更加明确；第二，可以使本方在商务谈判中更加主动，避免因反复的修改而使商务谈判变得冗长和艰难；第三，可以避免对方在合同条款中埋下"伏笔"。

5.1.5.2 合同条款的构成

合同条款一般可分为商务条款和技术条款两大类。技术条款因合同标的的不同而内容各异，这里讨论的仅是合同条款的核心内容——即"合同条件"。

（1）价格条款

价格条款是合同条款中最重要的组成部分。对于价格条款的要求是：

1）准确地说明价格所包含的内容和范围，必须准确全面地描述出价格的全貌，这是价格条款的最基本要求。

2）应清楚地分解出各种开支的性质，以便按照我国税法的要求，缴纳有关的税费，防止因未能分清不同性质的项目而以最高税率纳税，增加额外支出。

3）对价格风险必须清楚地说明，应明确价格是固定价还是可调价。如果是固定价，应该考虑定价原则中的合法性，不能一味地强求；如果是可调价，必须详细说明调价的前提条件、调价办法及计算公式、调价的限制性条款等。

（2）违约责任条款

"先小人，后君子"，对于一方出现违约如何处理，合同应该有明确的规定。业主或买方的违约情况，主要是迟付货款或工程款，这主要通过支付滞纳金、迟付利息来处理。

（3）免责条款

在经济活动中，违约现象屡见不鲜。法律上对违约分为有责、免责两类。对于"不可抗力"、"情势变迁"等事件，可以考虑作为免责的范围，但对"不可抗力"、"情势变迁"须做出明确的定义。

（4）仲裁或诉讼条款

合同中必须规定仲裁或诉讼的条款，这是仲裁庭或法庭受理双方合同争议的依据，也是双方处理民事纠纷的协议。否则，一旦出现了争议再协商仲裁条款，就不容易了。

仲裁条款应规定双方同意在出现争议而不能调解时，只能通过仲裁处理，而不能诉诸司法机关。仲裁条款中还必须明确由何仲裁机关名称、在何地点、根据何仲裁规则进行仲裁，仲裁费用由谁承担。

需要说明的是，在制定该条款时，必须对所选择的仲裁机关及其仲裁规则有清楚的了解，不能过于盲目。

(5) 长期供应备件条款

EPC 工程总承包项目，在投入生产后一般均要履行 2 年保修期的责任，对某些备品备件的需求量可能很大。如果事先在与设备材料供应商的合同中没有规定，就不能保证在维修期结束前的更新需求，因此在与供应商签订采购合同时应力争这些后期采购的备件仍采用合同中的价格给予供应。

(6) 国产化条款

这是发展中国家的买方利用自己的资源和市场，要求发达国家的卖方帮助自己实现国产化的一种习惯做法。这种条件对卖方是一种损失，但由于国内诱人的市场前景，可促使卖方不得不做出让步。特别对于特大型的 EPC 工程总承包项目，在向国家提出可行性研究报告中，这一条也是获得政府批准立项的重要前提。

(7) 保证条款

通常业主会要求承包商出具预付款和履约保证，承包商提供的预付款保函通常与预付款是等额的；履约保函数额通常是合同总额的 10%。尤其是工程竣工后，业主会提出合同总额 2.5%～5% 的工程质量保证金要求，而且会长达 24 个月，对于承包商而言这是一笔巨大的资金被占压。所以，承包商除了通过施工期的责任心来获取业主的信任外，可采用一流银行出具的"维修期保函"来换取业主早日释放质量保证金，从而减少承包商的现金流压力。一般来说，承包商选择久负盛名的银行出具的上述三类保函是业主所希望的。

5.1.5.3 合同条款的商务谈判

对于 EPC 工程总承包项目的合同，通常的做法是选择一个标准合同范本（如 FIDIC 合同条款第四版的《EPC/交钥匙项目合同条件》），在该版的基础上根据本工程的特点进行适当的修改。这样做的好处是，既节省了对通用条件的商务谈判工作量，也可充分结合本工程情况，制订出符合实际要求的合同条款。

合同条款的商务谈判应注意 5 个方面的问题：

(1) 字斟句酌：对文字、用词要力求准确，避免误解；合同条款用词用语要前后一致。

(2) 前后呼应：合同条款在内容上必须保持前后呼应。这种呼应包括前后关联的条款必须说法一致；对某专门的问题应该只限在一个章节描述，其他章节需要时只须引用，不要在多处对同一个问题进行重复的叙述。

（3）公正实用："公正"是指双方的权利、义务要对称均衡，"实用"是指条件实惠、文字实用、可操作性强。

（4）随写随定：这也是合同商务谈判的一项基本功，对于双方谈定的事宜，应该当即形成文字，放入合同。这样可以防止在事后形成文字时，有人做小动作，"偷梁换柱"的事情即使是在有声望的大公司之间的商务谈判中也是屡见不鲜的。

（5）贯通全文：EPC 工程总承包项目的合同往往是由多个部门的不同人员负责商务谈判、起草的，由于合同内容繁杂，接口很多，一旦某个部分在商务谈判中出现变化，就可能会影响到相关条款的一致性，对此需要在商务谈判前制定一个协调制度，及时反映相关合同内容的变化，确保合同的完整性、协调性、准确性。

5.2 合同管理

合同管理主要包括履约管理、变更管理、索赔管理、争议的解决等内容。

5.2.1 履约管理

5.2.1.1 履约管理的法律手段

为保护各自的利益，除了在合同条款上应做出各自在对方不能履行或可能不履行义务时所拥有的权利和应该采取的补救措施外，实际执行合同过程中必须运用合同或法律赋予己方的权利。

（1）抗辩权和法定解除权

《合同法》规定了合同双方都拥有的三大抗辩权，即同时履行抗辩权、后履行抗辩权和不安抗辩权。

同时履行抗辩权是指当事人互负债务且没有先后履行顺序的，应当同时履行。一方在对方履行之前或履行债务不符合约定时有权拒绝履行其要求。后履行抗辩权是指当事人互负债务并且有先后履行顺序的，先履行一方未履行或履行债务不符合约定的，后履行的一方有权拒绝其相应的履行要求。不安抗辩权是指先履约的当事人如果有确切证据证明对方可能丧失履行能力时有权中止履行合同。

法定解除权是指在不可抗力、一方明确表示不能履行债务、一方延迟履行债务经催告在合理期限内仍不能履行、一方违约行为致使合同目的无法实现等条件下，另一方当事人可以解除合同的权利。

在实际合同管理中，一方的工程拖期、质量有严重问题、拖欠付款等等都可能导致另一方运用抗辩权进行自我保护。

（2）合同保全与法定优先权保全指为防止债务人消极对待债权导致没有履行能力而

给债权人带来危害时,债权人可以向法院请求以自己的名义代为行使债务人的债权(代位权);可以对债务人放弃对他人的债权、无偿转让的财产等向法院申请给予撤消的权利(撤消权)。

法定优先权是指债务人不能并经过催告仍不能履行债务时,债权人可以向法院申请将归债务人所属的合同标的(如正在建设的工程)拍卖,所得款项优先受偿于债权人应得的债权。

这两种权利也可由承包商对业主行使,但大部分合同的标准范本中并没有这两种权利的明确规定,承包商所拥有的这种权利仅限于法律或诉讼。

应该说明的是,无论对业主还是承包商,在应用这些权利时都必须非常慎重。因为这些权利的运用意味着合同终结,并且要证明对方违约或不能履行债务时必须准备并提交充分的证据,否则可能被对方反诉。

5.2.1.2 履约管理的合同控制

合同控制是指双方通过对整个合同实施过程的监督、检查、对比、引导和纠正来实现合同管理目标的一系列管理活动。

在合同的履行中,通过对合同的分析、对自身和对方的监督、事前控制,提前发现问题并及时解决等方法进行履约控制的做法符合合同双方的根本利益。采用控制论的方法,预先分析目标偏差的可能性并采取各项预防性措施来保证合同履行,具体如:

(1) 分析合同,找出漏洞。对合同条款的分析和研究不仅仅是签订合同之前的事,它应贯彻于整个合同履行的始终。不管合同签订得多么完善,都难免存在一些漏洞,而且在工程的实施过程中不可避免会发生一些变更。在合同执行的不同阶段,分析合同中的某些条款可能会有不同的认识。这样可以提前预期发生争议的可能性,提前采取行动,通过双方协商、变更等方式弥补漏洞。

(2) 制订计划,随时跟踪。由于计划之间有一定的逻辑关系,比如工程建设中某项里程碑的完成必定要具备一些前提条件,把这些前提条件也做成合同计划,通过分析这些计划事件的准备情况和完成情况,预测后续计划或里程碑完成的可能性和潜在风险。

(3) 协调和合同约定的传递。合同的执行需要双方各个部门的组织协调和通力配合,虽然多个部门都在执行合同的某一部分,但不可能都像主管合约部门的人员一样了解和掌握整个合同的内容和约定。因而,合约部门应该根据不同部门的工作特点,有针对性地进行合同内容的讲解,用简单易懂的语言和形式表达各部门的责任和权利、对承包商的监督内容、可能导致对自身不利的行为、哪些情况容易被对方索赔等合同中较为关键的内容进行辅导性讲解,以提高全体人员履行合同的意识和能力。

(4) 广泛收集各种数据信息,并分析整理。比如各种材料的国内外市场价格、承包商消耗的人员、机械、台班、变更记录、支付记录、工程量统计等等。准确的数据统计和数据分析，不仅对与对方进行变更、索赔的商务谈判大有裨益，也利于积累工程管理经验，建立数据库，实现合同管理的信息化。

5.2.2 变更管理

广义上说，变更指任何对原合同内容的修改和变化。引起变更的原因有多种，如设计的变更、更改设备或材料、更改技术标准、更改工程量、变更工期和进度计划、质量标准、付款方式、甚至更改合同的当事人。频繁的变更是 EPC 工程总承包项目的工程合同的显著特点之一。由于大部分变更工作给承包商的计划安排、成本支出都会带来一定的影响，重大的变更可能会打乱整个施工部署，同时变更也是容易引起双方争议的主要原因之一，所以必须引起合同双方的重视。

《合同法》对于变更只在第 77 条做了原则性的规定："当事人协商一致可以变更合同"。工程合同一般对变更的提出与处理都有详细的规定，比如变更发生的前提条件、变更处理的流程、变更的费用确定等。至于具体的操作，则需要双方在工作程序中做出具体的规定。

一般情况下，只有变更导致工程量变化达到 15% 以上承包商才可停工协商，变更的实施必须由双方代表协商一致后才可以执行。大多数情况下国际工程合同尤其是采用 FIDIC 条款为蓝本的合同授予了业主直接签发变更令的权力，承包商必须无条件地先执行变更令，然后再与业主协商处理因执行该变更令而给承包商带来的费用或工期等问题。这主要是考虑到工程合同发生变更的频繁性以及避免双方过久的争执而影响工程的工期进度。

常见的变更类型有三种，即费用变更、工期变更和合同条款变更。最容易引起双方争议和纠纷的自然是费用变更，因为无论工期变更也好，条款变更也好，最终都可能归结为费用问题。合同中通常会规定变更的费用处理方式，双方可以据此计算变更的费用。在确定变更工作的费用时，国际工程合同则赋予业主在多种费用计算方法中选择或采用某种计算方式的权力。这种选择权并不代表业主可以随心所欲地一味选择对自己有利的计算方法，其衡量的标准应该是"公平合理"。对于一个有经验的承包商，通过变更和索赔是获得成本补偿的重要机会。对于业主，必须尽量避免太多的变更，尤其是因为图纸设计的错误等原因引起的返工、停工、窝工。

变更导致争议性的问题是，如果承包商按照业主的要求实施了变更，那么对承包商造成的间接费用是否应给予补偿。对涉及工程量较大的变更，或处于关键路径上的变更，可能影响承包商后续的诸多工作计划，可能引起承包商部分人员的窝工。对此，业主除了补偿执行该项变更本身可能发生的费用外，对承包商后续施工计划造成的影响所引起的费用或承包商的窝工费用，是否应该给予补偿？合同法以及国际工程合同条款中对此均未有明确的规定，只是更多地从"公平合理"的角度做了简单的说明。

原则上，因业主的原因而对承包商造成的损失都应该给予补偿，但问题是间接损失的计算涉及多方面的因素，比如工程进度拖期半年，承包商甚至可以提出因为拖期可能影响他从事其他的工程建设，损失了"未来利润"，而这部分机会成本不但难于计算，而且可能数目惊人，因此国际上通行的做法是"只补偿实际发生的直接损失"而不倾向于补偿间接损失。

5.2.3 索赔管理

索赔指由于合同一方违约而导致另一方遭受损失时的由无违约方向违约方提出的费用或工期补偿要求。许多国际工程项目中，成功的索赔成为承包商获取收益的重要途径，很多有经验的承包商常采用"中标靠低价，赢利靠索赔"的策略。因而索赔受到合同双方的高度重视。

5.2.3.1 索赔动因

索赔必须有合理的动因才能获得支持。一般来说，只要是业主的违约责任造成的工期延长或承包商费用的增加，承包商都可以提出索赔。业主违约包括业主未及时提供设计参数、未提供合格场地、审核设计或图纸的延误、业主指令错误、延迟付款等。因恶劣气候条件导致施工受阻，以及FIDIC条款中所列属于承包商"不可抗力"因素导致的延迟均可提出索赔。当然有的业主会在合同的特殊条款中限定可索赔的范围，这时就要看合同的具体规定了。

向业主索赔以及业主对承包商的反索赔是合同赋予双方的合法权利。发生索赔事件并不意味着双方一定要诉讼或仲裁。索赔是在合同执行过程中的一项正常的商务管理活动，大多可以通过协商、商务谈判和调解等方式得到解决。

5.2.3.2 索赔分类

当分类方法不同时，索赔的种类也不同。常见的索赔分类方法是按照索赔的依据或者按照索赔的目的进行分类。

（1）按索赔依据分类

➢ 合同内索赔：指可以直接在合同条款中找到依据，这种索赔较容易达成一致。如履行业主变更指令形成的成本补偿。

➢ 合同外索赔：指索赔的依据难以在合同条款中找到，但可从合同条款推测出引伸含义或从适用的法律法规中找到依据。如某项目在实施中所在城市新颁规定：所有外来务工人员都必须购买"综合保险"所产生的费用索赔。

➢ 道义索赔：指在合同内外都找不到依据或法律根据，但从道义上能够获得支持而提出的索赔。这种索赔成功的前提一般是业主对承包商的工作非常满意，承包商因物价上涨等因素导致建造成本增大，业主预期双方将来会有更长远的合作。如向业主申请"赶工奖励"就属于此类补偿。

(2) 按索赔目的分类

➤ 工期索赔：对因非承包商自身原因造成的工程拖期，承包商有权要求业主延长工期，避免后续的违约和误期罚款。

➤ 费用索赔：由于业主的变更或违约给承包商造成了经济上的损失，承包商可要求业主给予经济补偿。

5.2.3.3 索赔的证据和费用计算

合同或工程程序中对索赔的依据应有明确的规定。提出索赔的主要依据应该是充分的证据和详细的记录，缺少任何一项材料，业主都有权拒绝承包商的索赔。

索赔的证据包括：政府法规、技术规范、合同、物价行情、业主指令、施工方案、事故记录、不可抗力证据、会议纪要、来往信件、备忘录、工程进度计划表、技术文件、施工图纸、照片（尤其向保险公司的索赔）、施工记录、气象资料、设备租赁合同、各种采购发票、业主工程师签署的临时用工单等。

业主对索赔的处理一般以"补偿实际发生的合理费用"为原则，包括额外消耗的人工费、材料费、设备费、施工机具费、保险费、保证金、管理费、技术措施费、利息等。由于人工、材料和机械等直接费用比较容易核查，而管理费、技术措施费等间接费用难以确定，因此，双方如果在合同谈判中约定了直接费和间接费的计算办法，则可减少在合同执行过程中的纠纷。

5.2.3.4 索赔管理中需要注意的一些问题

(1) 对于业主无过错的事件，比如恶劣气候条件和不可抗力等给承包商造成的损失，承包商有责任及时予以处理，及早恢复施工。然后再提交影响报告和证据并提出补偿请求。

(2) 工期索赔中要注意引起工期变化的事件对关联事件的影响。工程中计算工期索赔的办法是网络分析法，即通过网络图分析各事项的相互关系和影响程度。如对关键路径没有造成影响，则不应提出工期索赔。

(3) 重视研究反索赔工作。习惯上将业主审核承包商的索赔材料以减少索赔额、业主对承包商的索赔等称为"反索赔"。通过收集必要的工程资料、加强工程的监督和管理，不仅可以减少承包商对业主的索赔，还可以作为业主向承包商提出反索赔的依据。承包商要多研究反索赔的理论与实践，尽量不给业主以反索赔的机会，或者尽量在索赔前就作好战胜业主反索赔的工作准备。

5.2.4 争议的解决

5.2.4.1 争议的起因和解决方式

尽管双方对合同条款的理解和观点不一致的任何原因都可能导致争议，但争议主要集中于业主与承包商之间的经济利益上。变更或索赔的处理不当，双方对经济利益的处理意见不一致等都可能发展为争议。

争议的解决主要包括友好协商（双方在不借助外部力量的前提下自行解决）、调解（借助非法院或仲裁机构的专业人士、专家的调解）、仲裁（借助仲裁机构的判定，属正式法律程序）和诉讼（进入司法程序）。

5.2.4.2 仲裁

（1）仲裁的特点

➢ 属于法律程序，有法律效力。目前，有70多个国家加入了联合国《承认和执行外国仲裁裁决公约》，中国也是成员国。缔约国的法院有强制执行不遵守仲裁决议的当事人的权利。即使未加入该公约，一般国家之间的双边或多边协议也会保证仲裁协议的有效执行。

➢ 双方有选择仲裁方式的自由。双方当事人可以在合同中约定，或在争议发生后再行约定仲裁条款。

➢ 仲裁一般只在当事人之间进行，不具有公开性，仲裁对各方当事人的商业信誉的负面影响比采用司法程序要小。

➢ 仲裁环节相对简单，费用较低，时间短。一般司法程序尤其是英美法系国家的司法程序相当复杂，进度缓慢，不利于双方当事人合同责任和义务的履行。因此，合同当事人大多倾向于通过仲裁的形式解决争议。

（2）仲裁的注意事项

➢ 仲裁应符合国家法律的规定。大多数国家的法律规定，合同争议采用或裁或审制。如《中华人民共和国仲裁法》规定了两项基本制度：或裁或审制和一裁终局制，以保证仲裁机构决议的权威性。一些国内企业对此在认识上存在误区，认为协商不成可以调解，调解不成可以仲裁、仲裁不服可以起诉（除非有充分的证据证明仲裁机构违反仲裁程序或国家的法律规定，存在受贿舞弊等行为），片面地认为只有诉讼才是最具权威性和最有法律效力的措施，其实这种认识是错误的。

➢ 最好选择仲裁规则与仲裁地国家的法律相一致的仲裁。合同双方都希望仲裁能够在自己的国家适用本国法律进行，这是不公平的，除非一方的合同地位占据绝对优势。最常见的处理办法是选择第三国并按该国的仲裁规则进行仲裁。这就要求对该国的仲裁规则有清楚的认识。

➢ 坚持能协商就协商，能调解的就调解，能不仲裁诉讼就不仲裁或诉讼的原则。不管怎样，走上仲裁庭或法院对合同双方都不是一件好事，除非一方违反了合同的基本原则进行恶意欺诈。不论采用仲裁或诉讼都会劳神费力。尤其是旷日持久的取证、辩论，对公司商誉的影响对双方的合作关系都是一种伤害。

5.2.4.3 诉讼

对有些不接受仲裁的国家或双方当事人不愿意采用仲裁的情况，除了协商、调解之外的唯一解决办法就是诉讼。对国际合同的诉讼，一般应注意以下几点：

（1）合同中尽量写明法律的适用规则以及争议提交某一指定国指定地点的指定法院。如果合同中未指定法院，那么可能会有两个或两个以上国家的法院有资格做出判决，而不同国家法院的判决结果可能是不同的，甚至某些国家不同州的法院的判决结果也是不同的。

（2）合同在选择适用法律时，要考虑合同双方对该法律的了解程度。该法律的哪些强制性规定会妨碍合同争端的合理解决，该法律的规则变化时如何处理，该法律适用于整个合同还是合同中的某一部分等等。

作为一个完整的合同管理过程，合同管理还包括合同结算、合同执行结果反馈等后续过程，以及贯穿于整个合同执行过程中的各种程序的编写发布、各种数据的整理分析等等，这里不一一赘述。

5.3　对合同管理问题的探讨

5.3.1　合同双方的关系

市场经济条件下，不管是业主还是承包商，其根本目的都是实现"效益"与"效率"最大化两大目标。由于业主和承包商在合同关系中具有对立的性质，即一方的权利是另一方的义务，而合同正是规定双方权利和义务的法律文件，因此，传统的观念经常把业主和承包商之间的关系对立化。随着项目管理概念的普及和推广，越来越多的企业认识到，业主和承包商是一对矛盾的统一体，不能过分地夸大双方之间的矛盾，而更应该认识到双方的合作与统一对双方的好处。

在合同条款的商务谈判中，不要幻想把所有的风险都最大可能地转移给对方，也不要幻想自己的利益完全独立于另一方之外。双方在尽可能保护自己的利益的同时，必须清醒地认识到，所谓合同不过是双方权利和义务关系相互妥协的产物，一方的利益绝对是和另一方的利益密不可分的。只有双方同心协力，通力合作，优质如期地搞好项目的建设，才能为双方带来最大的利益。这种"双赢"的观念越来越得到国内外的企业，尤其是EPC工程项目的业主和建设单位的认同。

5.3.2　招投标的管理与实施

招投标是一种最富有竞争性的采购方式，能为业主或采购者带来高质量、低价格的工程、货物和服务。由于招投标可以约束交易者的行为，创造公平竞争的市场环境，保障国有资金的有效使用，为此，我国于1999年8月30日经九届人大十一次会议审议通过了《中华人民共和国招标投标法》。

国家通过法律手段推行招标投标制度，要求基础设施、公共事业、使用国有资金投资和国家融资的工程建设项目，都必须强制进行招投标。尽管如此，招投标法的实施仍然存在着一些阻碍，原因是多方面的，在此作一简单的探讨。

5.3.2.1 招投标方式

招投标法中规定了招投标的方式只有公开招标和邀请招标两种，国外还有一些其他的招标形式，如两阶段招标和议标。

（1）公开招标与邀请招标

公开招标是指业主在指定的报刊、网络或媒体上发布招标公告，吸引众多的投标人参与投标竞争，招标人从中择优选择中标人的招标方式。

邀请招标是指由招标人根据供应商和承包商的资信和业绩，选择3家以上的法人或其他组织，向其发出投标邀请书，邀请其参与投标竞争的方式。

这两种方式的区别在于：发布信息的范围和公开的程度不同，邀请招标的信息范围和公开程度要小于公开招标；供应商、承包商的选择范围不同，公开招标的选择范围大于邀请招标；竞争的范围不同，公开招标的竞争性强于邀请招标；招标人选择中标人的时间和费用不同，公开招标的时间和成本远大于邀请招标。

（2）两阶段招标

结合公开招标和邀请招标的特点，把二者结合起来，国际上又发展了两阶段招标模式。即第一阶段按公开方式招标，经开标和初步评标后，再邀请其中报价较低或实力较强的三、四家投标人进行第二次投标。它适用于以下情况：

1）高新技术的项目，一般业主需要经过公开招标甄选最优方案，然后邀请这种方案的投标人进行详细报价，进行邀请招标；

2）某些大型工程，如招标人对工程的实施方案、工程量尚未最后确定，可以在公开招标中要求投标人提出实施方案并报价，经过评价，选中最满意的方案，并在此方案基础上进行有限招标；

3）第一次招标不成功，比如全部投标人的报价都大大超过投标人设定的标底20%以上甚至更高时，只能重新招标或进行有限招标。

（3）议标

议标是指招标人邀请一、二家承包商直接进行合同商务谈判进而签订合同。它是一种非竞争性招标，一般适用于以下情况：

1）特殊原因（如在计划经济条件下执行政府的指令、执行国与国政府之间达成的协议等）下，必须与某家公司进行议标；

2）因技术需要、重大投资或受项目资金提供方要求等原因，只能委托给特定的承包商或供应商，比如，接受某些国家提供经济援助的项目一般都要按提供国的要求与其指定的公司进行议标；

3) 属于研究、试验、严格保密或国防工业项目，招标人一般出于保密的原因不会进行公开招标；

4) 第一次招标失败或没有满意的投标人，业主通过议标另行委托其他承包商；

5) 需要紧急实施的项目；

6) 业主或出资人与某承包商有过愉快的合作，对承包商十分信任的项目。

5.3.2.2 实行招投标较难的原因

招投标法颁布之后，一些企业都不同程度地寻找打"擦边球"的机会，以各种样的理由回避招投标的执行。其中的原因是多方面的。

随着招投标制度的不断发展和完善，议标的含义和做法也不断发展和改变。目前国际上比较流行的议标方式是招标人同时与多家承包商进行商务谈判，从中选择最优，最后无约束地与某家签订合同。这实际上已经不完全是最初意义上的议标，而是吸取了公开招标的优点。由此可见，管理制度的发展本身并没有定式，只要是相对合理的，就可以推广应用。

从理论上说，如果不考虑招投标成本的话，议标的非竞争属性决定了它是项目实施成本最高的招投标模式。英国全国经济发展署（NEDO）的调查统计结果也支持了这个结论，其统计显示：议标形式的项目成本一般比竞争性招标成本高出 5% 左右。然而令人惊奇的是，作为一个法规较完善、招投标制度历史悠久、合同管理先进的发达国家，英国的大多数业主频繁采用的不是竞争性公开招标，而是议标和邀请招标等选择性招标方式。世界银行要求的公开竞争性招标仅使用于英国政府采购的项目及私人中小项目，在世界银行几乎无法通过的"交钥匙"之类的议标形式几乎千篇一律地出现在私人投资的工业与商业民用项目。曾有人对 20 世纪 90 年代国际上 225 家大的承包公司进行考察，发现它们的实际合同成交金额约占总招标金额的 40%，而这其中竟然有 90% 都是通过议标形式取得的。对此，笔者认为，造成这一现象的原因有以下几点：

（1）竞争性招标固然有其形成充分竞争的优越性，但也会出现另外一些情况：业主当时在承包市场上找不到足够数量的潜在承包商，例如核电项目，符合工程施工资格的国内企业太少，无法构成有意义的竞争态势。

（2）EPC 工程总承包项目建设国产化的要求所限。对于一个 EPC 工程总承包项目，在立项审批阶段，国家都会提出国产化的要求，即要求有一定比例的采购、施工等必须由国内供应商、承包商承担。而对于国内市场来说，若要完成这一指标，是不可能选择在国际范围内公开招标的。

（3）大型工程总承包项目，特别是特殊行业的工程合同的招标，投标人往往需要花费大量的时间和精力，而对于经验和实力比国外承包商稍逊一等的国内承包商来说，自然会考虑放弃参与竞争投标，这也是国内市场这些特殊行业难以形成竞争的原因。

（4）业主关心的重点问题的顺序发生了改变。传统概念上，业主关心的重点依次是成本、质量、工期。而现在，伴随着竞争压力的增大和市场意识的提高，形成新的排序：工期、质量、成本。工期缩短意味着项目可以提前投入运行，提前创造利润，弥补因工期提前带来的成本增加。在竞争白热化的今天，工期提前还意味着业主可以有利地抓住市场机会，提高其竞争优势，以议标方式发包，整个议标周期较竞争性招标缩短了3～4个月。3～4个月的时间可以使一个公司失去市场机会，市场地位的损失可能远远超过造价的增加。

(5) 业主与承包商的地位比较。发达国家经过充分的市场竞争，尤其是进入买方市场之后，大多数承包商已经认识到了竞争的残酷性。尤其是在传统行业，幻想获得超额利润的可能性已不复存在，承包商获得订单或合同的愿望迫切。同时，经过残酷的市场竞争生存下来的承包商大多是信誉好、能力强、注重长远发展的企业。另外，契约机制、信用机制在发达国家都比较完善。业主利用这一点，即使不通过费时费力的竞争性招标同样可以达到选择一个合适承包商的目的。

(6) 投资主体的变化是决定业主采用何种招投标方式的原因。招标投标法规往往对政府的采购、国家的投资有制约作用。但发达国家投资主体不是政府，而是私人部类。私人部类在这方面不受政策约束，投资者出于自身利益的考虑，自然会严格承包商选择制度，少有出现因受贿腐败而选错承包商的问题。

EPC项目的承包商应该尽量选择议标方式，这样会占有较大的主动权。

5.3.3 如何规避工程风险

风险管理(Risk Management)是人们对潜在的意外损失进行辨识、评估、预防和控制的过程。EPC工程总承包项目由于规模大、周期长、生产的单件性和复杂性等特点，在实施过程中存在着许多不确定的因素比一般工程具有更大的风险，因此，进行风险管理尤为重要。

风险管理是对项目目标的主动控制。首先对项目的风险进行识别，然后将这些风险定量化，对风险进行有效的控制。国际上把风险管理看作是项目管理的组成部分，风险管理和目标控制是项目管理的两大基础。

在发达国家，风险转移是工程风险管理对策中采用最多的措施，工程保险和工程担保是风险转移的两种常用的方法。

5.3.3.1 工程保险

工程保险是指业主和承包商为了工程项目的顺利实施，向保险人交付保险金，保险人根据合同约定对在工程建设中可能产生的财产和人身伤害承担赔偿保险金责任。国际上强制性的工程保险主要有以下几种：

(1) 建筑工程一切险(CEAR-Construction Engineering All Risk)、附加第三者责任险(TPL-Third Party Liability)

(2) 社会保险(如人身意外伤害险、雇主责任险和其他国家法令规定的强制保险)

(3) 机动车辆险

(4) 财产险

(5) 专业责任险，如核责任险等

建筑工程一切险(CEAR)是对工程项目在实施期间的所有风险(不包括除外责任)提供全面的保险，即对施工期间工程本身、工程设备和施工机具以及其他物质所遭受的损失予以赔偿，也对因施工给第三者(Third Party)造成的人身伤亡和物质损失承担赔偿责任。

过去，CEAR 投保人多数为各家承包商。现在，国际上普遍推行由业主投保 CEAR，受益人为参与该项目的所有供应商、承包商和业主人员。CEAR 保单下，投保人须承担一定金额的免赔责任，即一旦发生保险事件，只有理赔额超过了保单的免赔额，才会得到保险公司的支付，这在一定程度上也激励了投保人必须配合保险公司做好工程保险工作的积极性。当然，投保的目的不是获取理赔款，而是当发生重大事故时，能够大大减少受害人的经济损失。

国际上，建筑师、监理工程师等设计、咨询专业人士均要购买专业责任险，由于他们的设计失误或工作疏忽给业主或承包商造成的损失，将由保险公司赔偿。这在我国目前的设计体制下尚未实行，作为国内的设计院所，特别是具有一定实力和影响力的大型院所，仍处于供不应求的历史阶段，其设计上的失误和错误等责任往往由业主承担。随着市场经济的不断完善，这个局面相信终将会改变。

5.3.3.2 工程担保

工程担保是指担保人(一般为银行、担保公司、保险公司、其他金融机构、商业团体或个人)应合同一方(如承包商)的要求向债权人作出的书面保证承诺。工程担保是工程风险转移措施的又一重要手段，它能有效地约束承包商的行为，保障工程建设的顺利进行。许多国家都在法规中规定要求进行工程担保，在标准合同条件中也含有关于工程担保的条款。

国际上常见的工程担保种类如下：

(1) 投标担保(Bid Bond/Tender Guarantee)。指投标人在投标报价之前或同时，向业主提交投标保证金(俗称抵押金)或投标保函。保证一旦中标，则必须履行受标签约。一般投标保证金是额定标价的 0.5%～5%。

(2) 预付款担保(Advance Payment Guarantee)。预付款担保要求承包商向业主提供，以保证工程预付款用于该工程项目，防止承包商将预付款挪作他用或卷款潜逃。预付款保函应该与预付款等额。

(3) 履约担保(Performance Bond)。这是为保障承包商履行合同所作的一种承诺，而且这种担保在合同履行完毕前是不可撤销的。一旦承包商没能履行合同义务，担保人将无条件给予赔付。这是工程担保中最重要的，且是担保金额最大的一种工程担保。履约担保金一般为合同额的 10%。

(4) 维修担保(Maintenance Bond)。这是为保障承包商施工的工程在维修期内出现质量缺陷时，承包商负责维修而提供的担保。维修担保可以单列，也可以包含在履约担保内，也有些工程采取扣留合同价款的 2.5%～5% 作为维修保证金的方法。笔者在其负责的某个外资项目实践中曾经与业主协商，采用银行出具的维修期保函，换取业主提前释放合同额 5% 的维修保证金，提前 24 个月就收到了该工程的全部工程款。

以上 4 种担保是 EPC 工程总承包项目中常见的工程担保种类，业主在合同的各个阶段都可要求承包商提供相应的担保。

6 EPC 工程总承包的深化设计管理

在 EPC 工程总承包项目中,设计的主导作用是业主和总包商共同认可的,设计阶段完成的设计图纸和文件是订货采购、施工和工程验收的依据。分析 EPC 工程总承包项目设计过程的主要特点,可以发现其中包含着许多价值增长点,根据这些特点对设计阶段的各项工作进行组织设计能够为实现项目的增值提供机会。目前国内许多投资巨大、结构新颖或者技术含量高的房屋建筑项目中业主提供的图纸大部分都是由国外建筑设计公司提供初步设计,或者再经过国内拥有建筑设计资质企业完成扩初设计,甚至仅仅为了应付国家相关规定而象征性地走走审图程序。国外的设计大多达不到施工依据所需的深度,常常需要承包商完成进一步深化设计后才能用于指导施工,这种设计实施模式不仅不符合工程总承包项目通过一体化管理提升效益的要求,而且在一定程度上增加了承包商对设计管理和协调的难度,从而影响工程的施工速度。本章从总承包商角度论述了深化设计的管理内容、方法以及深化设计管理体系,并结合某大型房建工程总承包项目中深化设计管理实践,探讨在深化设计管理中可能出现的问题以及一些应对措施和建议。

6.1 工程总承包项目的设计工作特征

EPC 工程总承包项目的项目产品拥有工程建设项目的所有阶段性过程。完整的工程总承包项目产品的创造过程要经过可行性研究阶段、设计阶段、采购阶段、施工阶段和调试验收等 5 个阶段。每一个阶段都有各自的基本工作内容,设计阶段的根本任务是详细地描述项目产品具体要求或者说主要用图纸表达项目产品功能要求的实施方案。我国目前的施工图纸提交方式都是由业主委托具有相应资质的设计院(公司)按照施工图纸的深度要求提供施工图纸。设计院根据委托设计文件在提供全部设计文件后,除了必要的现场设计交底、设计变更等服务以外,设计工作就结束了。设计院提交的施工图纸,通常都能符合国家法规要求的设计深度,能够满足施工的要求。然而,许多大型的标志性建设项目往往会向国际招标,由世界知名的设计公司承担设计任务,这些设计公司设计的图纸往往是初步设计,无法满足国内法规约定的深度要求。因此,承包商必须对原图纸进行深入理解和消化,在不违背原设计意图的情况下,重新绘制出适应我国施工单位操作要求和政府质量管理部门验收要求的图纸,这个过程就是深化设计。从目前的工程实践来看,从 DBB 模式向 EPC 模式过渡的过程中,设计和施工的融合还受到管理体制方面的制约,因此产生的成本主要还是由承包商承担了。

6.1.1 设计阶段的划分

设计阶段的划分在不同行业和不同国家有不同的方式,发达国家对工业工程项目如石化、化工等项目的设计阶段划分如表 6-1 所示。

发达国家设计阶段划分　　　　表 6-1

	专 利 商		工 程 公 司	
设计阶段	工艺包(process package)或基础设计(basic design)	工艺设计(process design)	基础工程设计(basic engineering)或分析和平面设计(analytical and planning engineering)	详细工程设计(detailed engineering)或最终设计(final engineering)
主要文件	工艺流程图 PFD; 工艺控制图 PCD; 工艺说明书; 工艺设备清单; 设计数据; 概略布置图	工艺流程图 PFD; 工艺控制图 PCD; 工艺说明书; 物料平衡表; 工艺设备表; 工艺数据表; 安全备忘录; 概略布置图; 各专业条件	管道仪表流程图 PID; 设备计算及分析草图; 设计规格说明书; 材料选择; 请购文件; 设备布置图(分区); 管道平面设计图(分区); 地下管网; 电气单线图	详细配管图; 管段图(空视图); 基础图; 结构图; 仪表设计图; 电气设计图; 设备制造图; 施工所需的其他全部图纸文件
用途	提供工程公司作为工程设计的依据,技术保证的基础	把专利商文件转化为工程公司文件,发表给有关专业开展工程设计,并提供用户审查	为开展详细设计提供全部资料,为设备、材料采购提出请购文件	提供施工所需的全部详细图纸和文件,作为施工依据及材料补充订货

与我国现行设计阶段划分相比,发达国家设计阶段划分的优点主要有两点:设计过程是连续的,各个阶段之间没有导致中断的初步设计审核环节(或者说设计过程中只有一个设计主体,设计者为自己的行为负责到底,而没有强制规定其他设计单位进行审核,出现设计过程中变换责任主体而导致中断);设计过程逐步深化和细化,工艺包→工艺设计→基础工程设计→详细工程设计,前一阶段的工作成果是后一阶段工作的输入,对前一阶段的成果通常只能深化而不能否定地逐步推进(很少发生像国内初步设计否定可行性研究报告的技术方案,施工图设计否定初步设计方案的情况)。

设计过程要完成对项目产品的详细和具体的描述,因此,从设计专业人才培养的角度看,设计专业的设置也成为直接影响 EPC 工程总承包项目产品质量的因素之一,我国以前参照前苏联的设计专业设置模式并没有科学地反映工程设计过程的实际需求。例如,工艺专业包含的设计内容过于庞杂,有工艺计算、工艺流程、布置、配管、保温、涂漆、安装材料等,不利于提高设计技术水平和设计质量。有些与工程项目产品密切相关的专业,如系统专业、管道机械专业等又没有单独设置,影响了工程总承包项目产品的水平和质量。发达国家把公用工程的系统设计与工艺系统的设计合并,大大提高公用工程系统设计的水平。设计专业设置与国际接轨不仅能够提高工程总承包项目产品中设计的水平和质量，而且有利于与发达国家的业主及工程公司沟通和合作，加速工程总承包企业进入国际市场。

6.1.2 专业设计的版次管理

EPC 工程总承包项目各专业的设计工作均采用版次设计，不同专业的版次数目各不相同。以工艺系统专业的 PID 图(Piping & Instrumentation Diagrams)为例，版次设计的概略流程如图 6-1 所示。

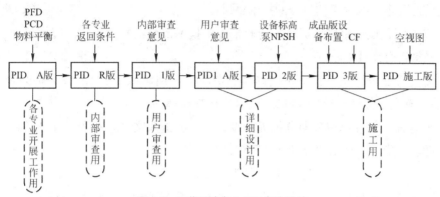

图 6-1 工艺系统专业 PID 版次设计

在上图中，PFD 指工艺流程图(Process Flow Diagram)；PCD 指工艺控制图(Process Control Diagram)；CF 指最终确认图纸资料(Certified Final)。

版次设计与传统方法设计相比，设计成品的错误大为减少(图 6-2 所示)。传统方法设计只在初步设计和施工图设计各提一次条件，致使施工图设计成品的错误多。版次设计的优势表现为输入的假设条件减少，通常是条件成熟时输入确切的条件；返工的可能性减少；设计的质量提高和现场设计修改减少。

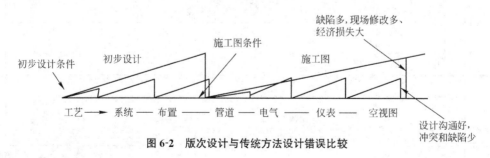

图 6-2 版次设计与传统方法设计错误比较

6.1.3 设计与采购、施工的一体化

6.1.3.1 专业深化设计阶段纳入采购工作

在设计阶段的工作流程中纳入采购是指在设计过程中，设计与采购工作合理交叉、

密切配合,既保证设计成品质量和采购设备、材料的质量,又因提前订货缩短了建造周期。

(1) 设计工作中涉及到的采购工作内容

专业深化设计时考虑的采购工作内容主要包括负责编制请购单和技术规格说明书、对制造商报价中技术部分进行技术评审、审查确认制造商的先期确认图(ACF 图)和最终确认图(CF 图)、分期分批提交设备、材料请购文件。

(2) 专业设计者负责部分采购工作内容的优势

➤ 专业设计单位按专门制定的表格和要求编制请购单和技术规格说明书,能够准确表达设计要求,减少采购过程的技术错误;

➤ 专业深化设计单位负责对制造商报价中技术部分的技术评审,能够确保采购的设备、材料符合设计要求;

➤ 专业深化设计单位负责审查确认制造商的先期确认图(ACF 图)和最终确认图(CF 图),有利于保证设计质量和设备、材料制造质量;

➤ 专业深化设计单位分期分批提交设备、材料请购文件,有利于保证关键、长周期设备提前订货,缩短采购周期和工程建设总周期。

6.1.3.2 设计与采购、施工、调试的协调关系

EPC 工程总承包项目是一个以设计为主导的系统工程。设计、采购、施工、调试和验收的合理交叉,能够为保证工程质量、缩短建设工期和降低工程造价提供有力的保障。设计与采购、施工和调试之间的紧密协调关系如图 6-3 所示。

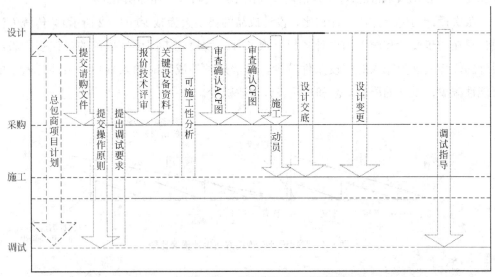

图 6-3　设计与采购、施工和调试之间的协调关系

工程建设项目是一个系统工程,设计、采购、施工、调试各阶段有紧密的内在联系和协调规律,应该合理组织各阶段之间的对接关系。设计阶段和施工阶段相分离的

管理体制成为 EPC 工程总承包项目实现一体化管理的制约因素。与发达国家通行的设计阶段划分和设计审批程序相比较，我国现行设计管理程序中，设计阶段的划分和设计审批程序规定得不够合理，不利于与国际工程建设接轨。因此，应该建立设计管理的新体制，改变现行的阻碍工程总承包发展的与设计相关的审批规定。建议各行业采用国际通行的设计程序和方法。例如石油、化工行业，国际上普遍划分为工艺设计、基础工程设计、详细工程设计 3 个阶段，而我国现行的设计程序中规定划分为初步设计、施工图设计 2 个阶段。两者在程序、方法和深度上都不一致。设计院推行设计新体制后，为了执行我国现行的设计程序和深度规定，在实际运作中，一方面按设计新体制的规定完成工艺设计和基础工程设计，同时又不得不按我国现行设计程序的规定另编一套初步设计供有关部门审批。这样不仅增加了工作量和人工时消耗，而且会产生一系列的不一致和返工。因此，应该改革我国的设计管理的相关规定，变国内国际双轨制为与国际接轨的单轨制。

6.1.4　工程总承包项目的设计范围

在国际工程总承包中，由承包商承担的设计工作通常划分为两个阶段：初步设计阶段和最终设计阶段。承包商首先提出初步设计方案，论述该方案的优点和实施计划，并在此基础上提出报价，承包商中标后即开始项目的最终设计。在国内，承包商主要承担第二阶段的设计任务，即承包商在最终设计阶段承担深化设计的任务(如图 6-4 所示)。

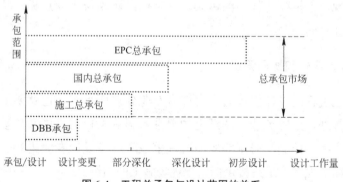

图 6-4　工程总承包与设计范围的关系

与发达国家的工程总承包相比，我国的工程总承包项目实施还处于试点推行的初级阶段，因为在工程总承包项目管理方面缺乏实践经验积累，而且，一些国际惯例和规范与我国目前的建设体制还存在很多不一致的管理要求。因此，在施工/设计总承包基础向外的延伸过程中，由于设计因素造成的主要问题有以下几个方面：

(1) 设计变更流程不规范，在国内的总承包合同中，经常没有明确设计的深度，造成设计深度不够，不能指导施工工作，需要承包商进行深化设计，深化设计后的图纸因执行业主多次反复修订指令，不通过具有设计资质单位的审核认可就直接将图纸发给总承包商并指示进行施工；

（2）在招投标阶段，只有设计方案或初步设计，承包商无法准确确定工程的具体范围或产品品牌和型号，造成总承包商的工程报价中出现偏差；

（3）在深化设计的初级阶段，承包商也存在没有深刻理解设计方案的内涵，进而不能领会设计者的意图，造成许多设计返工和变更的现象；

（4）对业主方多次提出修订意见、不断变更修订指令，导致的设计工作量增加、设计工期的延长，乃至工程总工期延长缺乏制约和补偿机制；

（5）面对业主方滥用深化设计审核权利迫使承包商提供高于投标时所报价格的设备和材料时缺乏权利抗争的保障。

6.2 深化设计的管理体系建立

6.2.1 初步设计和设计变更的管理

FIDIC 的《EPC/交钥匙项目合同条件》(Conditions of Contract for EPC/Turnkey Projects)中规定，如果合同文件中存在错误、遗漏、不一致或相互矛盾等，即使有关数据或资料来自业主方，业主也不承担由此造成的费用增加和工期延长的责任。因此在设计阶段，承包商应通过各专业图纸会审来领会设计意图、深刻明确工程的技术要求，尽早地发现业主招标文件中的错误，及时提出修改与洽商意见，减少工程实施中的技术矛盾和经济问题。

6.2.2 对设计的深化和协调管理

一个总承包工程的设计任务通常由许多专业分包商承担，这就要求总包商对其进行规范有效的管理，以避免造成图纸上的混乱，影响工程的进度和质量。承包商通过计划、组织、指挥、控制、协调等职能管理手段，对各设计专业进行进度、质量、成本、合同等方面的控制，最终提供能指导现场施工的图纸。

在总承包工程项目中进行设计深化的管理，总包商需要建立深化设计的管理体系，它一般包含两个部分：一方面是对专业技术的管理，即对分包商的深化设计管理，需要根据具体的专业组建专门的设计组织来负责；一方面是对文档信息的管理。包括对主要文件的翻译、文件的发放、图纸的分类整理和打印晒图等工作的管理。对深化设计的管理还要根据管理体系的设置，设定相应的流程，具体界定业主、总包商、分包商、设计方的行为规则和责任，使深化设计的管理有序进行。如在机电安装的专业深化中，一般包含以下内容：领取设计图纸和光盘，各专业人员对本专业进行深化设计，在同一底盘上将各管线进行叠加并会审图纸、标注交叉点的标高，对总图进行修改，送审打印等。

6.2.3 深化设计的管理方法

Topalian、Oakley、Chung 和英国国家标准（BSI）都提出了设计管理的层次模型。其项目层次管理的主要内容包括：制定与修订设计标准；进行设计预算和成本控制；监督与控制设计质量；组织对设计项目及项目管理方面的评估等内容。在深化设计的管理中，也可以根据项目管理的知识体系，运用技术、经济、管理、组织等措施对深化设计的进度、质量、成本、合同、信息等方面进行管理，保证其控制目标的实现。

6.2.3.1 深化设计的进度管理

深化设计的进度会影响到整个项目的工期，设计未完成，施工就不能进行，其后果就是造成工期的拖延。为了保证设计的正常进度，通常可以采取以下措施：

（1）各专业深化设计部门须根据总包商制定的工程施工总进度计划提前编制各专业的出图计划，经总包商审核、协调、批准后下发给分包商或相关单位执行。

（2）所有分包商必须严格执行总包商的出图计划，并提交进度报告。遇到问题应尽早向总包商报告，以便总包商协调相关方。

6.2.3.2 深化设计的质量管理

设计是工程实施的关键，深化图纸的质量在一定程度上决定了整个工程的质量，同时设计质量的优劣将直接影响工程项目能否顺利施工，并且对工程项目投入使用后的经济效益和社会效益也将产生深远的影响。总承包商为提高设计质量，通常可以采取以下措施：

（1）总承包商编制设计质量保证文件，经业主确认后予以公布，以此作为各专业工作组和分包商开展工程设计的依据之一。

（2）根据原设计的要求对设计文件的内容、格式、技术标准等做统一规定，要求设计人员严格按照这些规定编制设计文件。

（3）层层把关，全面校审。分包商负责将深化图纸提交设计项目经理审核；设计项目经理部再将深化图纸提交项目经理审核，最后提交业主方进行审定。

（4）对于设计的变更要及时形成书面备案，并且及时通告相关专业。在协调的过程中，还要进行全过程的技术监督。

6.2.3.3 深化设计的成本控制管理

在大多合同中，总承包商或专业分包商的深化设计费用一般包含在工程总价中，故项目设计部门要尽量降低设计成本，这就要求总包商加强对深化设计的成本控制的管理。通常总包商将审定的成本额和工程量先行分解到各专业，然后再分解到分包商。在设计过程中进行多层次的控制和管理，实现成本控制的目标。通常采取以下成本控制措施：

（1）总承包商在投标前，应仔细审查招标文件中的业主要求，确认设计标准和计算的准确性，避免在后期的设计和施工中出现偏差；

(2) 在深化设计阶段对分包商采取限额设计或优化设计措施；

(3) 对设计过程中执行业主的变更指令或修改原始设计错误及时办理相应索赔手续。

6.2.3.4 深化设计的合同管理

FIDIC 规定无论承包商从业主或其他方面收到任何数据或资料，都不应解除承包商对设计和工程施工承担的职责。因此在招标阶段就要对业主的招标工程范围、技术要求以及工作量清单等资料进行仔细的分析研究，以避免由于招标条件造成的失误。对深化设计的合同管理通常采取以下措施：

(1) 选派经验丰富的专家认真研究招标文件的内容及附件，在总承包合同中明确设计的深度以及由设计变更造成的责任承担问题，并确定完成设计工作的方法和保证设计目标实现的措施；

(2) 选派管理和施工经验丰富的专家主持合同条件谈判，尤其是合同特殊条款的制定谈判，在与业主签订合同前对可能发生变化的内容尽可能在合同中予以明确或限定，以便中标后得以获得变更补偿的机会；

(3) 合同签订以后，组织相关的人员仔细对合同及附件中的内容、要求进行对比，对于已超出原投标范围或改变了原来的专业技术要求的，应及时与业主方商订处理程序和办法。

6.2.3.5 深化设计的信息管理

在工程总承包项目中，因其专业和设计数量庞大，为了适应设计过程中难免会出现多次变动和反复修改，需要对深化设计系统进行信息管理。通常可采取以下措施：

(1) 对项目参与各方之间有关深化设计的所有文件进行管理，如深化设计变更、深化图纸的鉴定等，这些文件反映了图纸深化的各个过程，有利于深化设计的责任界定和索赔管理；

(2) 对深化图纸的管理，对经总承包商批准的各专业深化图纸进行归档，编制深化图纸目录文件，发送有关部门以便于对深化图纸的查询。

6.2.3.6 对我国总承包商做好深化设计管理的建议

(1) 重视招标阶段的文件审核，确保设计输入的数据资料正确无误；在合同条款中明确业主设计图纸的设计深度是概念性、指导性的还是实施性的，并明确承包商完成的施工图纸的设计深度和设计责任范围工作的处理程序和方式。

(2) 中标后，要深入理解设计意图、预期目标、功能要求以及设计标准。组织分包商和项目相关人员制定实施规划方案，此外，最好应聘请方案设计方做顾问，以便贯彻设计单位的原设计意图，减少由于理解错误造成的承包商风险。

(3) 按照国内的工程建设有关法律法规进行规范操作，建立审查制度。相关专业深化设计组织根据审查意见再次进行深化设计的修改报审，直至审批通过。

(4) 建立深化设计项目管理体制。对深化设计进行进度、质量、成本、信息管理，并从技术、管理、组织、合同、经济等方面确保深化设计管理目标的实现，实现对深化设计过程的科学管理。

6.3 某大型房建项目深化设计管理实践

某超高层建筑是外资项目，建成后地上101层，地下3层。项目总承包商是由我国最大的建筑集团公司牵头与一家地方性建工集团组成的总承包联合体。该项目于2004年11月中旬开工，工期42个月。该项目中，总承包商在深化设计过程中承担的工作量超出了施工总承包合同约定的范围，因此，项目的实际运行模式更加接近于EPC总承包模式。在项目的实施过程中，对总承包商的设计、采购和施工管理能力以及整体协调和组织能力进行了考验。本项目的机电分部工程是完全的EPC承包模式，整个项目的设计管理也具有很多比较突出的特点，因为原设计是8年前由外国设计公司完成的，而且设计深度不能满足中国施工图基本的要求。因此，业主要求总包商和专业分包商在深化设计过程中把近年出现的最先进的设备、新型材料融入到原设计中。尤其是机电系统及细部处理在原设计图上表达得比较含糊甚至没有，在深化设计过程中碰到的原设计问题的处理上总承包商和专业分包商花费了大量时间和精力。往往因为业主工程师对原设计中的问题解决不能确定，再加上原设计许多信息涉及到多家设计公司，导致设计修改指令量多而审核认定却很慢的工作状态。同时，业主方为了保障建筑产品的高品质，要求深化后的图纸审查经过6道确认环节以确保进入图纸的信息的准确性，每一张深化图都要经过反复修改才能得到"B级"确认。对总承包商而言，深化图制作和审批如果不能及时提供就会影响现场的施工进度和设备材料的采购进度。尤其在工程初期的深化设计工作中，总包方对合同中的深化设计条款的认识与业主方存在比较大的差异，致使深化设计处于半僵持状态，造成施工进度拖延。总包方管理高层意识到本工程初期的首要任务是消除施工图深化设计难以展开和进展缓慢的影响因素，经过与业主方管理高层就制定通过"推进深化设计来确保施工并追赶工期"的方案进行反复协调，包括深化设计应该完成的工作内容、图纸表达方式以及各参与方应该完成的深度要求等等细节问题进行多次沟通交流，最终形成了业主方和总包方共同认可的深化设计管理模式。深化设计问题解决后工期也逐渐赶上了，该工程已于2007年9月顺利实现结构封顶的预期目标。

6.3.1 工程初期在深化设计管理中遇到的困难

在某大型房建项目的建造初期，深化设计工作一直是制约工程进度的瓶颈问题，为了保证工期计划的实现，总包商曾经组织了约500人的深化设计队伍（包括分包商的深化设计人员），总包商作为该项目的组织实施者为推进本工程的设计和深化设计工作投入了巨大的时间、精力和费用。因为设计影响了施工进度而造成了总包商和业主方之间相互埋怨，双方在深化设计管理过程中的碰撞和摩擦现象不断，甚至到了业主企业和承包商企业双方高层出面协调深化设计工作方案的程度。当时，业主方认为总包商对工程总承包项目的管理经验不足，于是业主工程师开始直接参与管理分包商的深化设计工作，并且对已经完成的图纸频繁审核、反复要求修改，甚至已经符合施工条件进入施工现场的图纸仍然没有配合总包单位完成符合我国设计管理规定的确认程序。而总包商认为由于业主方对设计阶段的投入不足导致许多设计阶段应该完成的工作积累拖延到施工阶段，在项目范围上形成了事实上的扩大，增加了工作内容而没有增加时间和费用，而且，在设计管理的具体过程中，因为业主没有遵照我国的建设管理制度要求，给总包商增加了违规施工的压力。在施工图深化设计工作逐步推进的过程中，总包商对项目深化设计管理中存在的问题及其根本原因形成了以下认识。

(1) 导致施工图深化设计工作缓慢推进的首要原因是业主变更指令多、所依据的图纸没有经过相关专业设计的协调，原设计深度不够。

在施工总承包合同条件下，业主应为总包提供满足施工深化设计要求的施工图是国际工程管理中的惯例，在我国建设管理体制中也有明确的规定［详见中华人民共和国建设部《建筑工程设计文件编制深度规定》(2003年版)和上海市建设委员会《上海市标准建筑工程设计文件编制深度规定》(DBJ 08-064-97)的规范标准］。该工程的合同文件把该项目的工作范围分解为设计和施工两个阶段(见图6-5)，进入施工

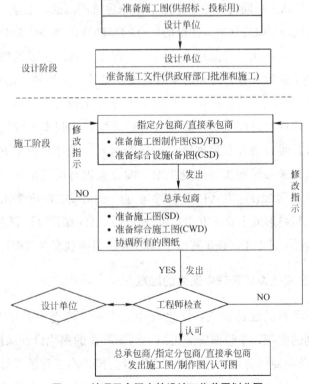

图6-5　某项目合同中的设计工作范围划分图

阶段后首先是分包开始深化设计,即设计工作从设计阶段进入施工阶段时,业主应该为分包或总包提供可以进行深化设计的依据图——施工图,而不是招标图和概念性的流程图。

总承包商根据对图 6-5 的理解,结合工程的设计及深化设计工作实际运作情况绘制流程图(如图 6-6 所示)。与合同中的工作流程图比较,可以看到总包商的工作范围超出了合同约定,出现这种情况的原因是许多设计阶段应该完成而没有完成的工作被拖延到施工阶段,在总承包商和分包商进行施工图深化设计时,施工图原设计深度不够导致的潜在问题不断暴露出来。业主没有客观地对待这一问题,认为要求总承包商结合招标图弥补原施工图中设计深度不够的工作内容属于合同约定的范围,而且对总包商的施工图深化设计能力以及对分包的管理协调能力产生怀疑,甚至误认为总包商在推卸合同责任。为了不影响施工进度,总包商不得不花费大量精力和时间反复与原设计单位协调完善施工图以推进深化设计,同时不断向业主陈述这些问题:

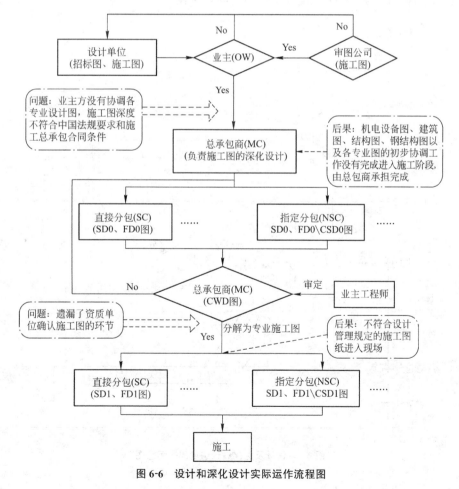

图 6-6　设计和深化设计实际运作流程图

1) 业主没有投入足够的资金和精力完成从中国境外设计的招标图向工程建设需要的施工图转变的工作，施工图的深度既不符合中国相关法规的要求，也不符合总承包合同要求；

2) 工程进入实施阶段后，总承包商需要与原专业设计分包商进一步协调以明确业主设计意图和项目功能要求，已完成机电设备图、建筑图、结构图以及各专业图的初步协调工作；

3) 总包完成施工图的深化设计后报业主审核，业主需要按照中国建设管理相关法规要求完成有资质单位的图纸确认，不应要求不符合中国设计管理规定的图纸进入施工现场。

从本项目设计工作的正常工序和异常工序的对比来看（图6-7所示），总承包商事实上承担了大量的设计阶段的工作。标书要求作为总承包商应该完成和管理协调分包完成施工阶段的所有施工图深化设计工作，而实际情况是总包商承担了大量修改和完善原设计图的工作以及在设计阶段应该完成而没有完成的专业设计的协调工作，图中清楚地表示了存在的问题和深化设计工作中的问题所在。

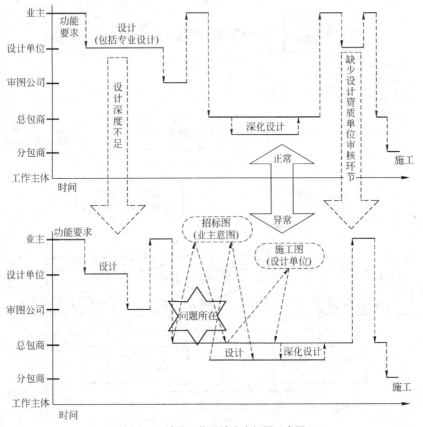

图6-7 设计及深化设计进度问题示意图

(2) 施工图深化设计后的图纸报审中存在业主工程师多次反复修订的情况，而且，业主不通过具有设计资质单位审核认可直接将图纸发送总承包商并指示进行施工（见图6-8），这种做法不符合中国建设管理法规（见中华人民共和国令293号《建设工程勘察设计管理条例》之二十六条、二十八条）。

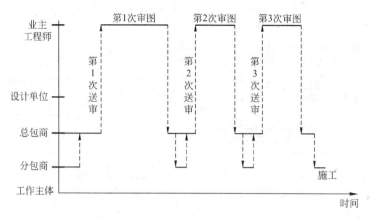

图6-8　施工图深化设计报审程序示意图

(3) 施工图深化设计中的变更流程不符合设计管理规定。当时，设计变更指令直接由业主代表送至总承包商，总承包商根据变更指令修订后报业主代表认可后，送至分包商实施。这种流程不符合我国设计管理相关法规的要求，因为无论施工总承包商还是业主均没有合法的修改设计权利（见图6-9）。

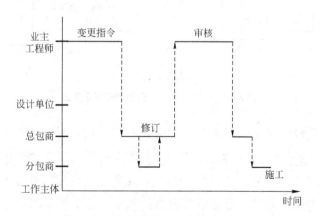

图6-9　施工图深化中的一次变更的程序示意图

6.3.2　改进深化设计管理的建议

(1) 建议业主正确对待在设计中确实存在遗留问题的实际情况，采取符合实际的措施扭转因原设计深度不足而造成的被动局面。设计工作从设计阶段下移到施工阶段在事实上使总承包商已经为此付出了巨大的精力和费用，这已经超出合同约定总承包商只承担施工阶段施工图深化设计的责任范围。业主应要求设计单位完成设计阶段遗留的工作,总承包商应配合业主提供组织协调工作(见图6-10)。

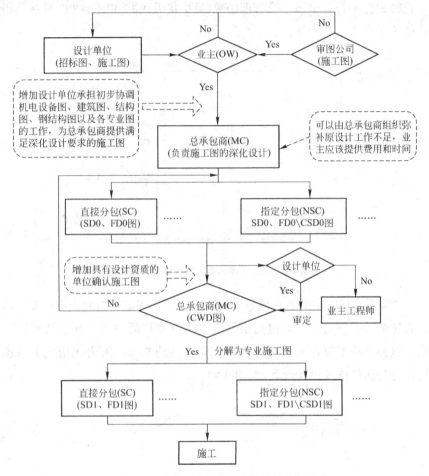

图6-10 改进深化设计管理的建议示意图

(2) 在施工阶段的深化设计环节中增加具有资质的设计审核单位确认图纸(见图6-10)。按照中国的工程建设有关法律法规(中华人民共和国令293号《建设工程勘察设计管理条例》之二十六条、二十八条)规定,工程建设使用图纸必须是经国家相关主管部门核定、拥有相应资质的设计单位出具的签字、盖章等手续齐全的正式图纸。没有设计单位的签字、盖章的图纸不能作为工程施工及验收的依据。

(3) 业主应将需要修订的内容集中到一次后提交,增加审图和设计变更中的合法环节(见图6-11,图6-12),通过尽量减少变更次数和压缩图纸流转修订的各个环节提高效率。从双方合作和支持的角度看,业主最好能够一次性提出审批意见,至少把主要修改意见一次性提出来,通过减少总承包商修改报批的次数提高设计工作效率。

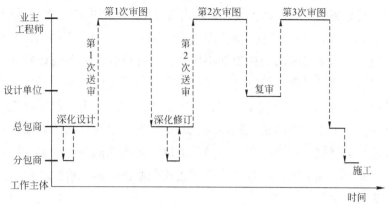

图 6-11 施工图深化设计报审程序优化图

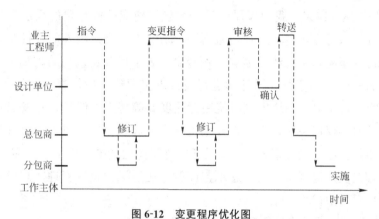

图 6-12 变更程序优化图

6.3.3 本项目深化设计管理改进后的启示

(1) 成熟的承包商需要对施工图深化设计的工作内容有充分而具体的估计。

国外的设计事务所通常是以主导专业建筑为主、其他专业协作的专业性设计组合体，因此，境外设计事务所提供的施工图仅是指导性的，而且对各专业图纸之间的协调很少，仅在重点部位、关键性构造等方面有比较详细的分解节点详图和说明。大多境外设计事务所设计的施工图仅可以达到工程招标的深度要求，但是与国内设计院一次性完成到基本上可以施工的设计体制有很大差异。例如专业性的详图、不影响系统和标准的深化图、制作图、安装图以及特殊专业图等业主认为都是应该由承包商完成的内容，还需要将各类设计原则、材料、施工工法以及各项性能指标等统统放入在包罗万象的"工程手册"中加以说明。特别是在国际化工程建设项目中，由于不同国家的文化背景不同，建设管理体制和施工惯例有差异，从而反映在"工程手册"中所叙述的工艺、施工工法以及图纸的表达方式及深度等也会不同。

(2) 施工图深化设计在我国的设计管理体制和国际设计惯例碰撞后出现了新问题。

从外国设计事务所完成的初步设计、国内设计单位完成的施工图设计(有的仅是套用国内设计公司的图签)到总包商完成的施工图深化设计,因为不同文化和不同的工作惯例,使得设计和施工之间的衔接更加不协调。国外设计事务所设计的施工图必须由国内设计院进行深化设计后方能施工,这是国内现行的建设体制与国际上通常的建设体制还不能接轨所采取的政策规定。因此,随着我国建筑业市场的国际化,无论国外的业主和承包商进入我国市场还是我国承包商走向国际市场,我国建设管理规则与国际工程管理惯例的碰撞与摩擦将不可避免,通过工程实践的不断探索、学习和借鉴总结,逐渐缩短相互之间的差距,对提升我国建筑企业在国际工程总承包市场上的综合竞争力具有重要意义。

(3) 总承包项目中深化设计管理具有重要意义。

20世纪90年代以来,我国房屋建筑领域已经建成的或在建的高层和超高层建筑中,国外设计的项目比较多,尤其是超高层建筑几乎都是请国外的设计师事务所设计的。投资建造一座超高层的建筑需要巨额资金,为了提升建筑物的附加值,开发商委托国际上著名的设计事务所或设计师进行设计以实现建筑物外观和结构的新颖独特、节点精致可靠、机电设备系统先进、使用舒适度高等特点。但是,开发商在考虑项目投资回报率的时候仅仅关注在工程设计上追求完美和超值,而对工程设计变成建筑产品方面投入不足。国外设计事务所提供的所谓施工图通过国内施工企业实施的过程中,深化设计管理是决定性因素之一,总承包商就是通过深化设计管理实现设计和施工的融合、提升项目价值。

(4) 重视施工图深化设计管理。

从上述工程项目的实践看,深化设计的最终成果是经过设计、施工(安装)与制作加工三者充分协调后形成的,需要得到业主方、原设计方和总包方的共同认可。因此,在深化设计管理中,需要考虑很多影响因素。首先,需要领会原设计意图和理解原设计提供的"工作手册",在正确理解原设计的基础上根据国家和地方性规范和规程以及施工习惯以及施工装备等条件进行深化设计。其次,理解总承包合同中约定的指示和要求,根据工程的标准和特性明确深化设计图的表达方式、深度要求以及深化图的审批确认流程。在深化设计中,有些内容在合同中并没有具体规定,需要业主方和承包方在具体实施过程逐步确定。有时候业主方高层领导、业主工程师等的个人偏好、总承包方或者分包商的施工习惯和施工工法等因素都有可能影响到深化设计。

6.4 施工图深化设计的管理流程

6.4.1 深化设计管理的组织构架

深化设计管理的组织构架设计的主要目的是明确总承包商各部门、各分包商在深化设计工作中的职责和权利关系,分工明确、职责清晰的组织构架是深化设计工作顺畅运行的前提条件。在某大型房建项目的深化设计管理中,总承包商建立了由深化设计经理牵头,工程管理部、设计协调部和机电工程部分工协作的组织结构(见图 6-13)。整个项目的深化设计工作由项目总经理领导,总工程师和相关项目副经理协助管理,深化设计经理是深化设计工作实施的牵头人和总协调人,直接负责整个项目的深化设计业务,工程管理部、设计协调部和机电工程部与深化设计有关的业务在深化设计经理的指挥下进行,根据深化设计经理的指令监督、管理和协调相关分包商的深化设计工作,并且督促各家分包商按照总包商深化设计组织构架体系配置相应的责任人和设计人员,使深化设计管理工作有序进行。

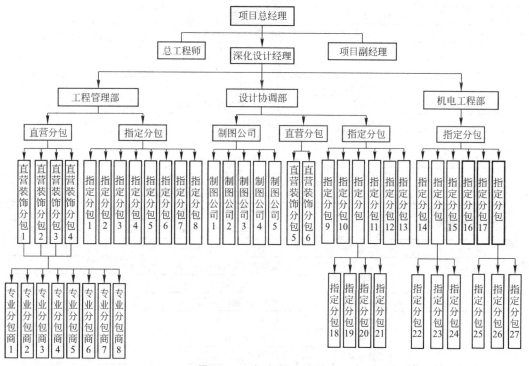

图 6-13 深化设计组织构架

深化设计的组织架构是否有效合理取决于各部门和各岗位的分工是否明确。该工程的深化设计工作有 46 家分包商参与,分工明确的含义就是每一家分包商必须明确自己负责的深化设计标段的具体内容(表 6-2)。

分包商深化设计标段内容明细表　　　　　表 6-2

序 号	公司名称	深化设计及标段内容
1	直营分包商 1	B2(部分)、13～23F 等装饰设计与安装
2	直营分包商 2	1～3F、4～12F 等装饰设计与施工
3	直营分包商 3	1～3F、36～51F 装饰设计与施工
4	直营分包商 4	部分内装饰设计与施工

续表

序号	公司名称	深化设计及标段内容
5	指定分包 1	客房、宾馆层 79~84F 装饰设计与安装
6	指定分包 2	客房、宾馆层 79~84F 装饰设计与安装
7	指定分包 3	客房、宾馆层 79~84F 装饰设计与安装
8	指定分包 4	地下与裙房部分装饰设计
9	指定分包 5	餐厅装饰设计与施工
10	指定分包 6	会议厅装饰设计与施工
11	指定分包 7	餐饮厨具设备设计及制作
12	指定分包 8	幕墙工程施工及设计
13	制图公司 1	2~6F 主楼模版图
14	制图公司 2	裙房 2~5F 建筑结构深化设计
15	制图公司 3	界区深化设计
16	制图公司 4	B1、B2、B3 层装修部分深化设计
17	制图公司 5	8~101F 的模版图、平详图、ALC 板条件图
18	直营分包商 5	B1~B3F、1~4F 等装饰设计
19	直营分包商 6	大楼钢结构
20	指定分包 9	18 台擦窗机的设计及安装
21	指定分包 10	钢结构制作深化设计
22	指定分包 11	3 个烟囱的设计与安装
23	指定分包 12	阻尼器的设计及安装
24	指定分包 13	机械停车系统设计及安装
25	指定分包 14	6F 以下裙房、大楼客房等空调系统
26	指定分包 15	6F 以上各功能区的综合空调系统的深化设计
27	指定分包 16	6F 以下各功能区的综合空调系统的深化设计
28	指定分包 17	大楼的电力、照明系统深化设计
29	专业分包商 1	防静电地板的设计与安装
30	专业分包商 2	ALC 板的设计与安装
31	专业分包商 3	钢质门的设计与安装
32	专业分包商 4	锁的设计与安装
33	专业分包商 5	轻钢龙骨的设计与安装
34	专业分包商 6	卷帘门的设计与安装
35	专业分包商 7	窗台板的设计与安装
36	专业分包商 8	电梯井盖板设计与施工
37	指定分包 18	30 台电梯、35 台自动扶梯
38	指定分包 19	6 台电梯
39	指定分包 20	11 台电梯(其中包括 8 台双层轿厢)
40	指定分包 21	44 台电梯
41	指定分包 22	大楼总体给排水深化设计
42	指定分包 23	宾馆层电气深化设计
43	指定分包 24	宾馆层空调深化设计
44	指定分包 25	大楼弱电、BAS 深化设计
45	指定分包 26	宾馆层、观光区弱电深化设计
46	指定分包 27	观光和会议入口弱电深化设计

6.4.2 深化设计实施流程

规范科学和适合工程总承包项目特征的深化设计流程是推动深化设计工作顺利进行的制度保证。根据业主和总承包商签订的主合同中约定的深化设计工作内容绘制深化设计管理的流程图(图6-14)，按照流程运行可以保证深化设计过程中设计信息和图纸文件的传递顺畅，能够有效地避免施工现场上机电管线之间的碰撞、机电与装饰的

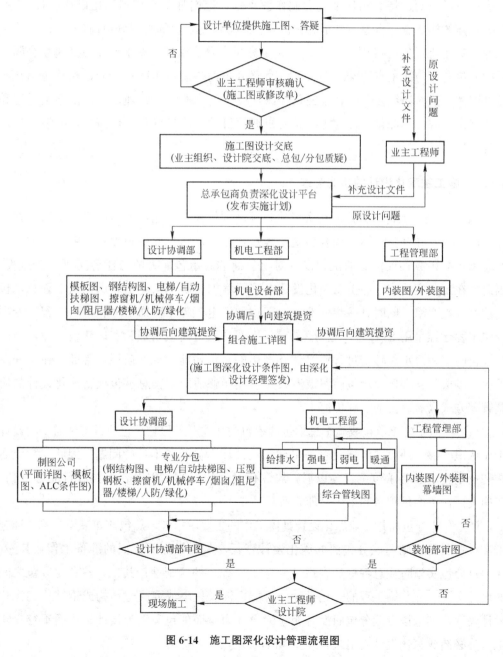

图6-14 施工图深化设计管理流程图

冲突、以及结构图上的留洞错误和漏留等现象的发生，从而为工程实施过程中工期、质量和成本的有效控制提供了保障。

在工程总承包项目中，一些综合性的图纸文件由总包商负责深化设计，如模板图、组合施工详图等，而其他专业图的深化工作一般按照"谁施工谁深化"的原则由分包商负责实施。在特大型的总承包工程中，项目中的分项工程种类众多，其中一个分项工程也许仍然需要多家专业分包商的合作才能提供足够的施工能力，专业分包商下面还有材料供应商、特殊构件加工和制作商等等，他们都要参与到深化设计的过程中。从分包商的构成看，有业主指定的分包商、总承包商企业的直营分包商（即工程总承包企业的专业化子公司）和直接分包商。指定分包商是业主指定总承包商与其建立合同关系的分包商，与业主有特殊利益关系。直营分包商是总承包商自有的，和总承包商是利益共同体。这些错综复杂的利益关系为深化设计工作的组织管理带来很多不确定性和干扰因素，因此，深化设计的协调需要根据项目的具体特点和分包商的实际情况规定管理流程。

6.4.3 施工图深化设计的协调管理

EPC工程总承包模式特征在房屋建筑领域的体现，首先在超高层建筑或高科技企业生产、研发和办公一体化综合建筑中表现出来。从承包商的角度看，由于业主对工程总承包的集成管理优势的认识以及对承包商的总承包能力的信任还需要一个过程，因此，在工程实践中，施工图深化设计内容的增加反映了从施工总承包向工程总承包过渡的客观要求。同时，一些分部分项工程如机电工程、装饰工程和幕墙工程等专项分包工程已经采用EPC总承包的运作模式。深化设计阶段将成为我国建筑企业从施工总承包向工程总承包转变过程中必然要经历的总承包能力成长阶段，因此，在工程总承包市场成长初期，总承包商积极探索并形成能够适应工程总承包项目深化设计的协调管理方式具有重要的实践价值。

（1）习惯于施工承包或施工总承包的承包商往往对工程总承包项目实施需要的设计工作认识不够，项目部组建时容易出现深化设计力量配备不足的问题。因此，承包商在和业主签定了总承包主合同以后，对深化设计的具体工作内容需要进行充分评估，明确设计任务的承担者和组织管理体系。

（2）专业分包商是专业深化设计具体工作的主要承担者，总包商如果要按照"谁施工谁负责"的原则明确分包商的深化设计责任，需要做好两方面的准备工作：其一，在项目分包实施时注意各标段在设计和施工任务上的匹配性；其二，各专业分包之间的设计交叉。如装饰工程的深化设计中可能会涉及机电或混凝土结构或钢结构的深化设计改变，如果该专业分包商没有相应的设计力量而外包又因为设计量小而不容易实施，势必造成深化设计受阻或者反复修改的现象。

(3) 在项目实施现场，深化设计工作的管理实际上是业主代表、总承包项目部和专业分包商之间协调沟通的核心内容，尽管深化设计的最终结果由业主工程师审核确认，总承包商在深化设计管理过程中处于主导地位。深化设计管理流程一般包括三个环节（图 6-15）。

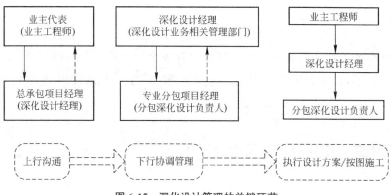

图 6-15　深化设计管理的关键环节

上行沟通阶段的主要任务是确定深化设计条件图，具体内容包括：

1) 根据业主认可的设计院施工图文件（含业主指示书、设计变更通知等），由建筑专业整理、消化，融入到建筑深化设计中；

2) 其他各专业（钢结构、机电设备、幕墙等）根据设计院施工图文件同步开始深化设计，在此过程中，提出各专业之间的碰撞、缺漏问题，由深化设计协调部初步协调后向建筑提供资料；

3) 建筑专业将其他各专业提供的资料进行整合，深化设计协调部对此过程中出现的矛盾、问题进行协调，形成深化设计条件图。

下行协调管理阶段的主要任务是依据深化设计条件图，结合设计院施工图，各专业同步进行。具体内容包括：

1) 进行建筑图的深化；

2) 装饰分包进行内、外装饰工程图纸的深化；

3) 由各分包制作各自的深化设计图，再与建筑图、结构图、内装图等综合协调，进行管线调整并形成设备综合协调图；

4) 钢结构，幕墙及其他专业进行深化；

5) 深化过程中，各专业互相协调、提资，其中建筑图、结构图须整合所有专业的预留、预埋信息形成设备与土建综合协调图。

在执行设计方案阶段主要任务就是报审与出图，按图施工。各专业在充分协调的基础上，提出各自的深化设计图，提交总包深化设计协调部并报业主审核确认，经确认后进入现场施工。

7 EPC工程总承包中的分包商管理

在 EPC 整个项目的实施过程中，往往会有多家分包商、设备制造商、材料供应商共同协作，分包合同数量庞大。因此，对分包商的科学、有效管理是 EPC 项目成功的基础。

7.1 工程建造中专业分包商管理的现状

7.1.1 工程分包及分包模式

7.1.1.1 工程分包

在国内外工程项目实施过程中，一般情况下都存在工程的分包。分包是相对于总承包而言的，是指总包商将工程中的一项或若干项具体工程的实施交给其他公司，通过另一个合同关系在自己的管理下由其他公司来实施，实施分包工作的承包商称为"分包商"。在这种情况下，直接与业主签订合同的承包商称为"总承包商"，该合同则称为"主合同"或"总合同"。总承包商与分包商之间签署的制约项目分包部分实施内容的合同称"分包合同"。工程分包中，除了业主、工程师、总承包商和分包商之间的相互关系外，还涉及到有关各方在合同中的地位、责任、权利和义务。

采用总分包模式的工程项目，一般都比较复杂，有众多的分包商参与项目的实施。总承包商的核心工作就是要组织、指导、协调、管理各分包商，监督分包商按照总包商制定的工程总进度计划来完成其工程和保证工程质量和安全，使整个项目的实施能够有序、高效地进行；与分包商订立严密的分包合同，促使项目有序推进。国际上比较成熟的分包合同条件有美国 AIA（美国建筑师协会）合同条件和 FIDIC 合同条件（国际咨询工程师联合会）等。

与国外已形成的合理、成熟的分包体系相比，国内建筑业对工程分包管理还在不断的探索和成长阶段，至今还没有形成统一的工程分包合同条件。已颁布的《中华人民共和国合同法》、《中华人民共和国建筑法》、《工程建设项目自行招标试行办法》（国家发展计划委员会颁布）等法律、法规对分包的行为具有较强的指导性意义，但从操作层面看还不具备严格的针对性。针对分包管理的专项法规，已经颁布的有《房屋建筑和市政基础设施工程施工分包管理办法》（建设部颁布，2004 年 4 月 1 日起施行）。对于公路、铁路、水电等行业的分包管理办法还没有出台。在国家宏观调控的政策层面看，2001年我国进行了新一轮的建筑业企业重组就位，目标就是对建筑业组织结构进行优化调整，形成总承包、专业承包、劳务分包3个层次的金字塔型结构。2001年起，在我国新一轮的建筑业企业资质重组就位中，就已经按这一目标设立了相应的施工企业资质等级。

7.1.1.2 分包模式

在工程项目的实施中承包商要管理业主指定的分包商和自己选定的分包商两类分包商。总承包商选择分包商通常有两种方式：一种是总承包商在工程投标前，就找好自己的分包伙伴，根据招标文件，委托分包商提出分包工程报价。经协商达成合作意向后，总承包商将各分包商的相关报价和自己的工作进行综合汇总，编制成项目承包投标报价表。一旦总承包商中标取得承包合同，双方再根据事先的协商意向和条件，在承包合同条件的指导和约束下，签订分包合同。另一种是总承包商自行参加投标取得承包合同后，再根据自身技术设备人员等条件具体划分分包范围，公开招标选择分包商。实践中较多采用选择成功合作经历的分包商进行议标，通常邀请两家以上的分包商提出分包报价，经过价格、能力、信誉等条件综合比较，择优选用，最后签订分包合同。

（1）指定分包

"指定分包商"是指招标条件中遵循业主或咨询工程师的指示总承包商雇用的分包商。根据定义，可以看出指定分包商同样是总承包商的分包商。按照国际惯例总承包商对所有分包商的行为或过错负责，而且，指定分包商一般是与总承包商签订合同。由于指定分包商的原因导致工程工期的延误，总承包商无权向业主申请延期。但是，总承包商可以按合同约定从指定分包商处获得补偿。

我国《房屋建筑和市政基础设施工程施工分包管理办法》（中华人民共和国建设部令第124号）规定：建设单位不得直接指定分包工程承包人；任何单位和个人不得对依法实施的分包活动进行干预。据此可以理解为当前在我国没有合法的业主指定分包。

（2）专业分包

专业工程分包是指工程的总承包商将其所承包工程中的专业工程发包给具有相应资质的企业完成的活动。

专业分包商的选择完全取决于总承包商。总承包商根据自身的技术、管理、资金等方面的能力，依据工程项目需要自由选择专业分包商。选择和管理分包商涉及到很多方面，总承包商首先应该了解专业分包商市场的变化，对分包商的选择，总包商不但要考虑分包商报价水平的高低，而且还要考虑分包商以前的工作业绩（其以前分包工程的质量和口碑）、完成工作计划的能力和其项目经理管理团队的素质等。总承包商应当经常收集和积累有关分包商的资料，可通过从事相同领域工作的其他有信誉的承包商处获取资料。在当前中国的专业承包一般由分包商自有人员与劳务队组成项目施工团队，承担分包工程的全部工作，总承包商与分包商之间的结算以预算定额直接费为基数或按工程量清单报价，这是比较彻底的分包模式。我们讨论的分包以此种模式为基础。

专业分包商弥补了总承包商在专业技术上能力不足的问题，因为将该专业工程的设计、采购和施工都交由签约者实施，同时使得总承包商对工程施工过程和工期的直接控制能力受到了弱化，如果不能对专业分包商进行有效、严格管理，由此引发的分包风险将远大于劳务分包。

（3）劳务分包

劳务分包是指工程总承包企业或者专业承包企业将其承包工程中的劳务作业发包给劳务分包企业完成的活动。在技术比较简单、劳动密集型的工程项目中，一般将劳务分包商作为总承包商和专业分包商施工作业力量或人力资源配备的补充。

在中国劳务分包已经逐步从零散用工向成建制劳务队、专业劳务队过渡。国家建设部也相继出台了《建筑劳务基地化管理暂行办法》、《关于培育和管理建筑劳动力市场的指导意见》等一系列文件和规定，我国的劳务分包市场正日趋规范化。

但是，目前劳务分包体制仍然存在一些问题。其中最大的问题就是劳务成本控制困难和工程物资浪费严重。工程管理实践中劳务成本控制困难的原因在于分包商竭力减少应承担的作业内容，利用工序边界的模糊性来逃避应尽的义务，造成总承包商或专业分包商完成零星工作的"点工"费用增加。尤其是那些难以用计件工时计量的工作。至于工程物资浪费问题，在实际施工过程中也表现得十分突出，因为在这种分包模式下劳务分包不承担材料成本的压力，容易从自身的工作便利、省力出发，使用材料（主要是钢材、水泥、木材、模板等）不愿统筹搭配、损毁量大、对产品或半成品保护不力，周转材料的循环倒用也远远少于定额次数，这些情况都加大了总承包商或专业分包商的成本控制压力。

7.1.2 我国工程项目总分包体系下专业分包的现状

工程总分包模式是国际工程中普遍采用的一种承发包方式，也是我国建筑市场未来的主流承发包模式。我国的工程承包领域的总分包模式，已经历二十多年的发展。我国工程项目建设已初步建立起以总承包商牵头负责，专业分包分担专项（业）工程、劳务分包提供劳力的管理体系，其中专业分包市场也得到了长足的发展。具体情况归纳起来有以下几个特点：

（1）自2001年7月1日起施行的《建筑业企业资质管理规定》（建设部第87号令）对建筑业企业资质重新进行了划分，并有相应的资质等级标准。通过资质划分管理使我国建筑市场能够逐步建立起一个层次分明、结构合理的总分包管理体系。

根据《建筑业企业资质管理规定》，建筑业企业资质分为施工总承包、专业承包和劳务分包三个序列。三个序列的企业都有各自开展业务的市场空间。这样做有利于大型建筑业企业向总承包方向发展，有利于中小型建筑业企业向"专、精、特"专业工程或劳务企业方向发展。获得专业承包资质的企业（专业分包单位），可以承接施工总承包企业分包的专业工程或者建设单位按照规定发包的专业工程。专业承包企业可以对所承接的工程全部自行施工，也可以将劳务作业分包给具有相应劳务分包资质的劳务分包企业。这样做更有利于专业分包企业突出各自专业优势，发挥特长，谋求更广阔的生存空间和发展机遇。

（2）建筑工程项目的主体结构不得分包、禁止分包单位再分包。

这是一项具有国情特色的政策规定。1997年11月1日颁布，1998年3月1日施行的《建筑法》规定："施工总承包的建筑工程主体结构的施工必须由总承包企业自行完成。禁止分包单位将其承包的工程再分包。"

所谓主体结构，是指建筑物能够满足工程所要求的功能和性能，在合理使用期限内安全、耐久地承受内外各种作用的，由不同建筑材料制成的各种承重构件相互连成一定形状的组合体。由于工程的主体结构好比人的骨架和支撑，其内在质量（如钢筋强度）表现在隐蔽部位，在该部位最容易偷工减料、降低工程质量标准，且最不容易被发现，而建筑物的主体结构部分出现质量问题，就会留下极大的安全隐患。因此，法律强制规定工程的主体结构部位不得分包，必须由具有相应资质的承包人自行完成，这是为了确保工程质量而采取的制度措施。根据我国国情和建筑市场的实际情况，《建筑法》用"必须"或者"禁止"的表述对工程分包设定强制性规范，作出了一整套与国外完全不同的规定。

专业分包再分包是由分包商再次发包，甚至还有下级再分包。在香港和英国通常将一次分包称为一判，再次分包则称为二判，若还要分包相应有三判、四判等说法。分包再分包在建筑业发达国家很普遍，像美国、日本等建筑业发达国家，三、五个人注册一个公司，能完成分包工程的设计或施工中的一部分，主要就是靠分包工程再分包而获得工程任务。而且很多情况下，再分包中还有下级分包。这就导致了他们的专业分工很细、分包市场很发达。虽然分包级数多，但是这种多级分包是在有序竞争的建筑市场中发生的，而且各级分包都是依靠自身的技术附加值而存在，这些分包商因为有其自身特长而拥有了生存发展的市场基础。如果从专业分工角度看，专业分包再分包是符合国际分工发展方向的，也是我国建筑业的未来发展方向，但是目前国家没有解禁这些限制性措施，主要是因为在我国建筑业分包市场中存在以下现象：

1）买方市场处于极强势的地位，同时缺乏基于专业精神和职业道德的社会约束力量，这从一级或二级市场中还存在一些通过不规范行为进行寻租的现象就可以看到。如果还有三级甚至四级市场（三级市场就是分包与再分包进行交易的市场，往后依次类推),那么在每一级市场中,买方就会利用其拥有的主导地位盘剥下一级分包企业的利润。换言之,在建筑市场的市场化程度不完善和法制制度建设不健全或执法意识不强的环境下,层层分包容易导致最终执行施工责任的分包商不得不通过降低工程质量而获取利润,从而产生不合格的"建筑产品"。

2)存在分包商挂靠现象。因为某些项目的投资收益主体缺位或者发包单位缺乏责任意识,这给不具备施工管理能力和技术水平的分包商挂靠现象带来了生存空间。分包商挂靠其实就是不合格的分包商加入到了分包商队伍,加入的目的就是不负责任地承揽工程,一般情况下分包工程还要再分包往往就分包到挂靠分包商那里,这不仅增加了总包的管理难度,同时也大大增加了工程质量出现问题的可能性。而且,挂靠分包商一旦出现工程质量问题,涉及到的责任主体多,容易产生挂靠单位和分包商之间相互推卸责任的现象发生。

3)我国分包市场还没有发育到能够支持三级甚至四级分包市场的成熟程度。市场成熟需要的条件很多,比如技术条件、法制条件和职业道德约束条件等等。就拿技术条件来说,分包商或再分包商要生存,在工程承包市场中就要靠创造技术附加值。这就需要企业拥有独创性或者独占性特点的核心施工技术和工艺,但是,在大量的工程项目还处于低技术要求粗放建设的背景下,很多专业分包商还没有压力和动力去考虑培育和发展自己独特的技术优势。各专业分包商经营业务和管理方式以及技术水平大同小异,从而难以形成市场化的专业分工所需要的市场主体基础。我国目前在政策方面积极倡导加快技术研究与开发,提高技术水平,推动专业工程企业向"专、精、特"方向发展。事实上,只有当各分包企业具有了自己独特的技术优势或劳动力成本优势或管理优势时,才能在分包市场中找到自己的业务空间,才能融入分包市场成为专业化分工的推动力量之一。通过专业分工的更加精细化,才能形成总包和分包之间更加有效配置资源的市场运行机制。

(3)分包企业分为技术密集型的专业分包与劳动力密集型的劳务分包,突出专业性特点。

重视专业分包的市场空间就是认可专业技术及其管理的价值,我国建筑施工企业近年来一直倡导的管理层与作业层"两层分离"的改革模式体现了这种管理观念。专业分包商存在的理由是在某个分项或分部工程上具有独特的技术优势和管理优势或者说能够弥补总包商临时性的资源不足。具体而言,在某个分包项目范围内,一种情况是该分包商具有绝对优势,分包商能够以比总包商更低的成本、更短的工期完成相同的工作;另一种情况是尽管对分包出去的项目部分总包商比分包商具备更大的技术优势和管理优势,但是总包商因为其他项目而出现临时性资源短缺。从比较优势的角度看,总包商和分包商业务领域是不同的范围,总包商一般不会和专业分包商竞争同样的工程范围。

7.1.3 目前我国建筑专业分包体系需要进一步完善的内容

随着建筑工业化程度和建筑技术水平的不断提高,我国基于专业分包系列和劳务分包系列的总分包体系取得长足发展的同时,原有的合同法律制度环境对分包体系的进一步发展形成了制约。这是因为,现在许多政策法律的规定尽管适应当时的建筑业发展水平,但是难以满足建筑工业化最新发展的需求,不能适应建筑行业内纷繁复杂的具体情况。随着我国建筑业市场的逐步成熟和建设项目管理水平的不断提高,目前专业分包体系已经出现了一些不能适应工程承包市场现状的情况。

(1)"禁止再分包"的规定与建筑工业化条件下专业进一步细分的要求不一致。

我国的经济和社会发展正处在加快实现工业化的阶段,建筑工业化也是建筑业多年来改革和发展的主题。建筑工业化是社会生产力发展的产物。一般认为,建筑工业化就是用现代化工业的生产方式来从事建筑业的生产活动,使建筑业从落后、分散、以手工操作为主的生产活动逐步向社会化大生产的方式过渡的发展过程。简单地说,社会化大生产的特点就是"层层分解、分工细化"。

随着建筑工业化的不断发展,建设技术水平的不断提高,出现了大量的专业型、不同层次的施工队伍,他们从事的工作范围和主营业务逐渐呈现差异化特征,有从事地基基础、钢结构、机电安装、电梯、锅炉、幕墙的生产和安装等专业分包的企业,也有仅仅从事造价预决算中钢筋工程量计算的企业。目前工程项目不允许再分包,只设一级专业分包的体系显然已经不能满足这种分包市场多元化、体系多样化的现实要求,甚至成为专业分包体系成熟完善的制约因素。

(2)"主体结构"定义不明确。

《建筑法》第二十九条规定:"……施工总承包的,建筑工程主体结构的施工必须由总承包企业自行完成。……"其中,"主体结构"的常规理解在当前建筑结构技术不断增加新的涵义的情况下显得定义不明确。例如:某科技大厦除地下室与主体塔楼的电梯井为钢筋混凝土结构外,采用了钢管混凝土柱、钢梁、压型钢板混凝土组合楼板的结构体系。同时具备较强土建和钢结构施工实力的单位较少,要严格按规定又找不到理想的施工单位。目前常规的做法是土建单位总包,钢结构分包。这个例子严格意义上总包单位都没有全部自行施工主体结构,可事实上分包钢结构的企业的实力大多都强于总包单位自己的钢结构施工能力,选择外部钢结构施工企业更有利于提高工程建造的速度和质量。在此,对"主体结构"的概念有进一步明确的必要。

(3)"禁止肢解分包"在建设技术水平、专业分包市场发展到一定程度后需要根据具体情况区别对待。

《建筑法》第二十八条规定:"禁止承包单位将其承包的全部建筑工程转包给他人,禁止承包单位将其承包的全部建筑工程肢解以后以分包的名义分别转包给他人。"禁止肢解分包的规定针对防止不具备资质承揽工程、挂靠等情况发生是适合于建筑市场实际发生的一些不规范行为的。然而，随着建设技术的不断发展，专业施工水平逐步提高，完全可能出现工程项目的全部内容均由多个专业分包单位加上劳务分包单位承担的情况。在工程实践中实际上已经出现了这种情况。某大楼的总承包单位将桩基工程、基坑围护与土方工程、机电安装工程、内装饰工程、外立面的幕墙和石材工程、消防工程、防水工程均分包给专业单位。在剩下的主体结构工程中，模板系统的设计与现场安装分包给专业的模板公司；外脚手架分包给专业的脚手架公司；考虑到施工场地狭小，采用焊接网技术，委托钢筋加工公司定制加工，现场铺装；混凝土分包给商品混凝土公司；施工机械、操作人员、日常维护检修可分包给专业的机械租赁单位；承重架、操作架可连材料分包给脚手架公司或租赁站。这些专业分包单位均具有多年的施工经验和齐全的技术配备，有能力承担专业工程范围内设计、材料、施工任务。这样情况下，各专业分包单位均具备相应资质保证承包范围内工程施工的质量、安全、进度，但却不符合《建筑法》中"禁止肢解分包"的要求。这些做法实质上是建筑技术的不断提高，专业分包市场不断细分后出现的新情况。当然，在不规范分包行为盛行的市场环境中，允许肢解分包而不采用相应的其他控制制度也可能会导致分包系统的混乱，不利于专业分包市场的健康、有序发展。因此，在新的市场环境下，有必要对肢解分包的定义进一步加以明确的界定，以保证建筑业市场管理的有效性。

（4）实际操作中总承包单位权力与责任不相称，直接影响了总承包商的管理效果。

工程项目实施中，经常可见业主直接与分包单位签订合同，建立经济关系，却要求纳入总包商的项目管理范围，甚至还要求总承包商不得收取总包的照管、服务费。总包单位与专业分包单位承担连带责任，却没有相应的报酬。由于无法采用合同和经济手段对专业分包单位进行制约，就会直接影响总包商对专业分包商的管理力度和管理效果。

（5）买方市场条件下，专业分包商分担总包商资金压力将导致工程款拖欠分布面扩大和债务关系复杂化。

目前，我国建筑市场处于买方市场，业主经常对承揽工程的承包商附加一定的资金条件，如投标、履约保证金、工程垫资等。如果总承包商没有足够的资金实力，有可能将来自业主的资金压力传递到分包商。在专业分包市场竞争非常激烈的情况下，承揽专业工程的分包商可能接受为总包商分担资金压力的附加条件。这样就使得工程款拖欠情况牵涉到建筑行业分包多个层次的企业，如果其中某个企业的资金链断裂就容易引起连锁反应，对工程建设的顺利实施造成负面影响，同时也增加了清理工程款拖欠问题的难度。

（6）某些专业分包商的技术和管理水平尚不能满足高技术含量工程的需要。

目前国内市场上专业分包商大致可以分为两类：一是承担的专业工程技术含量不高，没有独占性和创新专利技术，如常规装饰单位、机电安装企业等；二是自身仅仅是作为国外专业厂商的"代理"，仅作"转手"生意，对承担的专业工程没有技术支持能力，如膜结构分包单位、国外锅炉、空调机组、电梯的国内代理商等。

以上这类情况反映了某些专业分包企业技术水平不高，体现不了专业特色，无法成为所处领域的"专家顾问"。前一类情况造成行业门槛过低，大量资质低、技术力量薄弱的单位涌入，加剧了竞争，形成了恶性循环；后一类情况中的专业分包单位根本不掌握经销产品的技术内容，在工程实践中碰到有些国外电梯的国内经销和安装分包商根本无法解决工程中的技术问题，连预埋件位置微调之类的技术变更也要请示国外厂商。这些情况都不利于专业分包单位和行业的健康持续发展。专业分包商如果不具备技术或管理上的比较优势，就失去了其存在的市场基础。在市场经济中，没有技术特色或管理优势的专业分包商不能适应专业化分工需要和提高建筑市场经济效率，最终将被市场淘汰。

（7）"以包代管"与"管得过细"之间的平衡问题。

工程项目总分包管理中常常存在两种状况：一是总包商将专业工程分包给专业公司后只对工程质量验收、进度节点以及现场安全等常规安全问题进行管理，而对于专业施工过程不再进行控制；二是总包商对专业分包方管理过多过细，对其专业施工流程、安排均要进行干预。

这两种现象的存在反映了总承包管理模式的不成熟。在责任关系上，总承包商为业主负责，分包商为总承包负责。对整个项目目标而言，总包商对业主承担全部责任，分包商合同工作范围内的一切风险与总包商休戚相关。因此，尽管总包商和分包商之间是合同关系，事实上他们在工期、降低建造成本等方面是一个利益主体。总包商如何搭建一个项目进度、质量、安全、成本等科学管理平台，使所有分包商都能充分发挥其专业技术和市场优势，是工程总承包管理中总承包商的应尽责任，为了履行这个责任总包商需要根据工程特点和分包商素质进行认真的策划。

7.1.4 对健全和发展我国专业分包体系的建议

尽管建筑工业化不断推进的背景给工程项目专业分包体系的发展提供了良好的机遇，然而当前我国专业分包体系中的专业分包商市场还不够成熟和规范，而且以前的一些关于工程分包的法规已经不适应工程建设项目实施的实际情况，不利于专业分包体系的进一步发展。在工程实施过程中，总包合同和分包合同还没有能清晰地体现总包商、专业分包商、业主等各利益主体在责、权、利方面的一致性。根据我国建筑市场发育的实际情况和国际工程项目管理中的惯例，从行业发展战略和政府宏观调控的角度看，在政策法规方面应该进一步调整和完善以适应建筑业的发展。

(1) 有条件地放开关于再分包的限制。

有条件地允许再分包，有利于解决禁止再分包与建筑工业化条件下专业进一步细分之间的矛盾并促进我国社会化大生产以及专业分工细化的进一步发展。按照国际惯例，建设项目实施过程中的一切经济活动都是围绕履行合同责任和义务进行的，能否再分包取决于发包方与分包方的利益和项目实施的效率。如果分包商认为再分包符合自身的利益又能发挥专业化优势，并且符合总包合同的要求，得到业主和总包商认可后就可以再分包。

在工程项目的实际建设过程中，再分包的目的是为了便于更好地管理协调和充分利用各自的专业优势为项目增值。例如，某电力调度大楼工程的桩基、基坑围护及土石方专业工程，由于该工程基坑较深，基坑围护设计采用钻孔灌注桩排桩挡墙，外设中双排水泥搅拌桩止水帷幕，挡墙内设三道桁架式支撑，工程桩又安排在挖土后进行，各项工艺交叉进行。综合考虑后选定某地矿公司一家单位承包桩基、围护、土石方工程更加合理。但是，地矿公司的技术专长是打桩和地基处理等，围护内支撑梁的施工类似常规土建施工。实施中，地矿公司在围护支撑施工上明显力量薄弱。如果将支撑梁分出与地矿公司平行分包，由于工艺交叉紧密，施工协调上均通过总包单位，增加了沟通环节，效率不高。因此，地矿公司将围护内支撑梁的施工进行再分包更加有利于工程实施。

允许再分包需要条件。再分包必须经过总包、业主认可，承担再分包的企业必须具备承担相应工作内容的能力和资质。根据我国的实际情况和管理经验，当再分包的工程量超过一定规模后可以纳入招标投标体系进行管理。

(2) 进一步明确或者调整"主体结构自行完成"的规定，使之符合工程实施效率机制和逐步符合国际惯例。"主体结构自行完成"法律条文的目的是为了防止总承包商利用资质获得项目后将主体结构工程分包给不具备相应能力的企业承建，导致建筑物主体无法修复的劣质建筑产品。但是，"主体结构"的概念和范围较为模糊，在建筑市场高速发展的今天对于具备工程总承包管理能力的企业而言，其自有的设备和机具等资源可能与承接项目的"主体结构"不能完全匹配，或者仅仅是与"主体结构"的部分关键技术匹配，但是并不影响其组织优质社会资源建造出优质的产品，在一些钢构与钢混凝土结构的超高层建筑中，土建公司担当总包后将钢结构分包给专业公司的模式，总承包商甚至把混凝土工程也分包出去的做法已经屡见不鲜。

(3) 通过企业的 ISO 9000 族质量管理体系的运行来规范专业分包管理。

如何进一步规范专业分包商管理是工程总承包企业的一项重要工作，我国建筑业企业已经普遍接受的 ISO 9000 族体系标准，该标准也是一个对分包商管理的有效工具。ISO 9000 族标准规定："组织应确保采购的产品符合规定的采购要求"，"组织应根据供方按组织的要求提供产品的能力评价和选择供方，应制定选择、评价和重新评价的准则。"这里所讲的采购产品包括工程物资及工程分包,作为总承包企业,若要确保分包服务在质量要求、交付和服务等各方面符合规定的采购要求,就需要建立对分包商的选择、评价和重新评价的准则。

1) 明确分包范围。ISO 9000 族标准指出,对各种分包服务选用的控制应针对其规模、对它控制的复杂程度等区别对待。因此,总承包企业在对分包商进行选择之前,应对所需分包的工程规模、工期、工程类别、复杂程度及对专业的要求、对施工能力的要求等进行详细评价,以明确所需提供服务的分包商应达到的各项强制性标准,确保分包商具备与其承建工程内容相应的资质。

2) 严格分包商的准入制度。ISO 9000 族标准要求,在选择分包商时应考虑以下原则:合法的资质、与本企业或其他企业合作的历史和业绩、当前承担分包工程的质量保证能力、承担本项目特殊内容的能力等等。严格的准入制度可以有效地防止总包管理的失控。

3) 建立复评制度。ISO 9000 族标准指出,重新评价要求也适用于分包服务。因此,在分包商提供服务的过程即履约过程中,应根据项目施工的工期及技术难度,确定对分包商实施重新评价的期限。ISO 9000 族标准还要求组织应建立重新评价的准则,包括履约过程中分包工程的进度、质量、安全情况及人员到位、机械设备情况,重新评价其提供的服务是否满足履行合同的要求,并确保其后续的施工能力。对分包商的重新评价,可以加强对分包商履约过程的控制和监督,通过及时剔除不合格的分包商,确保项目顺利实施。在 ISO 9000 族质量管理体系有效运行控制下的专业分包管理既能起到规范有效管理的目的,又能与企业原有管理体系相融合,值得在建设领域广泛推行。

7.2 EPC 工程总承包项目下分包商的选择

在建设工程项目管理实践中有一句流传甚广的俗谚"成也分包,败也分包"。它形象而深刻地说明了分包商的质量在工程实施中是最关键的影响因素之一。合格的专业分包商应该具有良好的安全、质量纪录、经验丰富的技术工人队伍、良好的装备设施,能够在不出现财务问题的前提下按业主要求的标准完成所承担的工程。如果仅仅依靠报价选择分包商,往往会产生低素质的分包商逐出高素质承包商而中标的现象。低素质的分包商带来的不仅仅是项目质量控制难度增加,而且往往成为工期延长、增加工程成本和管理精力的主要因素。因此,在工程总承包项目中分包商的选择是一项丝毫不能马虎的工作。

7.2.1 分包商采购管理模式

根据确定分包商的决策权在企业总部还是在项目经理部可以将分包商采购的管理

模式分为三种方式：公司集权式采购模式、项目经理部采购模式和公司与项目经理部结合的混合模式。

(1) 公司集权式采购模式。由公司总部管理部门根据项目经理部的需要选择合适的分包商承揽总包项目的分包工程，分包合同签定后交由项目团队管理。采用这种方式是考虑到公司掌握着较项目部更为广泛的资源和信息渠道，公司的采购管理有丰富的经验积累，更为规范和程序化，又有能与承包商建立长久合作关系的优势。公司集中管理采购，能够在更大的市场中找到性价比最佳的分包价格，有利于公司对项目成本的宏观控制。这种模式的不足是，项目团队在对分包商的管理中，存在对分包商的了解不全面或管理沟通的磨合期长，形成"难管"局面，通过建立良好的管理组织架构和沟通渠道，这个问题应该是可以避免的。但是，如果在部门利益高于企业整体利益的文化氛围下，这种方式往往引发项目经理部对总部管理职能部门的抵触情绪。一旦出现分包商管理失控的情况，追究责任时容易出现相互推诿扯皮的现象。

(2) 项目经理部采购模式是指公司派到建设项目现场的管理团队根据项目需要，自行寻找和选择分包商，由公司授权项目经理部与分包商签定分包合同。这种方式更贴近实际，管理效率高，项目经理部对分包商的管理更加直接、有力。但是，由于项目经理部自身资源和信息的局限性，可能找不到最合适的分包商，宏观上对成本控制不利，因为是一事一议无法获得批量采购的优惠，对于企业长期发展所需的战略合作伙伴的选择或培养方面是不利的。

(3) 公司与项目经理部相结合的混合采购模式。混合模式的选用需要在企业整体利益观下进行，根据工程项目的实际情况，以有优势的一方为主导设计分包商的采购方式。一般而言，对大中型的、复杂程度高的、合同额较大的分项工程由公司集中控制。小型的、简单的、合同额不大的项目采用自行选择分包商，并向公司报批的方式。笔者认为，工程总承包业务涉及的专业面广、采购的种类多，不仅需要多专业知识的储备，分包商采购应该成为公司集中采购任务的重要组成内容。从价格上来说集中采购才能获得批发的优惠，从保证供应时效性来说战略合作伙伴地位在工程出现赶工、供货变更时尤显重要。工程总承包商建立合格的分包商名录（数据库）并且不断进行更新和维护，这是储备社会资源的一项十分重要的具体措施。集中采购分包商的模式的运行过程中，应该注意保护项目经理部对分包商管理的积极性，应制定相应的激励和控制措施，及时地对分包商的能力、服务配合意识作出评判和记录。

7.2.2　总承包商与分包商的关系

7.2.2.1　美国建筑业的总包商与分包商的关系

在美国的工程建设行业中，总承包商和分包商的职责通过合同来明确，不存在上下级关系，分包商具有较高的独立性，在取得权利的同时也承担风险。

总承包商承担全部或部分工程，按照图纸和合同约定总体协调工程建设全过程。在工程开工前，系统安排工程建设中的各种作业。对于设计、技术上的差错和失误则由建筑师、咨询工程师等设计者承担。

分包商在总包合同的基础上，按照分包合同确定的工作范围指挥现场的工作，直至完成工程项目任务。另外，由于在业主(业主代表)和分包之间不存在直接的合同关系，分包商在工作中产生过失，责任应该由总承包商承担。分包商可将承担的工程再次分包，业主(业主代表)和总承包商对此并没有限制。但是在实际操作中因为再次分包会导致成本上升且管理上也会出现问题，建筑工程一般只采用两次分包形式。

总承包商通常将承揽的工程按照工程特点划分成不同的整体分包给不同的专业分包商。在公共工程中，总承包商通常被业主指定了直接的施工比例，对建筑工程要求达到10%～30%，土木工程的比例更大。分包商承担总承包商承揽的建筑工程中的部分专业工程，如钢结构、机电设备、混凝土等。根据美国分包协会2000年4月对包含机械设备、电气工程等设备分包商的问卷调查，分包的从业人数从10人以下到150人以上。

美国分包合同除了使用 AIA 合同条件(美国建筑师协会)，AGC 合同条件(美国承包协会)外，也采用其他的建设相关团体或总包企业自己设定的合同条件。在实际应用最多的是总包企业自己的合同条件，或在 AIA 合同条件基础上根据自身需要修订部分合同条款。AGC 合同条件在华盛顿地区、AIA 合同条件在中小总包、小规模工程中使用较多。以民用建筑工程为例，在施工现场总承包商对分包商的管理中，总承包商在现场的职员有项目经理、监督者、项目工程师、领班，其他现场人员随工程种类不同而不同。项目经理是现场总责任人，拥有与业务相关的全部权限。主要负责和业主(业主代表)、设计人员的协调、申请支付、分包合同关系、现场预算管理等工作。监督者是日常现场运营中心的工程总指挥，主要承担对分包商的沟通协调，每天的工作进展情况的核实。项目工程师主要是确认设计图纸，核实施工图以及在其他技术方面辅助项目经理工作。领班是在总承包商直接施工的情况下，作为总承包商职员被配置在现场，有领导施工班组的作用。

7.2.2.2 FIDIC 合同条件中总承包商与分包商的关系

FIDIC 施工分包合同条件中分包商的一般责任包括：分包商应按照分包合同的各项规定，以应有的精心和努力对分包工程进行设计(在分包合同规定的范围内)、实施和完成，并修补其中的任何缺陷。分包商应为此类分包工程的设计、实施和完成以及修补其中任何缺陷，提供所需的不管是临时性还是永久性的全部工程监督、劳务、材料、工程设备、总承包商的设备以及所有其他物品，只要提供上述物品的重要性在分包合同内已有明文规定或可以从其中合理推论得出。但是总承包商与分包商另有商定以及分包合同另有规定者除外。分包商在审阅分包合同和(或)主合同时，或在分包工程的施工中，如果发现分包工程的设计或规范存在任何错误、遗漏、失误或其他缺陷，应立即通知总承包商，分包商不得将整个分包工程分包出去。没有总承包商的事先同意，分包商不得将分包工程的任何部分分包出去。任何此类同意均不解除分包合同规定的分包商的任何责任和义务。分包商应将其自己的任何分包商(包括分包商的代理人、雇员或工人)的行为、违约或疏忽完全视为分包商自己及其代理人、雇员或工人的行为、违约或疏忽一样，并为之完全负责。总承包商应提供主合同(工程量表或费用价格表中所列的总承包商的价格细节除外，视情况而定)供分包商查阅，并且，当分包商要求时，总承包商应向分包商提供一份主合同(上述总承包商的价格细节除外)的真实副本，其费用由分包商承担。在任何情况下，总承包商应向分包商提供一份主合同的投标书附录和主合同条件第二部分的副本，以及适用于主合同但不同于主合同条件第一部分的任何其他合同条件的细节，应认为分包商已经全面了解主合同的各项规定(上述总承包商价格细节除外)。

7.2.2.3 国内工程项目施工中总承包商与分包商的关系

国内工程项目施工总承包商与分包商之间的关系基本上参照 FIDIC 的分包框架，但实践中根据国内的法律、政策、经济、社会环境有所调整。从市场角度看，总承包商有着双重角色，既是买方又是卖方，既要对业主负责工程项目建设全部法律和经济责任，为业主提供服务，又要根据项目特点选择购买分包商服务，同时按照分包合同规定对分包商进行监督管理并履行对分包商有关义务。总承包商不能因为部分分包而免除自己在主合同中分包部分的法律和经济责任，仍需对分包商的工作负全面责任，这在国内外无论从法律上还是惯例上都是一致的。分包商在现场则要接受总承包商的统一管理，对总承包商承担分包合同内规定的责任并履行相关义务。图 7-1、图 7-2 分别给出了工程项目合同体系和总承包商与业主、分包商及其他供应商之间的合同关系。

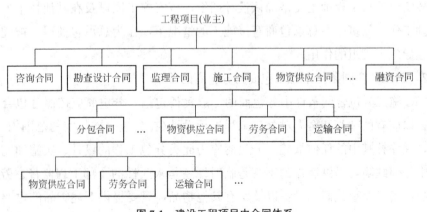

图 7-1 建设工程项目中合同体系

7　EPC工程总承包中的分包商管理

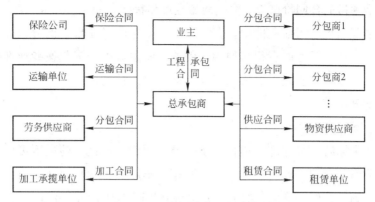

图 7-2　总承包商的主要合同关系

7.2.3　分包商的选择

建设工程总承包的 EPC 模式是把项目实施过程的设计、采购、施工、调试验收四个阶段的工作全部发包给具有上述功能的一家总承包企业，实施统筹管理，这家企业作为总承包商可以根据需要依法选择合适的分包商，但总承包商仍将按照合同约定对其总承包范围内的所有工作包括各项分包工作的质量、工期、造价等内容向业主全面负责，就分包而言，分包商仅对其分包的工作向总承包商负责，而不直接面向业主。因此，EPC 总承包商对分包商的选择是一项极为重要的工作。

7.2.3.1　选择分包商的时机

总包商可以在投标前选择分包商，也可以在中标后选择分包商，各有利弊。

(1) 标前选择分包商

一般这种情况是，总包商在投标过程中发现所投工程中有一些特殊专业或特殊技能的分项工程(如地基加固、钢结构、外装饰等)，总包商自己没有能力独立完成或者自己单独完成的施工成本很高。这样总包在投标时，联合相关专业分包商能够增强自己的竞标实力，也可以通过向分包商广泛地询价而降低报价，从而增加中标的概率。

通过询价，可以对几家分包商报价进行比较，从而在投标前确定一家分包商，并与之定全部分包合同条件和价格，签订排他性合作意向书或协议，分包商还应该向总包商提交相应部分的投标保函，一旦主合同中标，双方的合作关系自动成立，双方不再做任何变动。总包商应该采取措施保证分包协议的公正性和可操作性。

事先选择分包商并询问分包价格，但是不确定总分包关系。总包商就同一个工作，同时请几家合适的分包商报价甚至可以商谈好分包条件和分包价格，并要求分包商对其报价有效期做出承诺，但是双方并不签定任何文件，总包商并不对分包商做任何承诺，保留中标后任意选择分包商的权利。在这种情况下，分包价格具有可调整性，而调整的依据是项目的合同价格以及分包商的数量和状态。

在某些工程项目的招标文件中,有时规定了业主可以在指定的分包商名单中选择分包商,产生这种情况可能有很多原因。例如,业主对整个工程按专业性质进行顺序的系列招标,对其中专业性强的分项工程,选择自己认为信誉好、专业能力强的专业公司作为指定分包商。

(2) 中标后选择分包商

当总包商中标后,全部价格和合同条件已经明确,在这个前提下可以十分详细地与分包商逐项商务谈判,理论上可以将利润相对丰厚的工程项目留给自己施工,有意识地转移一些利润偏低风险偏大的项目分包给分包商。但实际上由于主合同已经签订,开工在即或施工过程中再选择分包商往往造成分包商乘机要挟总包商的机会,因为此时在很短的时间内找到有实力、有资信且报价理想的分包商是十分困难的。

7.2.3.2 选择分包商需要考虑的因素

(1) 技术、经济资源的互补性

总分包合作的前提必须是专业互补、风险分担。总包商的管理协调和市场开拓能力以及分包商的专业能力、技术专利都是双方彼此吸引的砝码。只有高精尖的技术水平才可以提高生产效率并降低成本,这样双方合作才可能产生经济效益,分包商的低报价可以降低总包商的风险压力保证其获得足够的管理费和利润,而与竞争实力强的总包商合作,也是分包商工程来源的稳定保证。

(2) 分包商以往的业绩

一个分包企业在过去年度里的经营状况往往成为总包商考虑是否选择该分包企业作为长期合作伙伴的重要因素。在与某分包企业交易过程中,该分包企业提出的报价、质量、工程进度和合作态度决定其在分包市场上的信誉和声望。总包商应该认真审查分包商承担过的类似工程的业绩以及合同履行情况,以往业绩良好的分包商是总包商的优先考虑对象。

(3) 分包公司的运营情况

企业的运营情况对合作伙伴的选择非常重要。要求打算长期合作的分包商和总包商在战略经营、组织及企业文化上应保持和谐。要核查分包商财务状况和施工设备以及技术力量等,一般通过这些可以看出分包商的施工能力,在财务上主要要认真核查分包商提供的近几年的财务报表,研究其资金来源和筹资能力、负债情况和经营能力。

(4) 有效的交流和信息共享

选择高效的合作伙伴依靠所有参与者的积极参与,这要求双方有效的交流和信息共享。已有业务来往的合作伙伴在信息的交流方面要比没有业务往来的企业有更多的优势。合作伙伴在被选择的过程中,只有更好地与选择方加强交流,才能提供更多的战略信息，获得选择方更多的信任；选择方则要主动与分包方联系寻求广泛的信息来源，使得评价过程和结果更具可信性和参考价值。如果分包商和总包商不能进行有效的信息交流，就会造成信息不对称，容易造成误解，不利于提高项目管理效率。

7.3 EPC 项目实施过程中对分包商的控制与管理

7.3.1 工程项目控制

项目控制就是监控和检测项目的实际进展，若发现实施偏离了计划，就应当找出原因，采取行动使项目重新回到预计的轨道。控制工作的主要内容包括确立标准、衡量绩效和纠正偏差。项目计划是项目执行的基准，在项目的整个实施阶段，不论项目的环境如何变化，项目将进行怎样的调整，项目计划始终是控制项目的依据，这需要对项目计划和项目资源进行仔细的分析和管理。项目的计划、费用预算及实施程序和相关的准则为控制项目提供了一个基本的框架。

在项目执行过程中，项目管理人员通过各种信息判断、监督项目的实施过程，必要时根据项目环境和执行情况对计划作适当的调整，始终保持项目方向正确、执行有序。

7.3.1.1 项目控制的基本原则

在项目的控制过程中，项目管理人员应当注意以下几条原则：

(1) 项目合同和计划始终是项目控制的依据

无论是项目的总承包合同还是各项分包合同，都是相关方为了执行项目而签订的正式文件，它具有法律的效力，合同条款也是项目合作双方经过反复协商之后确定的，对项目进度、成本和质量要求都有明确而详细的规定；而项目计划又具体明确了各项工作的细节、实施步骤和资源配置，并对项目未来的发展变化进行了科学的预测，因此，项目的合同和计划是项目执行的基准，也是项目控制的基本依据。

(2) 对项目的执行进行即时的跟踪和报告

项目不断在向前进展，而且时时刻刻都可能发生变化，因此，在项目执行的全过程中，即时监控项目计划的执行情况，对影响项目目标实现的内外部因素变化情况和发展趋势进行分析和预测，并且对项目的进展状态以及影响项目进展的内外部因素进行及时的、连续的、系统的记录和报告。这些记录和报告是项目控制和调整计划的现实依据，在需要时可以提交各相关部门、项目班子进行研究、讨论，从而寻求适当的解决方案。

(3) 保持动态的项目控制过程

项目控制是一个动态的过程，也是一个循环进行的过程。从项目开始，计划就进入了执行的轨迹。进度按计划进行时，实际符合计划，计划的实现就有了保证；实际进度与进度计划不一致时，就出现了偏差，若不采取措施加以处理，工期目标就不能实现。因此，当偏差发生时，就应分析偏差产生的原因，采取措施，调整计划，使实际与计划在新的起点上重合，并尽量使项目按调整后的计划继续进行。但在新的因素干扰下，又有可能产生新的偏差，又需要按上述方法进行控制。

(4) 项目控制需要有一定的弹性

影响项目实施的因素很多，这就要求在确定项目目标时应进行目标的风险分析，使计划具有一定的弹性，在进行项目控制时，可以利用这些弹性，缩短工作的连续时间，或者改变工序之间的搭接关系，以使项目最终实现预期的目标。

(5) 项目目标需要在项目控制中权衡

项目的管理是一个系统的过程，在实现项目目标之时，满足项目的所有约束条件才能真正体现现代项目管理的内涵。但实际工作中，在项目的成本、质量、安全、进度的约束目标体系中完成项目却并非易事。通常，项目某一方面的变化或对变化采取控制措施都会给其他方面带来一定的变化和冲突。当需要加快项目进度时，就可能增加人力和其他资源，这意味着为保证进度目标的实现可能增加成本；如果需要缩减项目的成本费用，就有可能降低项目的技术性能(即质量)或减少检测程序，这就可能牺牲工程的质量。项目的基本目标之间往往存在着冲突，且鱼与熊掌不可兼得，此时必须进行权衡分析。对项目控制的因素进行权衡分析，就是用系统的方法对项目的四大控件(进度控制、成本控制、安全控制和质量控制)进行分析，建立和完善权衡分析的程序文件是一项有效的工作。

7.3.1.2 工程项目的控制过程

项目规模增大和新技术、新材料和新设备的不断采用使得项目在实施过程中的专业化要求越来越高，一个项目分解成若干阶段性过程来实施也就等于把一个项目整体目标分解成多个子目标，在不同阶段性过程之间自然产生了多个界面，对于工程项目而言，目标实现的效率依赖于过程的控制和交界面的控制，即在工程项目的控制表现为过程和界面两个方面，就控制的具体目标而言，主要集中在质量、进度、成本和安全四方面。

一般而言，工程项目控制就是在项目实施过程中不断检查和监督进度计划和施工方案的执行情况，通过持续不断的报告、审查、计算和比较，采用有效的措施将实际执行结果与控制标准之间的偏差减少到最低限度，保证项目目标的实现。

控制的全过程如图7-3所示，首先根据工程的功能需求目标制定实施方案和总进度计划作为控制工程项目实施过程的标准；其次把工程实施过程中实际执行的情况与原计划和方案进行比较；然后确认发生的偏差和分析出现偏差的原因；最后及时采取纠偏措施，修正计划或者调整实际的实施过程，以满足工程项目目标的要求。

7　EPC工程总承包中的分包商管理

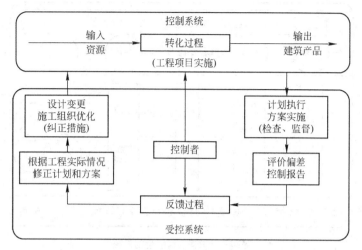

图 7-3　工程项目控制的全过程

控制的过程是尽力减少偏差的过程，若偏差超过规定标准范围就要纠正。此过程也是动态的过程，每次循环过程都有差异，因为偶然事件的出现是不可避免的。因此，项目在施工过程中的控制只能是将项目成功的可能性提高到一定位置水平上，项目控制的目的就是要把施工项目控制在计划（标准）要求允许的偏差范围内（图7-4）。

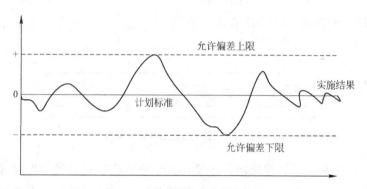

图 7-4　实施结果的合理偏差范围

7.3.1.3　工程项目的控制系统

工程项目控制的总任务是保证按原来预定的计划实施项目，保证项目具体目标和总目标的圆满实现，特别是工程施工阶段是建设项目管理的一个特殊阶段。由于现代工程项目的技术要求、系统复杂性、建设规模不断提高，面对多个专业分包共同完成项目目标的错综复杂的局面，为总目标服务的项目控制系统的建立非常重要。工程项目的控制系统包括组织、程序、手段、措施、目标及信息等6个分系统，其中信息系统贯穿于项目实施的全过程（图7-5）。

EPC工程总承包建设项目的过程可以分为若干个子过程，如设计过程、采购过程、实施过程，竣工结算过程等，每一个子过程又可以细分为多个活动，比如施工阶段可

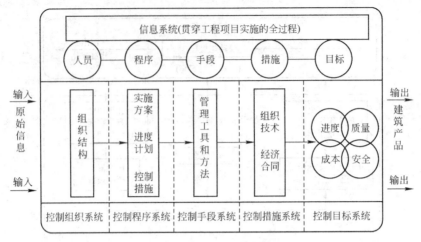

图 7-5 工程项目的控制系统

以分为基础工程、主体结构工程、屋面工程、设备安装、装饰工程、墙面工程等。因此，过程控制和界面控制的重要性显得更加突出。项目的实施过程是指能够产生结果的系列活动，具体而言就是通过资源和方法将输入转化为输出的系列活动。整个过程中各项具体目标构成的目标体系就如同串联电路，一个组件的损坏就会破毁整个系统的功能，每个子过程的目标的实现是整体的目标得以实现的必要条件。通过实施过程中每一项活动对应的具体目标的实现，逐步积累和调整最终实现项目整体目标(图 7-6)。

图 7-6 项目过程的活动链示意图

项目目标的实现除了过程控制，还要对各个阶段性过程之间的界面进行有效控制(图 7-7 所示)。界面按照所处位置和分隔作用可以分为过程界面、专业界面、施工界面、组织界面和信息界面等。界面的控制的主要内容是：过程界面的责任要分清楚、交界面的工作要明确和双方责任以外的界面要及时调整。

图 7-7 项目过程的界面示意图

总而言之，过程控制和界面控制不仅是工程项目控制的关键点，而且也是总包商对分包商进行管理的逻辑主线。根据具体的控制标准加强项目实施的过程和界面进行管理，可以有效地减少实施阶段分包商之间的作业面交叉、多工种配合以及技术层面上带来的冲突。

7.3.1.4 工程项目控制的主要依据

工程项目控制的依据从总体上来说是定义工程项目目标的各种文件，如项目建议书、可行性研究报告、项目任务书、设计文件、合同文件等，此外还应包括如下三个部分：

(1) 对工程适用的法律、法规文件；
(2) 项目的各种计划文件、合同分析文件等；
(3) 在工程中的各种变更文件。

工程项目控制的内容、目的、目标、依据如表 7-1 所示。

目标控制依据分类表 表 7-1

序号	控制内容	控制目的	控制目标	控制依据
1	成本控制	贯彻计划成本，防止成本超支，保证盈利	计划成本	范围规划和定义文件(项目任务书、设计文件、工程量表等)
2	质量控制	保证按任务书(或设计文件或合同)规定的质量，使工程通过验收，交付使用，实现使用功能	质量标准	各分项工程、分部工程和总工程的成本、人力、材料和资金计划、计划成本曲线等
3	进度控制	按预定进度计划实施工程，按期交付工程，防止工程拖延	合同规定的工期	总进度计划、详细施工进度计划、网络图等
4	安全、健康和环境控制	保证项目的实施过程、运营过程和产品(或服务)符合安全、健康和环保要求	法律、合同和规范	法律、合同文件和规范文件

7.3.2 总包对分包商工程质量的管理

工程建设项目的实施过程本身的质量决定了项目产品的质量，项目过程的质量是由组成项目过程的一系列活动所决定的。项目的质量策划包括了项目运行过程的策划，即识别和规范项目实施过程、活动和环节，规定各个环节的质量管理程序(包括质量管理的重点和流程)、措施(包括质量管理技术措施和组织措施等)和方法(包括质量控制方法和评价方法等)。

因为合同或其他原因，总包商在工程进行前需要制定一个质量目标，并在施工过程中去完成这个目标。总包商与业主签定合同中的质量标准是针对整个工程项目而言。即使其他子项再优，只要某子项未能达标，就全面否定了整个项目的质量目标。在建设部《建设工程施工合同管理办法》中已规定"对分包工程的质量、工期和分包方行为造成违反总包合同的，由承包方承担责任"(文件中的"承包商"即"总包商")。在FIDIC条款中规定即使经工程师同意后分包，也不应解除合同中规定的总包人的任何责任和义务，它不能只保证自己完成部分的质量。总包商必须有能力有权力全面管理、监督各分包商的工作,而总包商在分包商资格认定上应当有发表自己意见的权力。

为进行项目质量管理,需要建立相应的组织机构,配备人力、材料、设备和设施,提供必要的信息支持以及创造项目合适的环境。对于EPC总承包项目除了按照企业的质量体系中相关的程序文件严格进行各个环节的质量控制外,在质量管理规划中,还需要特别注意以下几个方面:

(1) 设计部分

EPC项目以设计为龙头,在设计阶段组织多次的设计评审工作,根据项目的合同、各阶段的设计要求以及与之相关的设计文件、有关的标准和规范,首先评审设计方案的先进性、适用性、可行性和经济性;重点评审设计中新技术、新材料、新设备的采用是否经过充分的论证、是否具有成熟可靠的经验。对评审中提出的问题,组织有关人员研究处理,制定改进措施,并实行跟踪管理,直到符合要求。

(2) 使用严格的规范

当工程项目是在国外建造时,合同既可以约定使用项目实施所在国的标准规范,也可以使用中国的标准规范,还可以使用欧美的标准,虽然各个标准规范总的要求和方法基本相同,但在具体细节上仍然存在一些差异,因此,项目规定,在保证费用计划不受到太大冲击的条件下,项目实施的各个阶段、各个环节尽量选用更加严格的标准执行。执行高标准的规范要求将为项目的质量提供更加充分的保证。

(3) 成立专业的质量管理队伍

由于EPC总承包项目的大部分实施工作委托给分包商承担,EPC总包商在项目质量控制中承担的主要任务是管理,总承包商需要在公司内部组织和向外聘请有相关环节工程经验和管理能力的专门人员,成立专业的质量管理队伍,对工程项目的设计工作、设备的制造、材料采购进场及施工安装等各个具体的实施环节进行全过程的质量控制和管理。

具体而言,总包商对分包商的工程质量的管理基本思路是根据工程的具体情况,从影响安全的关键因素入手,包括安全管理人员素质、施工设备、材料质量和施工工法等。对工程项目实施过程的输入要素和过程本身的质量进行了有效控制,才能为实现项目产品的质量目标奠定可靠的基础。

引用中建某局在青岛某医院工程项目中的质量管理方式进行说明。青岛某医院是框架剪力墙结构,地上9层地下1层,建筑面积$48000m^2$,筏板式基础。中建某局山东公司是总承包商,南通某建筑公司为主要分包商,其他分包工程有井点降水,防水制作等专业,该项目质量标准为"争鲁班奖,保泰山杯"。由于资金来源不稳定,在基础以下需要垫付工程款,该工程项目风险较大。在该项目中总包商对质量的管理主要通过安全人员的管理、设备采购的管理、工法的统一和过程的控制四个方面来完成。

> 人员的管理

首先，总包商成立由项目经理牵头的质量管理小组。小组成员的选择以综合素质为标准，在质量管理理论水平和实际工作经验、专业以及年龄等方面形成比较合理的结构。对于分包商的人员配备的最低要求是拥有专业齐全的项目管理人员，技工在施工班组中所占比例要满足合同要求，专业性强的如施工测量人员和特殊工种如电焊工、起重工等要持证上岗。

> 设备的管理

施工设备无论是从租赁公司租赁还是自行购买的，在性能、型号、功率上一定要符合施工工艺要求。因为不同的性能、型号的设备往往有许多差异，使工程质量有波动性难以控制质量，所以，对于设备的管理要从项目的总体上把握。生产经理详细掌握设备是否处于良好工作状态、是否所有配件齐全完好并进行了设备的验收等情况。为了给分包商提供良好的工作条件支持，在项目实施中保证塔吊和地泵等大型施工设备的工作稳定性，为分包商的工期改进提供物质条件。

> 工法的选择

施工工法的选择经常是总包和分包双方争议比较大的地方，因为总包商和分包商有不同的利益立场。在这个项目中对于主体结构的梁、板、柱的施工工法上，总包商要求采用传统的施工工序即：绑柱筋斗——支柱模板斗——浇筑混凝土——拆柱模板斗——支梁底模——绑梁筋冲——支顶板模板——绑楼板筋。这样做的好处是柱模板拆模容易可以加速柱模板的周转，减少模板的购买量从而降低成本。但分包商的技术人员坚持采用在梁板柱模板完工以后在楼板模板上进行柱混凝土的浇筑和梁筋绑扎的作业。这样做的好处是便于施工，混凝土布料机可以直接放在楼板模板上便于浇筑，但不利因素是柱模板拆模不便，不能及时进行周转，给总包商增加了柱模板供应量，而且钢筋工作也不方便，柱核心区箍筋的间距得不到保证。很显然只是分包商仅从自身利益出发，采取有利于自己施工的行为而不惜牺牲项目质量和增加总包商的成本。虽然，分包商最终服从总包商的安排，但他们的抵触情绪导致了进度计划被拖延。因此，总承包商除了严格施工工法的编写和审核批准程序，还要考虑在施工过程中尽量选择有长期合作关系的分包商，以尽量减少在施工方法和解决问题思路中的冲突。工法要按要求陈列下列细节：工法的目的、工法的适用范围、参照文件等。由技术部完成，技术部经理和项目经理审核签字报项目总监后及时发放给分包指导施工作业。文件控制员要及时把已批准的工法进行登记。

> 过程控制

过程是能够产生结果的一系列活动的积累程序，项目管理理论的核心思想就是过程管理。只要过程能够控制好，按照项目功能要求完成了过程中的每一个环节，就必然能够得到期望的结果。施工过程的控制主要包括材料的控制和施工过程的监控的

"三检制"的实施。材料控制主要是各种材料合理堆放和产品标识牌。钢筋要按批次做试验,在尚未出具试验报告前严禁使用。施工过程的监控把握关键点,如:钢筋直螺纹、冷挤压的连接,钢筋间距、硅保护层、模板的支护等。因为总包商对分包商的工程质量负有直接责任,所以分包商的单位工程必须接受总包商的监督检查,每个分项工程完成后均按质检程序分级检查(图 7-8)。

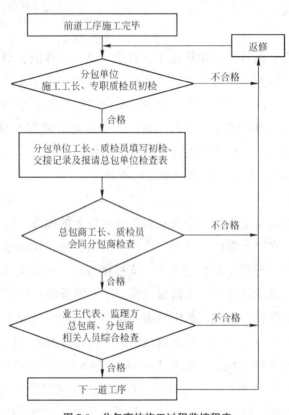

图 7-8 分包商的施工过程监控程序

7.3.3 总包商对分包商进度的管理

项目进度计划是项目组织根据合同约定的工期对项目实施过程进行的各项活动作出的周密安排。项目进度计划的主要内容是系统地确定所有专业工作内容和工序、完成这些工作的时间节点、不同阶段的关键线路、交叉作业的交接始点和终点、可搭接的(并联)的区段等等,从而保证在合理的工期内,用尽可能低的成本和尽可能高的质量完成工程。进度计划是业主、总包商、分包商以及其他项目利益相关者进行沟通的最重要的工具,完整的进度计划体现了项目各参与方对项目的时间、资源、费用的安排。承包商的进度计划是其完成合同工作内容具体步骤与过程的阐述,从某种意义来讲也是对项目业主的承诺,同时,业主制定的总体计划也反映了业主对项目实施的时间和资金安排，经各方协商并最终确定下来的项目进度计划，代表了项目相关者对项目成功实施的一种共识，是未来项目实施中协调冲突、解决矛盾的依据。因此，从某种程度上来讲，项目进度计划是项目各方进行交流、协调、控制、监督和考量的依据。

在项目的运行过程中，各协作单位、各分包商、各专业、各工种的各阶段工作都会出现不同深度的交叉或重叠，项目的进度管理将成为EPC总承包商项目管理的重点工作之一。项目的时间进度是指实现项目预期目标的各项活动的起止时间和之间的过程，在项目的进度计划中至少应该包括每项工作的开始日期和期望的完成日期，项目的时间进度可以以提要的形式或者详细描述的形式表示，相关的进度可以表示为表格的方式，但更常用的是以各种直观形式的图形方式加以描述。主要的项目进度表示形式有带日历的项目网络图、条形图、里程碑事件图、时间坐标网络图、日期和专业进度的斜道图等。

总包商对分包商的管理及各方配合好坏直接对施工质量产生影响，随着建筑功能复杂化，设备、管线都附着于主体上，有的埋设在柱、梁、墙内，又要在外面做装修，所以出现各工种之间的交叉、配合。如果前一道工序尚未完成就做下道工序或是下一道工序施工时破坏了已经完成的工作，都可能出现质量隐患。

在总包商提供的初始总进度计划基础上，各分包商应制定本专业的进度计划并且上报总包商，总包商根据各分包商的进度计划，调整修订总进度计划，然后分包商再根据总包修改后的进度计划再次调整自己的进度计划，通过相互修改调整过程之后可以形成一个总包商和分包商都能够接受的总进度计划和分包商进度计划，只有各分包商都严格执行了总包商最终制定的工程总进度计划，工程才可能实现合同约定的工期目标。

7.3.3.1 进度计划

施工进度（工期）是总承包商管理的一项核心指标，总包商必须保证在合同工期内完成工程的建造。不但分包商逾期总包商要承担责任，而且施工过程中各参与方的配合和协作的程度都直接关系到工程进度，总包商要承担因各分包商配合不好而造成的工期延误责任。如果总包商在工期计划上独断专行，采用倒排工期的方法给分包商指定工期，不考虑分包商的资源配置方面的压力，由此形成的进度计划可能理论上是经济的但是不一定是科学的和可行的。缺乏合作意识的总包商经常容易忽略分包商在工期计划中的作用，事实上分包商是最直接的施工作业者，他们对工期的预定和计划往往是最现实合理的。总包商在总进度计划的编排上要充分考虑分包商的意见，使得总进度计划最大限度趋于科学合理。

总承包商对分包商的进度控制一般分为总进度计划、月进度计划和周进度计划三个层次。总进度计划是总包商在综合了各分包商意见之后经过合理协调后统一计划的，一般采取时标网络形式，总进度计划的控制任务是关键线路及关键节点的控制。月进度计划是进度控制的中间环节也是保证总工期按时完成的关键。月进度计划要严格控制当前月的关键线路节点时间指标，同时防止非关键线路上的工作向关键线路转化。分包商在周计划中的进度计划偏差必须在一个月内调整至偏差完全消失，保证月计划不得施延。月计划采用网络图或甘特图形式。总包商工程调度人员要对上周分包的进度完成情况进行比较分析，连同本周计划交生产负责人和项目经理审查后报监理批准，周计划一般可用横道图。进度计划可以有一定的偏差，但在一个月之内工期偏差必须进行修正。

7.3.3.2 进度调整方法

进度调整一般主要有以下几种方法：

(1) 改变某些工作间的逻辑关系

如果检查的实际施工进度产生的偏差影响了总工期，在工作之间的逻辑关系允许改变的条件下，可改变关键线路和超过计划工期的非关键线路上的有关工作之间的逻辑关系，达到缩短工期的目的。用这种方法调整的效果是很显著的。例如，可以把依次进行的有关工作改成平行的或互相搭接的以及分成几个施工段同时进行流水施工等，都可以达到缩短工期的目的。

(2) 缩短某些工作的持续时间

这种方法不改变工作之间的逻辑关系，而是通过缩短某些工作的持续时间使施工进度加快，并保证实现计划工期的方法。那些被压缩持续时间的工作是位于由于实际施工进度的拖延而引起总工期增长的关键线路和某些非关键线路上的工作，同时又是可压缩持续时间的工作。这种方法实际上就是网络计划优化方法和工期与成本优化的方法。

(3) 资源供应的调整

如果资源供应发生异常，应采用资源优化方法进行调整，或采取应急措施，使其对工期影响最小化。

(4) 增减施工内容

增减施工内容应做到不打乱原计划的逻辑关系，只对局部逻辑关系进行调整。在增减施工内容以后，应重新计算时间参数，分析对原网络计划的影响。当增减的施工内容对工期有影响时，应当采取调整措施，保证计划工期不变。

(5) 增减工程量

增减工程量主要是指改变施工方案、施工方法，从而导致工程量的增加或减少。

(6) 起止时间的改变

起止时间的改变应当在相应工作时差范围内进行。每次调整必须重新计算时间参数，观察该项调整对整个施工计划的影响。调整时可采用将工作在其最早开始时间和其最迟完成时间范围内移动、延长工作持续时间以及缩短工作的持续时间等方法。

7.3.3.3 进度控制优化

项目进度计划的优化一般是根据项目的网络计划图来进行，即网络计划的优化，即在一定的约束条件下，按既定的网络计划，进行不断地改进、调整，以寻求满意的进度计划方案的过程。网络计划的优化目标不一而同，具体可分为工期优化、费用优化和资源优化。

(1) 工期优化

工期优化是指通过压缩关键工作的持续时间来达到缩短工期的目的。在工期优化中，应按照经济合理的原则，不要将关键工作压缩成非关键。当工期优化过程中出现多条关键线路时，必须对各条关键的总持续时间进行等量压缩，否则不能有效缩短工期。在选择可压缩的关键工作内容时，应该考虑到缩短持续时间不影响项目质量和操作安全、有足够的备用资源以及缩短持续时间所导致的费用增加最少等多个方面。有时也可以通过调整工作之间的逻辑关系来达到工期优化的目的。

(2) 费用—时间优化

费用—时间优化也称为时间成本优化，目的在于寻求总成本最低的工期安排或按期完工时的最低成本计划安排。该方法基于以下假设条件：每项工作有两组工期和费用估计，正常时间和正常费用、应急时间和应急费用；当必须采用应急方案时，要有足够的资源；正常时间和应急时间、正常费用和应急费用之间的关系是线性的。

工作的总费用由直接费和间接费构成，直接费会随着时间的压缩而增加，但是间接费用会随时间的缩短而减少。因此，当通过压缩关键线路上的工作以应急时，应将直接费最小的关键工作作为压缩对象。费用—时间优化的基本思路就是不断地在网络图中找出直接费用率最小的关键工作，以缩短其持续时间；同时考虑间接费随时间的缩短而减少。最后求得项目成本最低时的最优时间安排或按期完工时的最低成本安排。

(3) 共享资源优化

共享资源优化的目的是通过改变工作的开始时间和完成时间，使共享资源按照时间的分布符合优化目标。通常情况可分为两种"共享资源有限，工期最短"和"工期固定，资源均衡"。共享资源优化的前提条件是不改变网络图中的逻辑关系、不改变各项工作的持续关系、网络图中各项工作的共享资源强度是一个合理的常数和保持工作的连续性。

"共享资源有限，工期最短"的优化方式旨在尽可能缩短工期，提前完工，尽早收益。"工期固定，资源均衡"优化的目的在于使项目共享资源用量尽可能的均衡，单位时间内不出现过多的共享资源高峰和低谷，便于项目的组织与管理，从而降低总的成本支出，主要方法有方差值最小法、削高峰等。而实际上，在 EPC 工程总承包项目建设中，前后环节和工序在工作时间上是完全可以进行深度交叉和重叠的。

> 缩短各环节各工序工作耗费的时间

缩短总工期的办法之一是提高关键路线上各环节、各工序的效率，增加在本环节本工序上包括人力和共享资源等投入的密度，从而达到缩短本环节本工序所占用时间的目的，但由于各环节各工序的工作存在着自然的时间需求，即无论怎样增加共享资源投入，工作的周期都不能再压缩了，因此这种时间的压缩是有一定限度的。

> 增加上下游环节和工序的重叠时间

在关键路线上，当上游工作启动之后，将本环节或本工序工作的重点首先放在为下游工作的开始创造条件上，然后才继续深入和完善本环节本工序的工作，并随着本环节本工序工作的继续深入和完成，本环节本工序将继续不断地为下游创造和提供条件，这样，虽然上游的工作还没有彻底完成，但下游的工作同样可以开始、深入和完善，通过这种方式可以实现上、下游工作的深度交叉和重叠，从而在很大程度上节约总的时间，达到总工期缩短的目的。

> 减少或避免由于错误造成的返工

任何返工，不仅需要重新投入资源，而且还要耗费一定的时间，影响工期。在项目的运行过程中，由于上游环节、上游工序不断地为下游创造条件，并源源不断地由浅入深地向下游提供输入，这些输入通常先概念、后具体，先估算、后精确由浅入深的过程，非常可能给下游造成一定的工作重复，大多数这种工作重复被认为是正常的，即使对工期有一定影响也是不可避免的，但需要尽量减少和避免的重复是上、下游本身的工作或上游为下游创造条件的工作发生了人为的失误或错误，由于这类原因造成的工作重复即返工随着项目管理水平的提高和项目管理力度的加强可以尽可能地得到减少或者避免，因此，减少返工将作为减少工期损失必须考虑的因素。

7.3.3.4 总分包关系对进度的影响

总包商应当对所有工作的计划统筹安排，总包商需要懂得各个分包工程的施工，结合总体计划与分包商的计划，找出关键线路，在可行的前提下，约束各分包商在每个工作面上的作业时间。因为所有分包商不能只顾自己工作，它必须为其他协作方留出工作面与作业时间，分包商也应当提出自己的合理作业时间。总包商和分包商在进度方面的关系依赖于双方的管理水平及经验。不成熟的总包商在进度管理方面表现出两种情况：一种情况是只根据各分包商上报的计划简单加总作为总计划而没有自己的计划，结果实施起来经常出现漏洞或冲突；另一种情况是总包商对分包商提出过分要求，留给分包商的作业时间太短，影响各参与分包商在实际施工中的协作关系，导致计划难以执行而延误工期。

7.3.4 总包商对分包商的成本管理

为加强成本管理，增加经济效益，分包项目的分包造价一般是通过招标方式确定的。其中，专业分包是单独通过招投标或议标确定的，而对机械（工具）分包及材料分包是在进行劳务分包招投标的同时确定的。

通过招投标确定的分包项目造价就是项目施工责任成本中分包项目的分包成本。分包成本作为项目施工责任成本中的指标之一下达给项目部，原则上不再进行变动。需要指出的是，机械（工具）分包及材料分包必须在工程开工之前与劳务分包同时确定。而专业分包则可以根据工程的进展情况，在专业工程施工以前确定。因此，在确定分包项目的项目施工责任成本时，专业分包工程可以根据预算工程量与市场价确定，以此作为施工招投标时报价的上限控制。

7.3.4.1 确定分包项目成本的原则

对于分包项目的目标成本应该根据一定的原则确定：

已经确定施工队伍的专业分包工程(降水、防水等)的目标成本按以下方式确定：目标成本＝专业分包工程量×市场价×[1＋(1％～5％)]；

小型机械(工具)使用费一般采用一次性包死的方式，因此，目标成本＝项目施工责任成本＝分包造价；

低值易耗材料分包项目的目标成本确定方法与机械（工具）分包项目的确定方法相同。

7.3.4.2 材料成本的控制

总包商应该从规范材料的管理流程入手控制材料成本。材料管理工作一般包括询价、采购、收料、验收、库管、发料、使用、回收等8个控制环节，材料成本控制的重点是采购的价格、材料的发放以及使用的管理。材料的发放工作是材料的接收与使用之间的流转环节，材料的发放者和领用者要在领料时办理领料手续并签字，物资采购部和商务合约部要加强管理分包商在材料使用过程中的科学用料及废品回收。

在施工过程中，总包商和分包商以及分包商之间的关系协调质量也直接影响到材料使用成本。例如，如果钢筋工在绑扎楼板上层筋时提前施工，而且没有事先通知机电专业，就可能导致部分预埋管道没有提前插入从而造成双方都需要返工。再如，总包商需要根据现场总体安排搭设、拆除脚手架和运输设备。如果搭拆时间掌握得好，各方均可有效利用，而搭拆时间掌握得不好，有些分包工作未完成或安排失误就会产生重新搭设而增加的费用。施工过程中参与各方相互之间的良好配合有时会使某一方成本上升，但会使总费用下降。因此，总包商在分包商之间的协调管理具有不可替代的作用。

7.3.4.3 总包商管理分包成本时应注意的问题

总包商一定要按照"公正性"与"合理性"原则处理分包成本控制过程中出现的问题。由于分包商自身工作出现问题而导致的分包成本增加，需要分包商负责；由于总包工序安排不合理等问题导致分包商工作受到影响而出现的分包成本增加，总包商要负责任，不能依靠总包商的强势地位把总包商的成本责任强加给分包商。

材料采购是 EPC 总承包项目重要管理内容之一。在 EPC 项目中，业主对总包合同价一般采用总价包死的方式计价。如果预期某些大宗材料（例如钢铁、铜等）价格会出现大幅上涨，可以事先争取"采购成本加酬金"的代购方式来预防市场价大幅上升带来的损失。如果不得不总价包死，则总包或分包可以利用购买期货等方式锁定成本。

7.3.5 总包商对分包商的安全管理

工地的安全包括治安和作业安全。对于治安主要是建筑材料的看防、防火、防盗。一般而言，总包商应针对工程的特征制定相应的安全管理制度，对分包商的作业安全管理措施要建立安全组织确定预控办法消除安全隐患，如由总包对所有进场工人进行安全培训、分包商必须设专职安全员以及配备必要的安全设施等等。此外，总包商必须加强对分包工程安全的监督和管理，要求分包商严格执行动火、立体作业、交叉作业、垂直运输、脚手架、上料平台及模板等施工设施的规范使用。

尽管安全问题往往是由施工现场的分包商引起的，但是，一旦分包工程或分包商员工出现安全事故将损害整个项目的利益。因此，总包商对整个项目的安全问题负有第一责任。总包商对分包商的安全管理主要通过加强安全教育和督促分包作业人员执行安全管理制度等方式实现。

7.3.5.1 安全教育制度

(1) 公司安全教育
- 国家安全生产的方针、政策法规和管理体制；
- 公司安全生产情况、安全生产规章制度、劳动纪律及安全生产知识；
- 从业人员安全生产权利和义务；
- "三不伤害"，即遵守操作规程不伤害自己，讲究职业道德不伤害他人，居安思危不被他人伤害；
- 公司职业健康安全规章制度、操作规程和有关安全生产事故案例。

(2) 项目安全教育
- 本工程施工生产特点、危险因素和危险源头，应注意的事项、防范措施与方法；
- 所从事工种可能遭受的职业伤害和伤亡事故；
- 所从事工种的安全职责、操作规程及强制性标准；
- 自救互救、急救方法、疏散和现场紧急情况的处理；
- 安全设备设施、个人防护用品的使用和维护；
- 安全生产状况及规章制度；
- 预防事故和职业危害的措施及应注意的安全事项；
- 有关事故案例；
- 其他需要培训的内容。

(3) 班组安全教育
- 班组的工作性质、工艺流程、安全生产的概况和安全生产职责范围；
- 新员工安全生产责任制、安全操作规程；
- 安全生产和文明施工的具体要求；
- 容易发生工伤事故的工作地点和典型事故案例介绍；
- 个人防护用品的正确使用和保管；
- 发生事故以后的紧急救护和自救常识；
- 常见的安全标志、安全色介绍；
- 遵章守纪的重要性。

7.3.5.2 变更工种工人的安全教育制度

凡是变更工种工作的工人，项目部必须及时通知安全部门和现场安全员进行变更工种工作的安全技术教育。

7.3.5.3 在项目中实施三级安全员制度

总包商设立安全部、分包商设立专职安全员、班组设立兼职安全员，层层检查，从上到下，定期和不定期检查安全作业情况，及时发现和排除安全隐患。

7.3.6 总包商对分包商工作的评价

7.3.6.1 分包商工作偏差的预防与纠错

分包商在实际工作出现与计划不一致的行为经常发生，如果任其发展最终必然会导致影响项目整体目标的实现，所以，总包商要根据分包商和分包项目的具体情况定期或不定期地对分包商的工作进行分析和评价，保证分包商的行为处于受控状态。在对分包商的评价过程中，及时修正相互合作过程中的不和谐因素。对分包商工作的评价主要包括分包商工作偏差分析，偏差责任分析、纠正措施和趋势分析等四个部分的内容。

分包商工作偏差主要指质量、成本、进度和安全四大控制目标的实现程度与计划的差距，此外，还有信息沟通的失真和协调工作的失误。偏差责任分析工作的主要任务是找出问题发生的原因，找原因的目的不是为了追究责任而是为了更好地预防类似问题的重复发生，总包商需要以合作的态度和公平的原则来分析责任的归属。例如，如果项目工期滞后是因为某个分包商工期延误造成的，分析发现分包工期拖延是因为工程款不到位造成的，此时总包商就不能一味地把责任推给分包商，应该根据合同条款的规定通过协调业主关系来解决问题。

纠正措施主要包括合同措施、技术措施、经济措施和组织措施。对于分包商工作中的偏差可以采用项目协调会和综合检查的方式进行经常性的修正。偏差程度较小或在允许范围内的偏差可以在日常的项目会议上进行更正或加强监管，如果偏差程度严重时可以采用增加会议或检查频次的方法进行修正。合同措施主要是指合同管理的执行情况，即总包商和分包商双方是否都严格遵守了合同条款，在执行过程中经常引起争议或产生问题的条款应该通过双方协商以补充条款的方式进行修订。技术措施指总包商通过指导分包商的技术人员或进行技术改革或更新机械设备以增加分包的技术力量等。这是因为造成分包商工程质量、进度目标偏离的原因是分包商采取的施工方法或标准不符合要求或者机械设备的性能和维护。经济措施是一种惩罚性的纠偏方式。对于严重的质量事故或分包商屡犯不改的现象可以依据合同进行经济处罚。组织措施是因为协调或沟通不畅的原因导致信息在传递过程中失真或反馈不及时，总包商要采取重新调整组织结构或调换部分岗位的工作人员来解决问题。对于分包商工作中的偏差要根据工程的具体情况采用不同的方法和措施来处理，以上讨论的是一般流程（图7-9所示）。

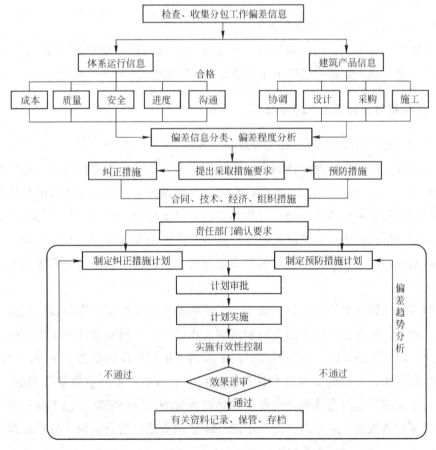

图7-9　分包商的工作偏差管理流程

7.3.6.2　对分包商工作的偏差趋势分析

偏差趋势分析主要是对分包商的工作进行综合评价，评价由项目部技术人员和公司合同部人员共同进行。对分包商工作的评价应该是非常严肃和有实际价值的事,每次的评价结果将会直接关系到分包商是否会被登记到公司合格分包商名册当中,因为在公司合格分包商名册中的分包商在投标时可以享受加分的优惠待遇,甚至可以和总包商通过议标的方式来取得分包工程,使得交易成本大大节省,这也是对分包商努力加入该名册的一种激励。

对分包商工作偏差的趋势分析是根据纠正措施计划到计划的执行再到偏差的消除、根据效果的评价或者返回重新制定纠正措施或者纠错工作结束的过程。这可能是一个多次反复的工作,评价人员根据分包商在多次的工作中的出偏、纠偏的反应和解决问题的态度和能力表现,对分包商实际的技术、管理、财务能力作科学的预测考察,以确定其是否具备彼此长期合作的品质。

下面提出几项指标可以作为分包商能力评价的参考指标。

(1) 敏捷性指标

敏捷性的根本含义是指应付市场快速变化的能力。这主要是指业主或者总包商突然缩短工期以及市场形势变化不定时分包商是否有足够的实力来应对与变通。这是总包商考察分包商是否成熟的一个重要指标。敏捷性指标的主要指标所占权重是均等的(表 7-2)。因为强调分包商的快速反应能力故时间指标所占比重最大,其次是成本。对于分包商这些指标的得分可以采用专家打分法,对于指标的评价采用模糊评价为差、较差、一般、好、较好,相应的评分为 0.2、0.4、0.6、0.8 和 1,根据具体指标的得分乘相应的权重求和得出主要指标的得分,同理可算出敏捷性指标的得分情况。

敏捷性评价参考指标　　　　表 7-2

主要指标	具体指标	时间	成本	稳健性	适应性				权重
					工程成本	质量合格率	市场占有率	资源优化利用	
敏捷性指标	市场反应速度								0.25
	工程进展速度								0.25
	信息传播速度								0.25
	组织调整速度								0.25
权　重		0.4	0.3	0.2	0.025	0.025	0.025	0.025	

(2) 技术能力指标

分包企业的技术能力可以从四个方面考虑,员工因素、生产设备与测试手段的水平、信息情报能力的先进程度、组织协调和适应能力。员工能力包括科技人员比例、高级技工比例、年度培训投入比例。信息能力主要指信息网络机构水平(国际、国内及其行业信息网络水平),档案管理的质量,技术档案数量等。设备能力包括设备结构、设备投资比例、国际先进设备比例。组织能力包括企业家能力与素质、组织协调和适应能力。

(3) 工期指标

信息时代的经济是一种速度经济、项目工期成为影响合作组织运行效率的关键指标。所谓工期是指整个项目中所负责的分项目按合同要求完整、准确、及时和高质量完成所需的时间。实际应用中影响工期完成的指标一般有：施工能力、劳动生产率、技术能力、组织管理能力等。

(4) 项目质量指标

质量是项目满足规定或潜在要求的特征和特性的综合。质量包括标准的项目管理体系在分包企业中的运用情况、运作进度的准确性、施工质量的稳定性、工程外观、执结案报告和文件的准确性等。实际应用中，影响质量的指标有人员的素质和全面质量管理等等。

(5) 企业文化指标

要想建立一个稳定的长期合作的关系，需要合作伙伴间有良好的企业文化的融合，包括共享价值观、共同的目标以及相互信任、全面的质量管理意识等。企业文化的融合因素是成功选择合作伙伴的重要因素之一。对分包商工作的评估是关系到合作能否继续进行的重要阶段，当然合作型组织工作绩效的整体评估不能用单一组织的绩效评估来衡量，合作过程中双方的收益多数是难以精确量化的，对绩效的评价应以客观评价为主。因为协同效应的存在，许多学者认为合作收益的公平分配是影响合作绩效评估的最主要因素，甚至比合作团队整体获得收益的多少更为重要。沃纳(Werner)等学者通过实证方法研究了一些整体绩效较好，但最终却解体的合作联盟。结果表明，合作中成员认为分配的不公平是合作解体最重要的原因。从博弈的观点来看，合作收益的分配会影响到支付函数的形式。

8 EPC 工程总承包项目的风险管理

8.1 EPC 工程总承包项目的风险特征与成因

8.1.1 EPC 工程总承包项目的风险划分及特征

8.1.1.1 风险的定义

在特定的客观情况下,在特定的时间内,某一项活动的实际结果偏离预期结果的可能性越大则风险越大。一般来说,风险具备下列要素:

(1) 风险因素(Hazard):风险因素是指风险事故发生的条件和原因,根据其性质可以分为物质风险因素(如不合格的建材、不合理的建筑结构等)和人为风险因素(疏忽、侥幸、欺诈等)。

(2) 风险事故(Peril):风险事故是指造成财产损失的偶发事件,它是造成损失的直接原因和外在原因,即风险只有通过风险事故才能导致损失。

(3) 风险概率(Probability):具备风险因素,风险事故也不一定发生。风险概率即描述风险事故发生的不确定性的指标。

(4) 风险损失(Loss):风险损失的含义与通常意义下的损失是不相同的,它指的是非故意、非计划、非预期的经济价值的减少。可以看出,风险损失一词的外延要小得多,它必须满足两个条件才能成立:一个是非故意、非计划、非预期的;另一个条件是经济价值的减少。

每项活动的风险可表示为:风险 = f(风险事故,风险概率,风险损失)。也就是说,一项活动实施过程中可能发生的风险事故越多,发生的概率越大,发生后的损失越大,风险就越大。

从另一个角度来说:风险 = f(风险事故,安全措施)。即风险随着事故的增加而增加,随着安全措施的增加而减小。好的项目管理应该能够识别潜在的风险事故,并采取安全措施避免或控制它们的发生和进程。如果采取了足够的措施,风险可被减小到可接受的水平。

目前国内外学术界对风险的概念有多种解释和定义,概括起来主要有:

1) 风险是指可测定的不确定性;
2) 风险是指损失的可能;
3) 风险指对发生某一经济损失的不确定性;

4）风险是对特定情况下未来结果的客观疑虑；

5）风险是一种无法预料的、实际后果可能与预测后果存在差异的倾向；

6）风险是损失出现的机会或概率；

7）风险是指潜在损失的变化范围与变动幅度等等。

不同的定义从不同视角说明了风险的内涵，风险的基本涵义就是指在一定条件下和一定时期内可能发生的各种结果变动程度的不确定性。这种不确定性一方面反映了主观对客观事物运行规律认识的不完全确定，说明通过主观努力还无法完全能够操纵或控制其运作过程；另一方面也包括了事物结果的不确定性，人们不能完全得到所设计和希望的结局，而且常常会出现不必要的或预想不到的损失。于是，不可确定、损失等就经常成为风险的代名词。

但严格说来，风险和不确定性还是有区别的，风险是指事前可以知道所有可能的后果以及每种后果的概率；不确定性是指事前不知道所有可能后果，或者虽然知道可能后果但不知道出现的概率。例如，在一个新区找矿，事前知道只有找到和找不到两种后果，但不知道两种后果的可能性各占多少，属于"不确定"问题而非风险问题。但是，在面对实际问题时，两者很难区分，风险问题的概率往往不能准确知道，不确定性问题也可以估计一个概率，因此在实务领域对风险和不确定性不作区分，都视为"风险"问题对待。

风险和损失并不是等价的，风险可能给投资人带来超出预期的收益，也可能带来超出预期的损失。风险既有有利的风险，也有不利的风险，风险既是机遇又是挑战。抓住有利的风险机会可以实现超常的收益，经过人们的主观努力甚至可以把不利的风险转变为有利的风险。对那些无法化解的不利风险，人们至少可以转移与防范它，以期达到可能的损失最小化。

但是一般说来，投资人对意外损失的关切，比对意外收益关切强烈得多。因此，人们研究风险时侧重减少损失，主要从不利的方面来考察风险，经常把风险看成是不利事件发生的可能性，从企业角度来说，风险主要是指无法达到预期收益的可能性。

8.1.1.2 EPC工程总承包项目的风险划分

EPC工程总承包项目的风险，就是指在EPC工程总承包项目的实施过程中，由于一些不确定因素的影响，使项目的实际收益与预期收益发生一定的偏差，从而有蒙受损失的可能性。

按照风险大小强弱程度的不同，大致可以将项目风险划分为三个层次。

第一层次是致命的项目风险。指损失很大、后果特别严重的风险，这类风险导致重大损失的直接后果往往会威胁经营主体的生存。例如，某公司在某城市电力供应紧张时投资建造了一座燃气电厂，建成后由于天然气价格大幅上涨，导致发电成本远高于燃煤电厂，随着该地区电力供应紧张趋势趋于缓和，电网公司对电厂的供电实行择价上网政策，使投资几十亿元的发电厂被迫改为调峰电厂功能。尽管调峰用上网电价的单价高于该厂的发电成本，但是因为调峰发电时间不确定、供电数量长度不定、停机时间大于开机时间，巨额的贷款利息和维护支出导致该项目年度总成本是负值，业主只好忍痛出售。企业未能充分预测、导致重大投资行为失误，使受挫企业无力收回资金，陷入严重的困难，失去了继续发展的能力，严重时将导致企业破产。

第二层次是风险造成的损失明显但不构成对企业的致命性威胁。这类风险的直接后果使经营主体遭受一定的损失，并对其生产经营管理某些方面带来较大的不利影响或留有一定后遗症。如某公司在安徽承揽的项目由于对工程实施中可能产生的风险认识不足，使工期延迟了7个月，按照合同约定的工程拖期罚款条款，给这家公司造成了8000万元人民币损失，导致该公司资金周转不灵，一度给这家公司带来重创。

第三层次是轻微企业风险，是指损失较小、后果不甚明显，如某项目在执行过程中出现事故，造成几十万元人民币损失，导致对经营主体生产经营不构成重要影响的风险，这类风险一般情况下无碍大局，仅对经营主体形成局部和微小的伤害。

这三个层次风险的划分并非绝对的，一般企业风险和轻微风险，在一定条件下会转化为特别的致命风险，特别是经过一段时期的积累之后会发生质的变化，如应收账款长期无法收回，从局部和短期来看是一般风险和轻微风险，但是企业的项目应收款项大部分不能收回，长期被其他企业占用，那么其后果对企业来说将是灾难性的，一般风险和轻微风险就转化为致命风险。所以，我们对企业风险的识别、分析和控制，主要是针对致命企业风险和一般企业风险，因为这是矛盾的主要方面，是风险管理的主要使命所在，这也是研究EPC工程总承包项目风险的原因。

8.1.1.3 EPC工程总承包项目风险的主要特征

(1) EPC项目在实施过程中，利益相关者多，社会关系错综交织，工程环境复杂。由于承包商往往都不仅仅在承包商注册地履行合同，有时还要在承包商国家以外的国家履行合同，这就使承包商必须适应不同的社会政治、经济环境、法律环境的要求。如苏丹政府规定，雇佣当地劳动力连续累计工作日达到90天，就算雇用单位的正式员工，若要解雇就要多支付6个月的工资，否则将会遇到司法官司。所以，在投标或议标前必须了解清楚当地的法律法规和相关政策。在合同履行过程中，项目所在地的政治、法律、社会经济环境、资金、劳务状况等的不确定因素较多，使风险发生的机率增加；而且还可能遇到不同的业主(包括政府部门和私营公司)、不同的技术标准和规范，不同的地理和气候条件；又由于EPC建设涉及工程的整体设计、安装、土建、设备采购、运输、现场调试、试运行等多方面的工作，对公司综合管理水平要求很高。

由于整个承包工作环节多，牵扯面广，履行合同所面临的各种主观不确定因素较多，各种风险发生的可能性也必然增加。又加之在履行过程中，承包商不但要处理好与业主的关系、与业主工程师的关系、与业主的其他承包商关系，而且还要处理好与自己分包商、供货商的关系。如此复杂的关系，使承包商常常处于纷繁复杂和变化莫测的环境中，令承包商控制不确定因素发生的难度增加，合同管理变得极其复杂，风险管理的难度相应增大。特别是在国际工程项目中，由于对国际经济大环境的估计不足产生的风险往往造成不可挽回的经济损失。例如，韩国一家公司1997年在印尼某循环硫化床项目执行过程中遇上亚洲金融危机，业主无能力支付工程款，造成项目停建，给韩国这家公司造成巨大的经济损失。

（2）工期长。一般EPC工程项目合同工期都较长，少则十几个月，多则几年。在这较长的一段时间里，主客观不确定因素发生、变化的概率大大增加，比如各种自然灾害发生的概率、原材料、劳动力和汇率变动等影响价格变动的各种不确定性因素发生变化带来的各种风险，对企业的工程管理，尤其是风险管理增加了一定难度，技术性、技巧性要求较高。如，某国内著名的特大型建筑公司1983年在中东某国签署的一个水利水电工程的EPC合同，工程款采用30%的当地币和70%美元支付，由于该项目美元部分是延期付款，为了减少美元的贷款额度，施工设备的采购选择了卖方信贷的支付方式，采购结算货币是日元。当时卖方信贷折合美元约为2000万，签合同时日元对美元的汇率大概是1∶230，期间遇到日元与美元的汇率大幅升值，五年后还款时汇率变成了1∶130，仅汇率的波动一项就损失了约1540万美元。这就是项目汇率风险。该公司当时如果采取通过银行购买远期外汇的方式来保值，就可能大幅降低这类损失。

（3）合同金额高。EPC工程本身由于其系统复杂，技术含量高，所以，成本、费用相对较高，少则几亿人民币，多则几十亿美元，又由于现在EPC工程项目付款进度的特点，导致承包商必须为工程实施和设备采购垫付大量资金。如果出现主观或客观方面的各种不确定因素影响项目收款不及时的情况，就会给承包商的资金周转带来影响，首先是加大了项目的财务费用，而且大量资金的长期不能收回，必然给企业整体的经营管理活动带来影响，这种影响有时对企业而言很可能是致命的。20世纪末的亚洲金融危机中许多企业就是因流动资金不足而破产的。

由于EPC工程总承包项目的上述特点，我们不难看出，EPC工程总承包市场不仅是风险发生频率较高的一个领域，而且，一旦风险发生可能将带来巨大的损失，有时甚至因为连锁反应会影响到企业的经营活动。在任何一项EPC工程总承包项目中，利润和风险总是潜在并存的，正是由于风险的存在，一方面带来了获取利润的机会，另一方面也构筑了不具备控制风险能力的企业进入的障碍。换言之，EPC工程总承包项目是机遇和挑战并存，只要成功地预防和控制了EPC工程总承包项目中的风险，就能够为企业赚取较大的利润，提高企业工程总承包能力。

8.1.1.4 EPC模式下常见的承包商风险

（1）项目定义不准确的风险

在EPC项目的招标阶段，业主往往只能给出项目的预期目标、功能要求及设计基准，业主应该对这些内容的准确性负责。但是，如果这些地方出现不合理、遗漏或失误以及工程建设中业主指令变更，将会引起工期和费用风险。

(2) 投标盲目报价的风险

在 EPC 投标阶段，承包商常常面对许多不确定的情况。由于项目决策阶段的初步设计不完善，业主提供资料可能比较粗略，造成设计构想和施工方案变化频繁或者使预估的工程量和实际的工程量相差甚远；总承包商在投标前对工程所在地的市场行情及现场条件了解不足导致设计勘探方面出现疏漏而使预计的成本可能会增加；主要材料和大型设备的价格波动估计不足；在极短的时间内来不及对所需设备和材料全部进行一次询价；地质资料不全或者出现地下障碍物，造成基础费用增加等等。在众多的不确定因素下，总承包商以固定总价方式签订总承包合同，总承包的投标风险要大得多。因为，报价太低，利润目标就难以实现。

在 EPC 项目中，业主在放弃一些工程控制权的同时把大部分风险转嫁给承包商，承包商要将风险可能带来的损失考虑进去，提高报价，可是报价过高又难以中标。因此，在 EPC 项目投标中，承包商将面临着失去获得工程机会和可能获得工程的同时制造了潜在的财务风险的双重压力。

在 EPC 模式下，投标人在投标时要花费相当大的费用和精力，其投标费用可能要占整个项目总投资的 0.2%～0.6%。如果在没有较大中标把握的情况下盲目参与投标，那么投标费用对承包商来讲可能就是一笔不小的浪费。EPC 项目比较复杂，加之业主要求合同总价和工期固定，承包商如果没有足够的综合实力，即使中标了，也可能无法完成工程建设，承包商最终将蒙受更大的损失。

(3) 贸然进入市场的风险

因为不同区域有着特定的工程背景，特别是在国际工程承包市场上，如果在情况不清晰的条件下盲目投标，必将带来极大的风险。这种风险是经常发生的，由于总承包项目合同额大，具有很强的诱惑力。有些公司在逐利心理驱动下为了获取总承包项目，不注重了解工程所在地的政治、经济和地理环境因素和分析招标条件、自身条件与投标风险，仅仅依靠当地代理人提供的有限的、不准确的信息仓促投标，这种做法造成的损失是典型的贸然进入市场的风险。

(4) 合同文本缺陷的风险

一般情况下，合同文本存在缺陷的风险也要由承包商来承担。除了预期目标、功能要求和设计标准的准确性应由业主负责之外，承包商要对合同文件的准确性和充分性负责。也就是说，如果合同文件中存在错误、遗漏、不一致或相互矛盾等，即使有关数据或资料来自业主方，业主也不承担由此造成的费用增加和工期延长的责任。

(5) 工程建设过程中的风险

在 EPC 项目中，尽管承包商承担了设计、采购和施工管理的所有工作，但是，业主仍然拥有对承包商的工程设计进行审核的权力。承包商文件不符合合同要求时可能会引起业主多次提出审核意见，由此造成设计工作量增加、设计工期延长，承包商要承担这些风险。同时承包商有设计深化和优化设计的义务，为满足合同中对项目的功能要求，可能需要修改投标时的方案设计，引起项目成本增加，这些风险也要由承包商来承担。在设备和材料的采购中，供货商供货延误、所采购的设备材料存在瑕疵、货物在运输途中可能发生损坏和灭失，这些风险都要由承包商来承担。在工程施工过程中，发生意外事件造成工程设备损坏或者人员伤亡的风险应由承包商来承担。承包商要负责核实和解释业主提供的所有现场数据，对这些资料的准确性、充分性和完整性负责。另外，承包商还要承担施工过程中可能遭遇恶劣天气等不可预见困难的风险。

(6) EPC项目本身产生的风险

由于在EPC工程总承包项目中各种不确定因素的影响，将使承包商面对许多风险，这些风险可以表现为许多形式，如业主违约，拒付工程款或迟付工程款，业主在合同执行完毕前终止合同，分包商违约，工程拖期，技术指标达不到合同规定等等，所有这些风险，归结起来将使承包商承担下列一些风险责任：

1) 经济损失

承包商因履行了合同责任范围外的责任义务或为避免非承包商所应承担的风险而造成额外成本支出，即承包商由于受各种风险因素的影响而导致支付了一些不应由承包商支付的费用，而又无法得到全部补偿的额外成本支出。

业主付款拖延或拒付部分或全部合同款的情况可能有下列几种：

➢ 由于承包商违约导致的业主不付款或迟付款；

➢ 由于业主的原因而由承包商承担其不付款或迟付款；

➢ 由于合同以外第三者的影响而导致业主对承包商的不付款或迟付款，如分包商违约等；

➢ 承包商与业主都无法预见和控制的意外事件的发生而导致的业主不付款或迟付款；

➢ 承担违约责任或侵权责任，是指由于承包商履行合同义务引起的对业主、分包商或其他不确定的第三者承担的违约责任或由其履行合同义务而引起的侵权责任等，该种责任不但给承包商带来经济损失，还有可能给承包商带来信用、信誉损失。

2) 企业信誉、信用损失

由于某种原因导致公司信誉受损，如，被业主、金融机构列入黑名单等。这种风险给承包商的经营管理工作带来极大的负面影响，甚至使其面临破产的危险。

8.1.2　EPC工程总承包项目风险的成因

所谓风险的成因是指能够引起或增加风险事件发生的机会或影响损失的程度的因

素。它是事故发生的潜在条件，一般又称风险条件，它主要包括：第一，客观风险因素。指增加某一种风险发生机会或损失程度的客观条件，属于有形因素。第二，道德风险因素。指由于个人的不诚实或不良企图，故意促成风险事件发生或扩大已发生的风险事件的损失程度的因素，它属于无形因素，一般与人的品德修养有关。第三，心理风险因素。指由于人们主观上的疏忽与过失或不够谨慎小心等行为而导致增加风险事件发生的机会或扩大了已发生的风险事件的损失程度的因素，它也属于无形因素。EPC工程总承包项目风险的成因也就是指能够引起或增加EPC工程总承包项目发生风险事件的机会或影响损失的程度的各种因素。EPC工程总承包项目风险源于自然、社会、技术、经济、政治等各个方面，风险的存在与发生会给承包商企业带来各种不利的后果和影响。总体来说，风险的成因也可分为三类：客观风险因素，道德风险因素，技术能力不足风险因素和心理风险因素。

8.1.2.1 客观风险因素

(1) 自然灾害因素。由于EPC工程项目的工期长，工程项目范围大，参与项目实施过程的生产商、供货商涉及世界很多地方，遭遇各种自然灾害的机会比较大。如施工现场的连续暴雨，导致现场土建工作无法继续，必然造成工期拖延，又由于某个特殊设备制造商遭遇某种自然灾害的影响，导致交货延迟也必然造成工期的拖延。而工期的拖延又必然导致人员和机具的费用的增加即增加了工程的成本。类似于这样的例子很多，某公司在伊拉克承揽的污水处理厂工程在执行过程中遭受了洪水淹没的灾害，通过工程保险减少了损失。一般情况下，自然灾害在EPC工程承包合同中应被列为不可抗力，但承包商只是被免除了承担拖期的违约责任，而由于自然灾害的影响给承包商自身带来的损失却很难从业主那得到全部补偿。所以，承包商应事先考虑通过申请工程保险等手段来降低自然风险的影响，在投保时还要注意某些特定的惯例，如赔偿货币与投保货币相同等问题。上述项目采用当地币(伊拉克的迪纳尔)投的保，所以保险公司赔付的是当地币，可是被洪水淹没后需要更换的设备却需要从奥地利采购，由于当地币不能兑换美元且较签约时已大幅贬值，承包商从保险公司得到的当地币补偿远不足以抵偿承包商的实际花费和损失。

(2) 社会政治因素。由于社会的经济资源分布不均衡，个人及社会团体对生产资料占有不均，其社会分工和分配不平衡，社会制度和历史文化存在着差异，人们的生活习惯、思维方式、价值尺度大相径庭。于是，各社会团体不可避免地存在着矛盾，当矛盾积累到一定程度就可能发生冲突、摩擦、对抗、制裁、封锁和战争，这些社会矛盾的运动是企业经营活动中出现风险的重要根源。政治风险大致有以下一些情况：

1) 朝野争斗，政府内部派系斗争。多党制国家，在野党和执政党的争斗导致政局不稳；即使一党执政的国家也可能存在派系斗争而导致政局不稳。政局的变换可能会带来政府政策的变化，新政府可能执行一些不利于在该国的外国公司的政策措施，这使得承包商面临较大的风险。

2) 战争和内乱。由于战争，或者不流血政变，或者残酷的内战造成政权更迭等，在中东地区，例如伊朗、伊拉克、黎巴嫩、阿富汗、利比亚等国家都曾发生过这种政治上的动乱和战争。在政权更迭后，可能使建设项目终止或毁约，或者建设现场直接遭受战争的破坏，而使承包商和业主都遭受损失。每当此时，业主往往会利用其地位的优势，采取各种可能的手段将他所承受的风险损失转嫁给承包商，使承包商不得不承受更大的损失。1990年8月伊拉克非法入侵科威特时笔者在驻伊经理部主持工作，根据使馆和国内总部的指示，决定撤出所有在伊人员，笔者在与伊拉克灌溉部长交涉中就曾经遭遇过先提交免除业主所欠笔者公司所有债务的声明，然后再同意笔者公司人员撤离签证申请的无理要求。

3) 国有化、征用、没收外资。有些国家根据本国经济和政治的需要，通过某种法律，直接对外国在该国的资产宣布没收、征用或进行国有化，往往使项目的外方业主蒙受重大损失。虽然有时在宣布国有化、征用时，可能会给该外国公司一定的补偿，但这种补偿往往是比较微薄的，与原投资很不相称，致使承包商承担巨额工程款无法收回的风险。这种情况曾在中东和南美洲就发生过。

还有另外一些转弯抹角地没收外国企业资金或资产的办法。例如，对外国公司收差别税，宣布禁止外国公司将其利润汇出境外，拒绝办理出口物资进关和出关，对外国供应商提供的某些产品和服务不许支付外汇，即使该国银行已开出了购物的外汇支付信用证，也停止支付外汇。即使有幸得到一张暂借外汇的期票，规定的利率也很低，而且要多年以后才还给本金。例如中东大多数国家禁止承包商将其临时进口的设备和材料在当地出售。其理由是承揽政府项目临时进口的设备和材料是免关税的。但是承包商在施工采购中不可能不增加一定比例的余量，而一旦工程完工这些余量就只有无偿赠送给政府一条路。否则就会触犯法律而遭严厉惩罚。

4) 政策多变。EPC工程总承包项目合同履行过程中，由于项目所在国法律、政策的变化，而使承包商承担额外的责任，以及由于政策、法律的变化，使业主利益受损失，为了转移风险而终止合同，不给或少给承包商补偿或通过其在合同中的有利地位索付承包商保函或直接要求承包商支付违约金等，以转嫁其自身承担的投资或经营的风险。

5) 政府受制于外国势力。有些国家因传统的政治经济文化关系，虽然已经独立，但是并不能自立，常常受制于人。如果该外国势力对承包商国家有敌意，则承包商势必承担较大的政治风险。

6) 强烈的排外行为。这种情绪常常使人的正常思维发生畸变，从而使事情的处理缺乏公正。一个国家强烈排外，受排斥的其他国家必然针锋相对，采取种种对应措施，从而使在该国的外来企业一方面因该国的排外而处处受阻，另一方面因该国排外招致的报复而深受其害。

7) 政府法制不健全或权力部门腐败。法制不健全导致企业无法可依,无力保护自己的正当利益。权力部门腐败,会导致有法不依,营私舞弊,权力寻租。在这种国家的企业必然很难得到公平竞争的发展环境。

(3) 经济因素。国际总承包工程的经济风险成因主要表现在货币、汇率、通货膨胀等方面。而任何经济风险的成因的出现都会直接对承包商就项目的收入发生波动,对承包商的影响极大。

1) 汇率浮动。业主对承包商的付款都是承包商所在国以外的货币,这就使承包商不得不承担国际市场汇率波动的风险。尤其是在外汇管制比较严格的国家,一般还会以部分当地货币支付工程款,即使工程是利用外国基金或国际银行贷款的项目,往往也会有一部分付款是当地货币。承包商为此会承担更大的汇率变动的风险。例如,某中国公司 20 世纪 80 年代末在埃及承揽了约 200 万 m^2 的低标准住宅,签约时一个埃镑可换两个美元,项目开工后埃镑大幅度贬值,项目完工时最低降至两个埃镑兑换一个美元,即埃镑贬值高达 75%。埃镑的贬值给该公司造成了数千万美元的巨大损失。

2) 通货膨胀。通货膨胀是一个威胁到全世界的问题,在某些发展中国家情况更为严重,年通货膨胀率甚至高达百分之几百。由于通货膨胀使材料价格、当地劳动力价格等不断上涨,工程造价大幅度增高,承包商承包合同多数都为固定总价条款,必然使承包商承担额外支付的风险。有些承包商仅仅从工程所在国的短期内的物价波动幅度来分析通货膨胀风险,这是不妥当的,至少是不够全面的。应当看到,即使工程所在国的经济情况在某一时间内似乎是相对稳定的,作为工程承包商,往往需要从其他国家进口某些当地短缺的材料和设备,它们可能受到国际市场的影响;而且,当地的供应商常常也会利用新开工程较多供应能力短期内难以提高等理由来涨价。因此,承包商不仅要注意工程所在国的经济形势,还必须掌握国际市场和所在国市场各种物价浮动的趋势。

3) 经济萧条或国民经济趋于恶化。如果一国经济出现不景气或长期不景气,将构成很大的经济风险,在该国从事 EPC 项目,必然会出现该国相关配套能力不足的问题。

4) 海关清关手续繁杂。有时承包商在合同执行过程中,大量物资需从国外进口,一方面,有的承包商不了解当地法规、政策;另一方面有些国家清关手续繁杂,实行当地人代理人制,海关办事效率低,工作人员作风不廉洁,以致造成物资供应不及时,影响工程施工,甚至造成工程拖期。

5) 没收保函。在国际承包工程中,当事一方为避免因对方违约而遭受损失,通常要求对方提供可靠的担保,这是国际上公认的正常保障措施。而对于我国承包商来说,对保函业务不太熟悉,很容易在这方面遭到风险损失。实际上,有些风险是由于承包商不慎违约造成的结果,也有一些是业主或总包的无理索款,甚至是欺诈行为造成的。例如某公司在北也门从科威特公司手中分包的萨那医学院工程的两百多万美元的履约保函，曾经因总包要求没收而引发长达十多年的官司。

6) 衡平所有权(Equity Ownership)。承包商在自己国家以外的国家承包EPC项目必须了解和熟悉各个不同国家"衡平法"原则保护其所有权的规定，多数发展中国家制订了保护其本国利益的措施。例如，中东一些国家实行责任人制，外国公司必须通过当地公司(担当责任人)才能承揽工程；一些国家规定合资公司中对外资股份的限制，以保证大部分利益应当归于本国。在承包工程方面，有些国家规定外国公司的投标价格必须比当地公司的投标价低若干百分点才能将该工程授予外国公司，或者规定外国公司必须与当地公司联合才能参加投标。也有些国家虽然允许外国公司单独投标，但规定必须将获得工程的某些部分工作或不低于30%的工程分包给当地的公司等等。有时业主还指定分包商，甚至限定分包价格，但总的合同责任仍由总承包公司承担，这就使得总承包公司不仅要支付额外的费用，同时还增加了替当地分包承担违约责任的风险的可能性。

8.1.2.2 道德风险因素

道德风险是指承包商在履行EPC工程总承包项目的合同责任时，由于业主、分包商或其企业内部人员的故意或恶意等不适当行为，而导致一些风险的发生或使风险的结果扩大。

(1) 业主不付款或拖延付款。某些国家在财力枯竭的情况下，对政府的工程项目简单地废弃合同并宣布拒付债务；有的采用一味延期的手法，如20世纪80年代在中国和伊拉克两国政府混合委员会合作框架下的伊拉克政府项目，合同约定中国公司承揽的EPC工程大多采用30%当地币按工程进度支付，其余70%的美元竣工后延期2年支付的付款方式。可是伊拉克政府对于到期的应付款每年都是单方面一延再延拒不支付，哪怕是其拉菲丁银行(伊拉克的中央银行)开出的到期信用证也拒不履行。由于两国混合委员会约定的延期付款利率低于国内、国际的基准利率，到期款的继续延期不仅使得承包商失信于贷款银行，还形成了巨大的利息差，原本的项目盈利不用几年就被利息差耗成了亏损项目。如果是私营企业项目，承包商可以采取某些法律行动来维护自己的利益，但对于政府工程往往很难采取什么有效的措施。有些政府使用主权豁免理论，能使自己免受任何诉讼。一些EPC工程项目的业主可以采取多种方法来故意推迟已完工工程付款。例如，利用监理工程师找各种借口来推迟批准每月完工工程结算单据。他们可以以"未达到图纸文件的技术要求，可能要研究处理"、"工程量测量未经双方共同核实确认"或"双方对工程量计算有差异"等，拖延签署工程师审核意见的时间，有时则搞官僚主义公文旅行。尽管有些合同中规定了延迟付款应增付利息，但一般都把这种利率定得很低，低于国际融资的平均利率，即使支付利息，推迟付款也只对业主有利。

拖延支付和扣留最后一笔工程质量保证金，也是承包工程中经常碰到的事情。因此，承包商都希望用保函来代替工程质量保证金，这样承包商至少可以先取回自己应得的一笔现金。有时候，在业主遇到风险时，为规避和转移其风险，减少自己的损失，经常利用其在合同中的有利地位，拒绝支付承包商应付的合同款，甚至无理要求开证行兑现承包商向其出具的各种保函或备用信用证，如投标保函、履约保函、预付款保函、工程质量保证金保函等，使承包商不得不承担这些保函被兑现后的法律纠纷风险。

（2）分包商的故意违约行为，也是承包商风险的一个重要成因。有的分包商，在项目分包竞标阶段，故意报出低价，一旦授标给他，他则利用各种可能的手段，寻求涨价，甚至以工程质量或工期作为要挟承包商的手段，承包商一旦处理不当，就使承包商面临工程质量不合格或工期拖延从而招致对业主承担违约或支付额外费用的风险。同时，分包商在合同履行过程中的任何违法或不当行为都会给承包商带来不利的影响，都有给承包商带来风险的可能。因为，从整个项目角度，承包商须就整个项目的质量、工期对业主负责。包括分包出去的工程。即使分包商违反税法逃避交纳所得税这种看似与承包商毫无联系的违法行为，一旦由其逃避纳税，而遭到处罚，影响了其财务能力或信用，则也会对其履行与承包商的合同产生不利影响。

（3）材料供应商履约不力或违约。许多国家出于保护民族工业的动机，要求工程材料在当地采购，而当地的材料供应商可能会供应不合格的材料或交货拖延。

（4）承包商参与工程的各级管理人员的不诚实或违法行为是承包商风险的另一个重要成因。如果承包商的各级管理人员不恪尽职守，则会使不利于承包商的事件发生，工程质量、进度、成本控制都是由承包商的管理人员的具体工作来完成的，一旦任何一个管理人员对其工作未尽应尽的管理义务，必然使其工作发生疏漏，对工程的质量、或是进度、或是成本造成不良影响，使承包商面临支付额外费用或承担违约责任的风险。

8.1.2.3 技术能力不足因素

由于承包商技术能力薄弱，缺乏管理人才和经验，或者筹集资金的能力不足，或者承包商和其分包商都具备履行合同的技术、财务、认知和管理能力，但由于其主观重视不够或其他原因，而对工程中的任何一部分疏忽大意、过失、或不够谨慎小心等行为，也是给承包商增加风险发生的机率或扩大发生风险事件的损失程度的因素。

8.2 EPC 工程总承包项目风险管理的具体程序

一般来说，承包商企业对 EPC 工程总承包项目管理程序分为风险识别、风险分析、风险控制和处理三个阶段。

8.2.1 风险识别

风险识别可定义为"系统地、持续地鉴别、归类和评估建设项目风险重要性的过程"。风险识别是指承包商企业对所承包的 EPC 工程项目可能遇到的各种风险的类型和产生原因进行判断分析,以便承包商对风险进行分析、控制和处理。这个阶段的风险管理的主要任务,一是判断承包商在 EPC 工程总承包项目中存在着什么风险;二是找出导致风险发生的因素。

风险如果不能被识别,它就不能被控制,转移或者管理。因而风险识别是风险分析和采取措施前的一个必须步骤。风险识别集中项目管理的注意力于风险的探测和控制上,是一个有益的过程,它会找出需要做深入设计和开发工作的领域。风险识别是一项困难的任务,因为没有一个一成不变的程序可供利用。它严重依赖于关键项目人员的经验和洞察力。

承包商企业对 EPC 工程总承包项目风险的识别应包括从总体上识别承包商企业在 EPC 工程总承包项目上所面临的各种风险和风险的成因的识别以及就具体项目所面临风险及成因的识别。承包商对具体项目所要面临的风险及其成因的分析一般分三步进行。

8.2.1.1 有关此项目的资料和数据是否完整、准确,会直接影响项目风险识别和分析的效果

首先,我们应了解项目本身的一些情况,如项目来源、项目资金来源、项目技术水平、有关标准要求、工期、承包商的工作范围和业主的风险承担范围等等这些资料,同时更重要的还应了解项目的背景资料、业主的资信情况等,对上述材料的分析,可以发现很多具体的风险成因。同时,我们还要找出项目的前提、假设和制约因素。比如,业主提供的设计条件是否具备,这些前提和制约因素,也是很多风险的来源。

任何项目的实施和目标的达成,都有一定的前提和制约因素,而管理和实施计划的制定,都是在若干的假设和前提下做出的,而这些前提和假设在项目的实施期间可能成立,也可能不成立,因此项目的前提和假设之中隐藏着风险。比如我们承接每个总承包项目都是假定在我们可以得到符合合同要求的全部设备的订货的基础上,可以按期、按质完成项目。但可能会出现某些供货商由于一段时间内定货过多或其他原因,不能按时供货或已停止生产我们项目所需的设备和材料,则给我们按照合同规定履约造成风险。而任何项目都处于一定的环境之中,受到许多内外因素的制约,我们还要了解项目所在地的环境情况,如政治、经济情况,地质、气候情况等等。其中法律、法规和规章等因素都是承包商无法控制的。这些都是项目实施过程中的制约因素,其中许多因素也是风险的来源。另外,通过和以往承包商所承包的同类项目经验进行比较,也可发现和识别可能面临的风险。

在对风险的识别技术方面,主要有德尔菲法又叫专家意见法、专家会议法(和前一种统称集体经验法)、故障树法和筛选—监测—诊断法等方法。

(1) 德尔菲法

德尔菲法是在 20 世纪 40 年代由 O. 赫尔姆和 N. 达尔克首创，经过 T. J. 戈尔登和兰德公司进一步发展而成的。德尔菲这一名称起源于古希腊有关太阳神阿波罗的神话。传说中阿波罗具有预见未来的能力。因此，这种预测方法被命名为德尔菲法。1946 年，兰德公司首次用这种方法用来进行预测，后来该方法被迅速广泛采用。

德尔菲法依据系统的程序，采用匿名发表意见的方式，即专家之间不得互相讨论，不发生横向联系，只能与调查人员发生关系，通过多轮次调查专家对问卷所提问题的看法，经过反复征询、归纳、修改，最后汇总成专家基本一致的看法，作为预测的结果。这种方法具有广泛的代表性，较为可靠。

德尔菲法的具体实施步骤如下：

1) 组成专家小组。按照课题所需要的知识范围，确定专家。专家人数的多少，可根据预测课题的大小和涉及面的宽窄而定，一般不超过 20 人。

2) 向所有专家提出所要预测的问题及有关要求，并附上有关这个问题的所有背景材料，同时请专家提出还需要什么材料。然后，由专家做书面答复。

3) 各个专家根据他们所收到的材料，提出自己的预测意见，并说明自己是怎样利用这些材料并提出预测值的。

4) 将各位专家第一次判断意见汇总，列成图表，进行对比，再分发给各位专家，让专家比较自己同他人的不同意见，修改自己的意见和判断。也可以把各位专家的意见加以整理，或请身份更高的其他专家加以评论，然后把这些意见再分送给各位专家，以便他们参考后修改自己的意见。

5) 将所有专家的修改意见收集起来，汇总，再次分发给各位专家，以便做第二次修改。逐轮收集意见并为专家反馈信息是德尔菲法的主要环节。收集意见和信息反馈一般要经过三、四轮。在向专家进行反馈的时候，只给出各种意见，但并不说明发表各种意见的专家的具体姓名。这一过程重复进行，直到每一个专家不再改变自己的意见为止。

6) 对专家的意见进行综合处理。

德尔菲法作为一种主观、定性的方法，不仅可以用于预测领域，而且可以广泛应用于各种评价指标体系的建立和具体指标的确定过程。

德尔菲法同常见的召集专家开会、通过集体讨论、得出一致预测意见的专家会议法既有联系又有区别。德尔菲法能发挥专家会议法的优点：

➢ 能充分发挥各位专家的作用，集思广益，准确性高；

➢ 能把各位专家意见的分歧点表达出来，取各家之长，避各家之短。

同时，德尔菲法又能避免专家会议法的缺点：

➢ 权威人士的意见影响他人的意见；

➢ 有些专家碍于情面，不愿意发表与其他人不同的意见；

> 出于自尊心而不愿意修改自己原来不全面的意见；
> 过程比较复杂，花费时间较长。

在对企业面临的风险进行识别时，特别是涉及到原因较复杂，影响比较重大而又无法用分析的方法加以识别的风险时，德尔菲法是一种十分有效的风险识别方法。其特点是：其一，在风险识别过程中发表意见的专家互相匿名，这样可以避免公开发表意见时各种心理对专家们的影响；其二，对各种反映进行统计处理，如计算出各种风险的平均值和标准差等，以便将各种意见尽量客观地准确地反映给专家们；其三，有反馈地反复进行意见交换，使各种意见互相启迪，集思广益，从而容易做出比较正确的看法。但运用此种方法进行风险识别时，受企业管理人员主观上对调查方案的选择影响较大，使结果可能出现偏差，而且这种方法费时、费力、成本高，一般只适用于大型项目的风险分析。

(2) 专家会议预测法

专家会议预测法就是根据规定的原则选定一定数量的专家，按照一定的方式组织专家会议，发挥专家集体的智能结构效应，对预测对象未来的发展趋势及状况，作出判断的方法。"头脑风暴法"就是专家会议预测法的具体运用。

专家会议有助于专家们交换意见，通过互相启发，可以弥补个人意见的不足；通过内外信息的交流与反馈，产生"思维共振"，进而将产生的创造性思维活动集中于预测对象，在较短时间内得到富有成效的创造性成果，为决策提供预测依据。但是，专家会议也有不足之处，如有时心理因素影响较大；易屈服于权威或大多数人意见；易受劝说性意见的影响；不愿意轻易改变自己已经发表过的意见等等。

专家会议的人选应按下述三个原则选取：

> 如果参加者相互认识，要从同一职位（职称或级别）的人员中选取，领导人员不应参加，否则可能对参加者造成某种压力；
> 如果参加者互不认识，可从不同职位（职称或级别）的人员中选取，这时，不论成员的职称或级别的高低，都应同等对待；
> 参加者的专业应力求与所论及的预测对象的问题一致。

运用专家会议法，必须确定专家会议的最佳人数和会议进行的时间。专家小组规模以 10～15 人为宜，会议时间一般以进行 20～60min 效果最佳。会议提出的设想由分析组进行系统化处理，以便在后继阶段对提出的所有设想进行评估。

专家会议法的弊端主要表现为：

> 由于参加会议的人数有限，因此代表性不充分；
> 受权威的影响较大，容易压制不同意见的发表；
> 易受表达能力的影响，而使一些有价值的意见未得到重视；
> 由于自尊心等因素的影响，使会议出现僵局；

➢ 易受潮流思想的影响。

专家会议法是由企业管理部门根据风险识别的要求，组织有关方面的专家召开专家会议，采取专家集体讨论的方法来对企业拟分析项目的各种风险进行预测识别。这种方法由于考虑了大多数专家的意见，因而可以比较全面地识别企业拟分析项目可能出现的各种风险。

(3) 故障树法

故障树法是分析问题时广泛使用的一种方法，它是利用图解的形式将大的故障分解成若干小的故障，或对各种引起故障的原因进行分解，由于分解后的图形呈树枝状，因而称故障树。在企业风险识别时，故障树法是一种十分有效的方法，它可以将企业面临的主要风险分解成若干细小的风险，又可将企业风险的原因层层分解，排除主观臆断，从而准确地找到对企业真正产生影响的风险及原因。将此种方法与专家会议法相结合，是企业识别承包工程项目风险的主要方法。

(4) 筛选—监测—诊断法

筛选是指企业管理人员对企业的各种潜在的不确定性因素进行分类，确定哪些因素明显地会引起风险，哪些因素明显地不重要，哪些因素不需要进一步研究，通过筛选，使企业管理人员能排除干扰，将注意力集中在那些可能产生重大风险的因素上。监测是指对第一阶段的筛选结果进行观测、记录和分析，掌握它们的活动范围和变化趋势。诊断是指根据 EPC 工程总承包项目风险的症状或其后果与可能的起因关系进行评价和判断，找出真正的起因并进行仔细检查，以便对企业面临的风险进行正确的诊断，才能真正达到风险识别的目的。

8.2.1.2 风险的形式估计

风险的形式估计是要明确项目的目标，采用的策略、方法及实现项目目标的手段和资源以确定是否适应项目及其环境的变化。

首先，明确项目的目标。若项目目标含混不清，则无法测定项目目标何时或是否已经达到，无法激励人们制定实现目标的策略。项目目标要量化，目的是便于测量项目的进展、及时发现问题，目标出现冲突时便于权衡利弊、判定项目目标是否实现以及在必要时改变项目的方向或者及时果断地中断。

其次，制定实现目标的策略。这里主要是指企业实施该项目的具体策略。

第三，明确项目可利用的资源情况，承包商自身的资源，包括人力资源、技术资源和财力资源是否适应项目及其环境的变化的需要。比如是否有足够的合格的工程管理人员、技术人员以及技术人员的技术能力如何，公司的技术储备是否适合项目的要求等，以分析该项目是否具有技术可行及心理因素产生风险的可能。通过对风险形式的估计，使承包商认清项目形势，认清承包人自身的能力，及早识别项目可能的风险。

8.2.1.3 风险识别的结果

风险识别之后要把结果整理出来，写成书面报告，为风险分析、风险控制和处理做准备。风险识别的结果应至少包括下列内容：风险来源、风险的分类或分组、风险特征、对项目管理的要求。FIDIC 合同银皮书中有可能导致承包商成本的增加的主要风险因素如表 8-1 所示。

银皮书中承包商的风险辨识　　　　　　　　表 8-1

编号	条款号和标题	风　险　因　素
1	1.1.1 [合同]	合同文件规定不严谨、措辞不当或有歧义
2	1.4 [法律与语言]	Ⅰ．法律变更(虽然 EPC 合同条件中规定法律变更造成的损失由业主承担，但在工作实际中，由于法律变更给承包商带来的各种消极影响经常难以得到完全补偿)； Ⅱ．承包商与业主之间产生误会、分歧以及承包商的翻译不懂专业、不懂合同所产生的各种误读、曲解
3	1.3 [通讯]	通讯不畅，承包商难以与业主、材料或设备供应商之间进行沟通
4	1.4 [保密]	承包商对合同条件的保密不当，在未经业主同意的情况下，擅自披露或出版了工程的某些细节，侵犯了知识产权
5	1.13 [遵守法律]	Ⅰ．业主的国家政府办事效率低，政府官员腐败； Ⅱ．工程所在国对外国承包商所实施的种种歧视性政策
6	1.14 [共同及各自责任]	Ⅰ．合作伙伴周转资金困难； Ⅱ．利润与损失的分配意见不一致； Ⅲ．合作伙伴间不信任； Ⅳ．合作伙伴的母公司对该联营体的政策变化或干涉行为； Ⅴ．合作伙伴缺少管理能力和资源
7	2.2 [许可、执照和批准]	业主在承包商申请各种许可、执照和批准时协助不力
8	2.4 [业主的资金安排]	银皮书要求业主向承包商递交一份资金安排计划表，以表明其有能力支付工程款，但是资金安排不一定得到兑现，仍然存在业主拖延付款的可能
9	3.4 [指示] & 3.5 [决定]	Ⅰ．业主代表工作效率低，拖延签署各种指令、决定和支付； Ⅱ．业主过于苛刻，有意拖延支付，或找各种借口减扣支付的工程款
10	4.1 [承包商的一般义务]	Ⅰ．《业主任务书》中存在不确定性或歧义； Ⅱ．材料质量不合格，没有质检证明，因而引起返工或由于要换材料而拖延工期，或材料供应不及时，因而引起停工、窝工以及其他连锁反应； Ⅲ．设备供应中同样可能存在质量不合格和供应不及时的问题，另外，还有设备不配套的问题
11	4.2 [履约保证]	业主无理凭保函取款
12	4.4 [分包商]	Ⅰ．分包商违约； Ⅱ．分包商不能按时完成分包工程而使整个工程进展受到影响的风险； Ⅲ．对分包商协调、组织工作做得不好而影响全局
13	4.6 [合作]	与业主人员、其他承包商和任何合法机构的成员合作过程中产生了不可预见的费用
14	4.7 [放线]	业主提供的参照系不准确
15	4.10 [现场数据]	Ⅰ．业主提供的现场数据(5.1 款中的数据除外)不准确、不充分或不完整； Ⅱ．承包商对现场数据的证实和解释有错误，没有发现地质地基、水文气候、地下管线中的问题
16	4.12 [不可预见的困难]	不可预见的困难、意外事件均由承包商负责
17	4.13 [道路及设施权]	无法获得或以很大的代价才能获得道路及设施的使用权
18	4.15 [进场路线]	业主提供的进场路线不适用或不可获得

续表

编号	条款号和标题	风险因素
19	4.16 [货物运输]	Ⅰ.制裁与禁运； Ⅱ.海关清关手续复杂； Ⅲ.进出口管制和报复性关税
20	4.17 [承包商设备]	设备维修条件不足，或者备用件购置困难
21	4.18 [环境保护]	施工或项目运行环境破坏了生态平衡或造成了污染，导致居民的抗议、投诉或干扰以及政府的干预
22	4.19 [电、水、气]	无法或只能高价获得工程所需的电、水、气
23	5.1 [一般设计任务]	Ⅰ.设计标准过高或过低； Ⅱ.设计(包括业主提供的设计)中出现了错误
24	6.4 [劳动法]	承包商按照当地劳动法必须雇佣当地劳工，而当地劳工工作效率低下、薪金水平高
25	7.5 [拒收]	"拒收"与"再检验"使业主发生了费用
26	7.6 [补救工作]	因为承包商未能按照业主"指示"完成工作，业主雇佣其他承包商完成此工作并产生了由承包商承担的费用
27	8.4 [竣工日期的延长]	Ⅰ.异常不利的气候造成的工程拖期，如特大暴雨、洪水、泥石流、塌方； Ⅱ.由于传染病或其他政府行为导致的人员或货物的不可预见的短缺
28	8.6 [进度计划]	承包商修改后的进度计划使业主产生了额外的费用
29	8.8 [工程暂停]	因为承包商的原因造成了暂停，暂停中造成了材料、设备或工程的损失或缺陷
30	9.2 [延误的检验]	由承包商的原因造成了检验的延误
31	9.4 [未能通过竣工检验]	工程或其某一区段未能通过9.3款中的"重复检验"，业主收回了为该工程所支付的所有费用以及相应的融资费
32	10.1 [工程或区段的接收]	由于承包商未及时提交文件而延误业主对工程的接收
33	11.2 [修补缺陷的费用]	由下列原因造成缺陷而须修补： Ⅰ.材料、设备或工艺不符合合同要求； Ⅱ.由于承包商的原因造成的不正确操作或维修； Ⅲ.承包商未能遵守其他规定
34	13.8 [费用变化引起的调整]	物价上涨或汇率浮动
35	16.2 [承包商终止合同]	政府项目废弃合同，拒付债务
36	17.1 [免责]	承包商的疏忽或失误造成业主的人员或财产损失
37	17.2 [承包商照看工程]	Ⅰ.在承包商照看期间，由于"业主的风险"以外的原因造成了工程的损失或损坏； Ⅱ.在接受证书颁发后，由于承包商行为造成的对工程的损坏或损失； Ⅲ.在接受证书颁发后，由于承包商在此之前的某些行为引起了损坏或损失
38	17.3 [业主风险]	在下列情况下，承包商很难得到完全赔偿： Ⅰ.工程所在国发生内战、革命、暴动、军事政变等； Ⅱ.国有化、没收与征用
39	17.5 [知识产权和工业产权]	承包商对工程的设计、制造、施工侵犯了知识产权或工业产权

8.2.2 风险分析

通过运用统计、分析技术对风险识别报告中的各种风险的出现概率分布情况等进行分析，衡量每种可能发生的风险发生的频率和幅度及对企业的影响程度的重要一环。

风险分析是以尽可能客观的调查数据、预测、估计，以及对环境、竞争对手、自身承受能力和期望的主观判断为基础的。

8.2.2.1 EPC工程承包中对于风险分析评价的主要内容

EPC工程承包中对于风险分析评价主要从以下几个方面进行：

（1）政治。考察工程所在国家的政治局势是否稳定；研究其与邻近国家的关系，考察潜在的战争危险，研究其国内政治派别、民族、宗教纠纷的历史与分析国内政治斗争的发生及后果。

（2）经济。考察工程项目所在国家的经济形势，国家预算，建设规模以及能力，研究其财政政策和货币政策，考察其外汇管理体制，以及对外资的管理办法等。

（3）市场。考察工程项目所在国家主要生产和生活物资近几年的价格浮动趋势，研究其通货膨胀情况，研究其建筑市场发展状况，国际承包公司和本国工程公司已承包工程的价格水平和支付条件等。

（4）业主。调查拟投标项目业主的情况（政府或私人的），了解其资金来源及可靠程度，了解业主的其他项目的管理与支付的情况，研究业主的监理工程能力以及其对质量、进度、标准的要求。

（5）合同。研究招标文件的一般合同条件和特殊条件，并将这些条件同国际通用的合同条件进行对比研究，分析其差异，重点研究合同条件中的支付条款，税收，外汇，价格调整等条款，分析其有关各种限制性说明等等。

（6）自然条件。调查拟投标项目的现场条件，包括外部条件（如道路，供水，供电，通讯及交通运输等），地形、地质、水文、地震、气象以及周围的环境条件，特别要考察建设地区的自然灾害历史，如洪水、沙暴、干旱等等。

通过以上各个方面调查研究，分析发生各种风险的可能性及危害程度，对风险做出客观的综合评价，为制定和采取减轻和转移风险的措施提供依据。

8.2.2.2 EPC工程总承包项目风险分析方法

在EPC工程总承包项目风险分析方法方面，各企业主要采用经验估计法、概率分析法、敏感分析法等方法来衡量不同的风险及对风险采取不同的对策。

（1）经验估计法是指企业管理人员以自己多年积累的工作经验和手头掌握的有关资料为基础，凭借自己的直觉对企业风险做出判断，该方法是实际企业管理应用得最为广泛的一种风险分析方法。

（2）概率分析法是运用概率分析的办法衡量不同方案中风险发生的概率比较。

（3）敏感分析法是指在决策过程中，通过所预测的自然状态的概率及其计算得到的损益值进行敏感分析，以确定这些数据在多大范围内变动，不会影响原定决策的有效性，如果超过这个范围，原来的最优方案就会变成不是最优的了，这样就便于人们事先考虑好应变风险的策略，争取主动，防止决策失误给承包商企业带来不应有的损失。

8.2.3 风险控制和处理

风险控制和处理，是在对风险进行识别和分析的基础上，制定企业在整个经营管理过程中和具体项目管理过程中风险管理的策略和方法，制订风险管理计划，从而实现防范风险发生，减少风险损失的目的。

针对各个不同的项目存在不同的产生风险的因素，各种风险发生的概率和影响也不同，这就要求承包商针对具体项目中不同风险成因，选择不同的风险控制策略。比如某项目工期较短而产生工期拖延是项目重要的风险来源，则在项目的整个管理过程中加强对制约工期的各种因素的管理，制定项目实施方案，以避免风险的发生。在合同签订时，尽量减少承包商承担拖期的违约责任的限度，以减少一旦发生拖期时的违约责任，同时确定公司在此项目上的目标。

8.2.3.1 风险控制的基本原则

在 EPC 工程总承包项目中进行风险控制和处理，应遵循以下原则：

(1) 责、权、利的平衡。风险应该和收益对称。承担风险的一方应该可以得到风险不发生带来的收益。如在总承包合同中，因为承包商必须要承担对分包商的组织风险，如果承包商管理能力较强，组织工作较好，则它应得到较高管理费的收益。

(2) 风险分配给容易控制的一方。从项目全寿命周期的角度来看，风险分配给容易控制的一方。一方面，控制方可以通过有效控制风险得到相应收益，另一方面，可以降低项目的全寿命周期费用，是比较合理的。

(3) 对于难以预计的风险应该由业主承担。对于总承包项目，承包商承担的风险相比其他合同体系是最大的。如果还要承担难以预计的风险，会迫使其大幅度地提高造价，而且会打击其工作积极性。

(4) 应符合工程惯例。一方面，惯例是大家公认的处理方法，较公平合理。另一方面，大家对惯例比较熟悉，产生分歧可以较快解决。

8.2.3.2 风险控制的基本方法

风险控制和处理的基本方法主要有风险预防、风险转移、风险分散和风险自担。

(1) 风险预防是指事先采取相应的措施，防止风险的发生，它在风险管理中发挥着防患于未然的作用，是处理风险的一种主要方法。在项目决策阶段，通过对业主和分包商和供货商信用的分析、项目的可行性研究及时发现和计算有可能出现的各种风险，并据此采取各种相应的管理程序、管理方式和管理方法是风险管理的主要内容。在合同投标、报价阶段，合同商务谈判签订阶段采用的各种风险防范措施多是采用风险预防的方法。

(2) 风险转移是指企业以某种方式将风险损失转嫁给他人承担。风险预防处理并不是万能的，有时还必须同时采取风险转移的措施，把风险转移出去。风险转移是承包商企业处理 EPC 工程总承包项目风险的一种重要方法。一般来说主要有三种途径：一是将风险转移给客户，比如承包商利用分包合同或采购合同转移自身承担的风险。二是将风险转移给担保人，比如卖方信贷项目要求业主提供银行保函。三是将风险转移给保险公司，一旦发生损失则保险公司承担一部分风险。

基本上所有 EPC 总承包项目都采用为 EPC 项目向保险公司投保这一措施来降低风险。

(3) 风险分散分为外部分散和内部分散两种。

外部分散是指企业通过同外部企业合作，将风险分散到外部去，从而减少其风险损失额。如联合体投标，就是将项目的整体风险，分散给多个主体承担，而降低单个主体承担的风险。

风险内部分散是指企业通过调整内部资金结构，将有些项目风险损失分摊到另外一些项目上去，从整体上调整一定时期内的风险损失率。

(4) 风险自担是指企业以自身的财力来负担未来可能产生的风险损失。

风险自担包括两方面的内容：一是承担风险，二是自保风险。承担风险和自保风险都是由承包商自身的财力来补偿风险损失，其区别主要在于自保风险需要建立一套正式的实施计划和一笔特定的基金。当损失发生时，直接将损失摊入经营成本。有些风险虽然也会带来损失，但由于损失规模较小，对企业经营活动影响不大，因而企业可以采用直接承担风险的办法加以处理。自保风险是指企业处理那些损失较大，无法直接摊入经营成本的风险的一种手段，即每年从企业的盈利中，按照一定比例提取风险基金，作为风险准备金，用以应付意外的风险损失，提取风险基金，并没有减少企业的风险，而是增强了企业承担风险的能力。

8.3 EPC 工程总承包项目风险的全过程管理

EPC 工程总承包项目的风险管理应贯穿于每个项目执行的全过程。而对项目的风险识别、风险分析、风险控制和处理也是在工程项目执行各个过程中一个循环往复的过程。在整个对 EPC 工程总承包项目风险管理中最重要的是防范和规避风险的发生。本节主要从 EPC 项目的每一个执行过程谈谈对这些过程的风险管理。

8.3.1 项目投标和议标过程中的风险管理

EPC 总承包商的风险管理应及早开始，这样就可以花费较低的成本，对项目风险做到有效的控制。有经验的承包商在决定投标之前，应对业主欲发包的项目进行长期的跟踪，收集基础资料，使自己在有限的投标期限内对项目风险做出尽可能充分的分析判断。

在得到项目的招标或议标的信息后即可以启动项目风险管理程序。

(1) 深入调查工程所在地的政治、经济、社会、法律、税收、外汇情况。如调查其经济状况是否稳定、是否容易因国际或地区经济形式的变化而动荡等,是否存在发生通货膨胀或物价上涨的可能性,是否有对设备及服务的准入制度,税收及外汇制度,如所得税征收制度、外汇汇出、汇入制度等,同时还要了解所在国的劳动力、原材料的价格情况等等,以便为准确的风险识别和风险分析打下良好基础。将相应的风险费计入投标报价。

(2) 仔细研读合同文件,如果发现任何不严谨、措辞不当或有歧义的情况,立即向业主发函要求澄清,并且将澄清的结果记录、存档,从而减少由于主观或客观原因造成的合同文件含混导致的损失。

(3) 深入了解业主的资金支付情况。调查业主出具的资金安排证明,如果是政府项目要调查其财政状况,以及是否存在由于财政枯竭而拒绝支付的历史;如果是私人项目,则重点调查公司的财务状况、该公司的资信程度。

(4) 详细的现场勘查及考察。承包商应该在时间、费用允许的情况下,尽可能详细地考察、证实现场的地质地基、水文气候、地下管线条件等,制定相应的处理措施。

(5) 提供尽可能多的供货商。承包商在技术标中多列一些供货商的名单,可在以后某些供货商的选择上为自己留下更多的余地。

通过专家会议法或其他风险识别技术对项目风险进行识别,确定主要的风险源,运用经验估计或其他风险分析技术对项目风险进行分析,以确定风险源中各种风险发生的概率和对承包商的影响力。承包商根据分析结果,决定是否参加项目投标或议标报价。一般来说对于存在致命性风险的项目多数承包商是望而生畏而不愿卷入的;对潜伏一般风险的项目必须找到合适的规避该风险的措施;对于存在轻微风险的项目,承包商从投标、议标、签订合同到项目执行的每个阶段,都应认真研究风险控制的方法。

对项目风险进行评价后一般可以有以下两种结果,针对不同的结果采取相应的风险控制手段。

(1) 项目风险超过了企业可接受的水平,则管理者可以取消项目或通过降低项目的目标要求,获得可以接受风险的可能性,以便参加此项目的投标或议标报价。

(2) 项目整体风险在能够接受的范围内,则尽可能争取使用有效的风险控制手段在投标、议标阶段把风险可能发生的机率降到可控的范围内,有效预防风险。

1) 选用恰当的投标和议标方式,分散或转移可能产生的风险,如对一些项目风险,公司自担风险没有把握,则可以采用风险分散的方法,同其他投标人联合投标,以增加项目风险承担者,使自己承担的风险相对降低,当然所获得的收益相对减少。

2) 对项目工作范围或风险责任清楚的部分,报价表述必须清晰;对范围不清的工作或风险责任应请求业主给予澄清,如果无法得到业主的澄清,则应尽可能在报价中对所报价的范围及承包商所承担的最大风险责任进行限定,同时规定报价的有效期,以避免因报价范围和责任不清而产生的费用支出或其他责任风险,同时为完成业主要求的额外工作而取得补偿打下基础。

3) 在项目工期及收款的进度安排上,尽可能地细化工期网络进度计划和项目现金流量表。在网络进度计划中,对关键路径,适当加强业主方面义务对工期的影响,以增强对将来一旦发生的拖期罚款的抗辩能力。在报价收款的现金流量表中尽量加大前期的现金流量,以减少将来拖付或拒付的风险。

8.3.2 项目合同商务谈判和签约过程中的风险管理

合同签订阶段,承包商的项目管理者对项目的全貌已基本有所了解,在投标报价阶段对风险分析的基础上,更加准确地进行风险识别,了解项目可能面临的风险,通过风险分析,判断出风险发生的概率和对承包商可能产生的影响,制订更详细的项目风险来源表,对不同成因的风险分别加以分析,根据不同情况,采取不同商务谈判策略。以期在合同签订阶段,消灭或减少一些风险因素,以减少合同执行阶段风险发生的可能。EPC项目合同风险需要从以下10个方面进行把握。

(1) 工程范围

工程范围技术性比较强,必须首先审核合同文件是否规定了明确的工程范围,注意承包商的责任范围与业主的责任范围之间的明确界限划分。有的业主将一个完整的项目分段招标,此时应该特别注意本公司的工程范围与其他承包商的工程范围之间的界限划分和接口。

例如,水力、火力发电站项目,业主往往将土建、机电设备和输变电分开招标,甚至土建标本身还划分土建一标段(CW1)、土建二标段(CW2)等,这个时候就必须注意有关各标段之间接口的划分问题。

(2) 合同价款

EPC合同的合同价款通常是固定的封顶价款。关于合同价款,重点应审核以下两个方面:

首先,合同价款的构成和计价货币。此时应注意汇率风险和利率风险以及承包商和业主对汇率风险和利率风险的分担办法。例如:在一些亚非国家承包项目,合同价款往往分成外汇计价部分和当地货币计价部分。由于这些国家的通货膨胀率通常会高于美元或欧元,应考虑在合同中规定当地货币与美元或欧元之间的一个固定汇率,并规定超过这一固定汇率如何处理。或者采用付什么货币就收什么货币的对策。

其次,合同价款的调整办法。这里主要涉及两个问题:一是延期开工的费用补偿。有的项目签完合同后并不一定能够马上开工,原因是业主筹措项目资金尚需时间,这时就有必要规定一个调价条款。例如：合同签订后如果 6 个月内不能开工，则价款上调××%；如果 12 个月内不能开工，则价款上调××%；超过 12 个月不能开工，则承包商有权选择放弃合同或者双方重新确定合同价款。投标书中更应该注意对投标价格规定有效期限（例如 2 个月，用于业主评标），以防业主开标期限拖延或者在与第一中标人的合同商务谈判失败后依次选择第二中标人、第三中标人使得实际中标日期顺延、物价上涨造成承包商骑虎难下。二是对于工程变更的费用补偿规定是否合理。至少对于费用补偿有明确的程序性规定，以免日后出现纠纷。有的业主在招标书中规定，业主有权指示工程变更，承包商可以提出工期补偿，但是，不得提出造价补偿，这是不公平的。应该修改为根据具体情况承包商有权提出工期和造价补偿，报业主确认，并规定协商办法和程序。

(3) 支付方式

首先，如果是现汇付款项目（由业主自筹资金加上业主自行解决的银行贷款），应当重点审核业主资金的来源是否可靠，自筹资金和贷款比例是多少，是政府贷款、国际金融机构（例如世界银行、亚洲开发银行）贷款还是商业银行贷款，前者更加可靠。总之，必须审核业主的付款能力，因为业主的付款能力问题将成为承包商的最大风险。

其次，如果是延期付款项目（大部分付款是在项目建成后还本付息故需要承包商方面解决卖方信贷），应当重点审核业主对延期付款提供什么样的保证，是否有所在国政府的主权担保、央行担保还是商业银行担保、银行备用信用证或者银行远期信用证，并注意审核这些文件草案的具体条款。上述列举的付款保证可以是并用的（即同时采用其中两个），也可以是选用的（即只采用其中一个）。当然，对承包商最有利的是并用的方法，例如，既有政府担保又有银行的远期信用证。对于业主付款担保的审核，应该注意是否为无条件的、独立的、见索即付的担保。对于业主信用证的审核，应该注意开证行是否承担不可撤销的付款义务，并且信用证是否含有不合理的单据要求或者限制付款的条款。此时还应该审核提供担保或者开立远期信用证的银行本身的资信是否可靠。例如，某中国公司曾经试图承揽非洲国家某电站项目，业主提出由非洲进出口银行提供延期付款担保，但是经审查该非洲进出口银行的年报，发现该银行的净资产额不足以开立该项目所需的巨额银行担保。

第三，审核合同价款的分段支付是否合理。通常，预付款应该不低于10%，质保金（或称"尾款"）应该为5%或者不高于10%，里程碑付款（即按工程进度支付的工程款）的分期划分及支付时间应该保证工程按进度用款，以免承包商垫资过多，否则既增加风险又增加利息负担。要防止业主将里程碑付款过度押后延付的倾向。还要注意，合同的生效，或者开工令的生效，必须以承包商收到业主的全部预付款为前提，否则承包商承担的风险极大。

第四，应该审核业主项目的可行性。除了其本身的经济实力外，业主的付款能力关键取决于能否取得融资,如银行贷款、卖方信贷、股东贷款、企业债券等。融资的前提除了技术可行性之外,还有财务可行性。财务可行性的关键则是项目的内部收益率能否保证投资回收和适当利润。

第五,尽量不要放弃承包商对项目或已完成工程的优先受偿权。根据我国的司法解释,承包商对建设工程的价款就该工程折价或者拍卖的价款享有"优先受偿权"。在英国、美国和实行英美法律体系的国家和地区,承包商的这种"优先受偿权"被称为"承包商的留置权"。有的业主在招标文件中规定,承包商必须放弃对项目或已经完成的工程(包括已经交付到工地的机械设备)的"承包商的留置权"。对此,应该提高警惕。因为这往往意味着,业主准备将项目或已经完成的工程(包括已经交付到工地的机械设备)抵押给贷款银行以取得贷款。如果承包商放弃了"承包商的留置权",势必面临一旦业主破产,则由承包商承担货款两空的风险。

(4) 承包商的三个银行保函

通常业主会要求承包商在合同履行的不同阶段提供预付款保函、履约保函和质保金保函三个银行保函。如果业主只要求提供其中的两个(例如省略了履约担保),不要盲目乐观,此时很可能仅仅是业主跟你玩了一个文字游戏而已。

例如,某中国公司在东南亚某国承包一个电站项目,业主名义上没有要求承包商开具银行履约保函,但是,该项目的预付款保函却规定该预付款保函的全部金额必须在合同项下的工程完成量的价值达到合同价款的90%时才失效,等于是一份预付款保函加一份变相的履约保函。以下按照顺序分别介绍这三个银行保函。

首先是预付款保函。审核预付款保函的重点有三:一是预付款保函必须在承包商收到业主全部预付款之时才同时生效,而且生效的金额以实际收到的预付款金额为限;二是应当规定担保金额递减条款,即随着工程的进度,预付款金额逐步递减直至为零(递减方法有许多变种可以采用,包括按照预付款占合同价款的同等比例从里程碑付款中逐一扣减;按照设计图纸交付进度以及海运提单证明的已装运设备的发票金额逐一扣减;限定在海运提单证明主要设备已装运之后预付款保函失效,或者按开工后的月份或日历天进行扣减等多种方法);三是预付款保函的失效越早越好,尽量减少与履约保函相重叠的有效期限。应该避免预付款保函与履约保函并行有效直至完工日。如果对预付款保函的有效期作如此规定,则无异于将预付款保函变成了第二个履约保函,增加承包商的担保额度及风险。尤其应当拒绝预付款保函超越完工期,与质保金保函重叠。

其次是履约保函。审核履约保函的重点有三:一是履约保函的生效尽量争取以承包商收到业主的全额预付款为前提。二是履约保函的担保金额应该不超过合同价款的一定比例,如10%。此时应注意,通常现汇项目的业主会要求承包商提供较高的履约保函比例,如20%或30%。但是,对延期付款项目,鉴于承包商已经承担了业主延期付款的风险,应该严格将履约保函的比例限制在10%以下。三是履约保函的失效期应争取在竣工日、可靠性试运行完成日或者商业运行日失效之前,也可约定在合同竣工日后的某一天,如合同竣工日后的6个月。并避免与质保金保函发生重叠,否则会增加承包商的风险。也就是说,在质保金保函生效之前,履约保函必须失效。否则,等于在质保期内业主既拿着质保金保函,又拿着履约保函,两个保函的金额相加,会增加承包商被扣保函的风险。

第三是质保金保函,也称"维修期保函"或"保留金保函"。审核质保金保函的重点有三项:一是质保金保函的生效应该以尾款的支付为前提条件。也就是说,业主支付5%的尾款,承包商就交付5%的质保金保函;业主支付10%的尾款,承包商就交付10%的质保金保函。应该避免在业主还未交付尾款的情况下,承包商的质保金保函却提前生效的规定。二是质保金保函的金额不应该超过工程尾款的金额,通常为合同价款的2.5%或5%,最多不能超过10%。三是质保金保函的失效应当争取不迟于最终接受证书签发之日。为了避免业主无限期推迟签发最终接受证书,也可以争取规定:"本质保金保函在消缺项目完成之日或者最终接受证书签发之日起失效,以早发生者为准,但无论如何不迟于××年××月××日"。

(5) 误期罚款

对误期罚款,应重点审核以下三个方面:

一是工期和罚款的计算方法是否合理。例如,水电站项目应尽量争取从开工日到可靠性试运行的最后一天为工期,逾期则罚款。有的项目规定除了上述工期罚款之外,还另行规定了同期并网的误期罚款。此时应注意:如果有一台以上的机组,应将每台机组的罚款工期分别计算,并争取性能测试不计入工期考核。如果是燃气电站,由于是联合循环,往往是将整个电站的所有机组合并考核工期和性能指标。也有的业主比较苛刻,规定从开工令发出之日到商业运行日为工期,并对商业运行设定了许多条件,甚至将承包商付清违约罚款(包括误期罚款)作为达到商业运行的先决条件之一。应该尽量避免这种苛刻的规定。

二是罚款的费率是否合理,是否过高,是否重复计算。

三是罚款是否规定了累计最高限额。为了限制承包商的风险,应争取规定累计最高限额,例如,"本合同项下对承包商每台机组的累计误期罚款的最高限额不得超过合同价款的5%~10%"。

(6) 性能指标罚款

对性能指标罚款,应重点审核以下四个方面:

一是对性能指标的确定和罚款的计算方法是否合理。以电站项目为例,通常应该对每台机组的性能考核缺陷单独计算。

二是罚款的费率是否合理,是否过高,是否重复计算。如电站项目,应对机组的出力不足、热耗率超标、厂用电超标、排放量、噪声等考核指标的具体罚款数额或幅度予以审核。

三是罚款是否规定了累计最高限额。以电站项目为例，为了限制承包商的风险，应尽量争取规定对每台机组性能考核缺陷的累计罚款不超过该台机组价格的××%，例如5%。

四是要特别注意审核业主对性能指标超标的拒收权。因为拒收对承包商的打击是致命的，所以必须严格审核性能指标超标达到什么数值可以拒收是否合理。以电站项目为例，有的业主规定如果机组的出力低于保证数值的95%，或者热耗率超过保证数值的105%，业主有权拒收整个工程。

(7) 承包商违约的总计最高罚款金额和总计最高责任限额

许多EPC合同并不规定对承包商违约的总计最高罚款金额。这个总计最高罚款金额包括上述误期罚款限额、性能指标罚款限额在内，通常应该低于上述各个分项的罚款限额的合计数额。如有可能，应尽量争取规定一个总计最高罚款金额，例如不超过合同价款的15%，以免万一出现严重工期延误、性能指标缺陷的情况，使得承包商承担过度的赔偿风险。

总计最高责任限额与上述总计最高罚款金额不同。它通常除了上述合同约定的误期罚款、性能指标罚款之外，还包括缺陷责任期内的责任以及承包商在合同项下的任何其他违约责任。所以，总计最高责任限额要大于总计最高罚款金额。通常，承包商的总计最高责任限额不应超出合同价款的20%。

也有的EPC合同并不区分上述两个不同的概念。在约定各个分项的误期罚款限额、性能指标罚款限额之后，不再约定总计最高罚款金额，而是直接规定一个总计最高责任限额，例如合同价款的20%。

总之，规定一个或数个最高限额以限制承包商的赔偿责任对承包商是有利的，关键是具体限额定得是否合理可行。

(8) 税收条款和保险条款

对税收条款的审核应明确划分承包商承担项目所在国的哪些税收，业主承担项目所在国哪些税收。如有免税项目，则应明确免税项目的细节，并明确规定万一这些免税项目最终无法免税，承包商有权从业主那里得到等额的补偿。

对保险条款的审核应当注意关于承包商必须投保的险别、保险责任范围、受益人、重置价值、保险赔款的使用等规定是否合理。此外，还应注意避免在保险公司的选择上受制于人。例如：伊拉克为了保护本国的保险业，规定凡是政府投资的项目，其工程险必须向本国的保险公司投保，而该国的保险公司只受理当地币投保。受此限制，某中国公司投保的项目被洪水淹没后仅得到了当地币的赔偿，而此时因当地币贬值所赔付的款项远不够支付更换进口设备之需。所以，在合同的保险条款内应尽量争取排除这种限制性条款。

如果受所在国法律的限制，工程险必须向所在国的保险公司投保，则退一步，还可以争取在合同中规定，作为投保人的承包商有权自行选择第一层保险公司背后的再保险公司。因为大多数亚非国家的保险公司往往对重大项目的承保能力有限，通常是向国际上具有一定实力的再保险公司（例如慕尼黑再保险公司、瑞士再保险公司等）寻求再保险的报价之后才自己报价。如果承包商保留对再保险公司的选择权，那么也可能通过自己选择甚至组织再保险来提高保费支付的可靠性。

（9）业主责任条款

在审核业主责任条款时应注意：首先，业主最大的责任是向承包商按时、足额付款。合同条款中应该争取对业主拖延付款规定罚息，并且对业主拖延付款造成的后果规定违约责任。

其次，注意在合同中明确规定业主有义务对施工现场提供什么样的条件，其中包括：施工现场应该具有什么样的道路、施工用电、用水、通信等条件。

第三，注意规定业主按期完成其本身工程范围内工程的责任。例如：业主应该按期完成施工现场临时水、电、排污接驳的申请，以确保工程按计划开工。如果是电站，还应该规定业主应该按期完成并网的申请，防止机组的并网、性能测试和可靠性试运行受到影响。中国的竣工验收改为"竣工备案制"后，许多竣工资料必须由业主提供。所以应将这些工作列入业主的责任范围。

第四，在分标段招标的 EPC 合同项下，还应争取明确如果业主聘用的其他承包商施工干扰了本合同承包商施工，业主应该承担什么责任。

第五，业主往往在招标文件中规定，对于招标文件中的信息的准确性业主不负责任，承包商有义务自己解读、分析并核实这些信息。这里有一个区别：例如水文地质情况，承包商可以自己调查并复核有关情况；但是，对于招标文件中有关设计要求的技术参数，应该属于业主的责任范围。

（10）法律适用条款和争议解决条款

法律适用条款通常均规定适用项目所在国的法律，这一条几乎没法改变。有的外商在中国内地投资电站项目，却在合同条款中规定适用外国法律为合同的准据法。这是不能接受的。因为只要工程建在中国，就必须受中国的法律约束，例如：工程的设计规范、质量标准、环保法规、建设法规、消防法规、安全生产标准等，均必须适用工程所在地首先的原则。有的业主因为是国际资本，工程建在中东，却要求 EPC 合同的准据法规定为英格兰法，这也应该尽量避免。

此外，还有两点应该引起注意：一是尽量争取适用所在国法律的同时，更多地适用国际惯例，例如：关于 EPC 合同的 FIDIC 条款、跟单信用证统一惯例（国际商会第 500 号出版物）、国际商会关于见索即付担保的统一规则等。二是尽量争取如果法规变化导致承包商的工程造价（成本及开支）增加，业主应该予以等额补偿。

关于争议解决条款的审核重点：

首先，应该避免在项目所在国或业主所在国仲裁，争取在第三国国际仲裁，尤其应该避免在一些对中国怀有偏见的西方国家仲裁机构仲裁。例如：某中国公司在南亚某国承揽的项目，由于项目的大股东在美国，合同中迁就了业主的要求，规定在美国仲裁协会仲裁，最终被裁决巨额赔款。更奇怪的是，整个仲裁裁决书才一页，既没有对案情的陈述、分析、也没有判案的理由，只有裁决时间、仲裁员姓名、申请人姓名、被申请人姓名和裁决赔款的金额和支付时间。

其次，应该明确选择仲裁机构和仲裁条款。如果适用联合国国际贸易法委员会仲裁规则等实行的"临时仲裁"规则，则可以不选择仲裁机构，但是，必须明确仲裁庭的组成程序。"临时仲裁"并不是指仲裁裁决是临时的，而是指仲裁庭并不从属于一个常设的仲裁机构，仲裁庭是"临时"组成的。

第三，必须明确规定仲裁裁决是终局的，对双方均有约束力。任何一方不试图另行向司法当局寻求不同的裁决，但是，任何一方均有权向有适当管辖权的法院申请对仲裁裁决书的强制执行。此外，还应该规定仲裁程序中使用的语言文字，以及仲裁费用的分担办法等。

总之，签订一份高质量的总包合同对项目的风险管理是至关重要的。

8.3.3 项目执行过程中的风险管理

项目执行阶段的风险管理是整个项目风险管理的关键环节，对整个风险管理的成败起着决定性作用。

对项目执行阶段的风险管理必须重新对项目风险进行再次识别、分析完善风险来源表。针对不同风险成因的风险，制订不同的风险控制策略，通过有侧重地加强工程管理，预防风险的发生。工程管理人员应在项目执行全程对风险进行监控，及时发现风险隐患，适时化解、分散、转移风险。

8.3.3.1 根据风险来源表的分析制定项目的保险计划

根据风险来源表的分析制定项目的保险计划，并指定专门人员负责保险管理，对工程出险及时索赔。进行工程保险是承包商转移和减轻风险的重要方法之一。工程保险是项目风险管理中最重要的转移技术和基础，它的目的在于通过把伴随着工程管理的进行而发生的大部分风险作为保险对象，减轻与业主和承包商有关的损失负担，以及围绕负担这种损失所发生的纠纷，清除工程进行中的某些障碍，谋求工程实施的顺利完成。虽然采用此办法可能要支付一定的保险费用，但相对于风险损失而言则是很小的数字，而且承包商可以将保险费记入工程成本。

利用工程保险进行风险转移，风险管理人员必须以最优的工程保险费获得最理想的风险保障为总目标。

承包商在按合同规定为工程的风险进行保险时，即使业主对保险审查不严格，自己也不应为了节约保险费用而少保或不保。对风险抱有侥幸心理，往往使承包商因小失大，一旦出险，损失得不到补偿，还得自负费用承担修复的义务，给自己造成更大损失，同时还存在对业主承担违约责任的风险。

对于业主负责工程保险的合同，应注意业主为了降低保险费率而提高免赔额的情况。如果每次出险的金额都低于免赔额，就会给承包商造成无处索赔额外费用的情况，如果这种情况反复出现，就会给承包商带来很大损失。如果业主拒绝降低免赔额，则可要求在合同中增加相应条款，由业主负责补偿承包商由于保险公司免赔过高而产生的损失和额外费用。承包商还应根据实际情况对一些合同要求以外的风险进行保险，对业主资信没有把握的项目进行投保，当然这种保险的费用一般较高，承包商应根据风险分析结果及公司的承受能力选择是否投保，从风险管理费用与风险安全保障是否适应的角度进行考虑。

8.3.3.2 签分包合同和设备采购合同时的风险管理

首先根据客户档案，对分包商和供货商的资信、履约能力、承担风险的能力等进行认真了解，如有可能还可以到分包商和供货商的银行和用户单位进行了解，尽量减少由于分包商或供货商选择不利而可能给承包商带来的风险。

同时尽可能将业主在主合同中给予承包商的责任通过分包合同和采购合同转移给分包商和供货商，在分包合同和采购合同中应采用与主合同相同的保证条款，责任范围条款、担保和承担违约责任条款，技术标准条款等。如主合同要求承包商提供保函或备用信用证，则在分包合同和采购合同中对分包商和供货商应有相同要求，以最大限度地转移或分散承包商所承担的风险责任。这是承包商主要的风险转移的手段。签订高质量的分包和采购合同是项目风险转移的基础。

8.3.3.3 现金流量管理

根据主合同的付款现金流量表，制订分包合同和设备采购合同的现金流量表，并根据主合同的现金流量表的变化适时调整对分包商和供货商的付款现金流量，对分包商和供货商的付款应略晚于承包商从业主的收款，以便将由分包商或供货商的质量问题或工期拖延而导致业主不付款或迟付款及承担违约责任的风险及时转移给分包商或供货商，最大程度上把握对分包商或供货商的有效追索权。

同时减少项目财务费用的支出，增强项目自身抵御风险的能力。公司可以通过对现金流量表与实际现金流量的比较，及时发现费用额外支出等情况，及时进行处理。避免酿成较大风险。因此，通过运用现金流量表对现金流量进行控制，是控制业主不付款或迟付款，承包商额外费用支出的主要风险控制手段。

8.3.3.4 网络计划管理

根据主合同的项目网络计划制订分包商和供货商的进度网络计划,并根据工程具体实施情况适时调整,对某些工作的迟延对整个工期的影响及时进行分析,及时发现和消除制约工期按时完成的因素,并积极向其总部反馈。同时,控制、监督分包商和供货商及时采取措施,有效控制拖期的风险。通过网络计划对工程进度进行控制和管理是承包商控制拖期风险的一个主要手段。

8.3.3.5 合同管理

项目实施过程中加强合同管理,配备专门的合同管理人员负责合同的管理工作。提高承包商自身适当、全面履行合同的能力,避免由于自身违约而产生各种风险的可能。项目合同管理人员应根据合同规定制订本合同下的文件管理流程,收付款流程,变更指令申请流程,设备材料监造、验收流程,索赔、纠纷解决流程,分包商、供货商选择原则和监督办法等,并制定标准的采购和分包合同等。根据项目合同有关规定制定出合同履行中各种工作规范,以减少由于承包商违反合同而承担违约责任风险。

由于EPC工程总承包项目的变化因素众多,合同各方除合同之外的一切文件记录都应作为合同档案,解释、确认和归档,这是保证工程按合同要求顺利进展和避免项目风险的极好措施,也是发生风险后进行工程索赔的重要依据。有效的合同管理可以防止双方意见分歧,约束合同双方遵守合同规定的责任和义务,从而消除一些风险隐患。

EPC工程总承包市场中承包商的风险越来越大,合同条款越来越复杂,如果没有有效的合同管理,承包商就难以承受承包过程中众多的风险带来的损失。

8.3.3.6 索赔策略

有效利用索赔手段是避免和弥补承包商风险造成的损失和减轻风险危害的重要策略。

索赔是合同一方对另一方的违约而导致的损失提出弥补损失的权利主张,也是承包商在风险发生后对风险进行管理,实现风险转移的主要方法。索赔是合同双方共有的权利,索赔和反索赔没有一个正确的标准,只能以实际发生的事件为依据进行实事求是的评价和分析,找出索赔的理由和条件,由于索赔产生的原因多,索赔范围非常广,所以并没有一个索赔限制的界限。承包商的合同管理人员应根据工程中的实际情况进行分析,提出有利的索赔证据,防止对方反索赔。

承包商在项目执行中的索赔以对业主的索赔为多,承包商对业主的索赔具有以下的一些特征:

(1) 索赔是承包商要求业主给予补偿的权利的主张;
(2) 承包商自己没有过错或没有主要过错;
(3) 索赔事件是由业主、或与承包商无关的第三方造成的;
(4) 由于合同执行过程中的合同、法律或政策的变化,与原来合同和法律的规定相比较，承包商已承受实际损失，包括工期或经济上的损失；

（5）必须有确切的证据，承包商的合同管理人员应该从对业主索赔的上述特征入手，为索赔进行举证收集有关证据。

按索赔的要求可以分成：工期索赔和费用索赔。但是一般情况下，工期、费用的索赔都是相伴而来，同时发生的。

以下原因可以引起对业主的索赔：

（1）业主违约，未按合同规定提供施工条件、下达错误指令、拖延下达指令批准等、未按合同规定支付工程款。违反合同规定拒付承包商保函或备用信用证。

（2）合同变更，如双方达成的新的附加协议、备忘录、会谈纪要，业主下达指令修改设计、施工进度、施工方案、合同条款缺陷、错误、矛盾和不一致等。

（3）不可抗力因素，如法律变更、恶劣气候条件、洪水、地震、政局变化、战争、经济制裁等。也包括工程现场出现异常情况，如古墓、文物、未标明管线等。

上述这些可以引起对业主索赔的原因可以视为承包商不能控制、不能影响的干扰事件，这些事件的责任不是由承包商的原因引起的，这些干扰事件影响了合同的实施，给承包商带来经济损失的风险，同时也给承包商带来索赔的机会，这些索赔机会承包商能否进行成功的索赔，这要看承包商的合同管理人员是否能及时、全面地发现索赔机会，抓住适当的时机，是否具有较强的索赔意识、是否善于研究合同文件和实际工程事件等；承包商必须善于找到有利于自己的证据和机会，索赔的主要依据是合同和法律规定，承包商应严格执行合同，同时根据合同积极为自己寻求索赔机会，以获得较大的合同利益，提高项目抵御风险的能力。承包商还可以依据分包合同或采购合同的规定，由于其提供了不符合合同规定的产品或服务而给承包商造成的损失向分包商或供货商进行索赔，最大程度上转移承包商对业主承担的违约责任的风险。

索赔的成功不仅在于事件本身，而且还在于能否找到最有利于自己的证据，能否找到有利于自己的合同规定或法律规定。

索赔证据通常有如下分类和特征：

（1）证明导致索赔事件存在和事件经过的证据及时性

（2）证明导致索赔事件责任和影响的证据真实性

（3）证明索赔理由的证据全面性

（4）证明索赔值的计算和计算过程的证据法律效力

索赔工作必须按合同规定的程序和时间限制进行。承包商应在合同规定的时间内以符合合同规定的程序向对方提出索赔。

索赔的解决方式首选合同双方的友好协商，这种解决方式既有利于双方今后的友好合作，也是费用最低的解决索赔的方式。如果协商不成，承包商应按照合同约定的诉讼或仲裁程序解决双方的争议，承包商应有通过诉讼或仲裁保护自身合法利益的勇气和能力。为了使索赔真正起到弥补风险损失，降低风险影响的作用，承包商应十分注重索赔各阶段的处理技巧和策略，必要时应聘请有专业知识和丰富经验的工程专业和法律专业人士介入承包商的索赔。同时承包商应培养自己的专业理赔人员，提高索赔成功率，使索赔成为承包商处理风险损失的一个切实可行的方式。实践证明索赔也是处理风险的一个较为有效的措施，所以，加强索赔管理，提高索赔技能和成功率，是加强风险管理的一项重要工作。

9 EPC 工程总承包的采购管理

9.1 EPC 承包模式下物资采购的重要意义

9.1.1 EPC 模式下的设计、采购和施工之间的逻辑关系

国际工程承包市场中,在工程建设集成化管理模式的发展过程中,EPC 工程总承包模式所占的比例在大型国际工程中呈现出上升趋势。EPC 总承包模式下,总包商须对项目的设计、采购、施工安装和试运行服务的全过程负责,业主只保留了一些专业要求不高和风险小的宏观管理与决策工作。

与施工总承包模式相比较而言,EPC 交钥匙模式的优势是解决了工程项目中连续的项目管理过程相互分离在不同管理主体下进行管理可能出现协调困难和大量索赔的问题。具体表现为 EPC 总承包能够充分利用自身的市场、技术、人力资源和商业信誉、融资能力等业务优势来缩短工程建设周期、提高工程运作效率、降低工程总造价。从项目全寿命周期的价值来看,EPC 项目总承包不仅实现了工程项目实施期间的高效率,而且工程的运行创造了潜在的价值。简而言之,EPC 模式通过创造项目全寿命周期的价值使总承包商获得了"超额利润"(相对于施工总承包而言)。EPC 承包模式的核心问题是施工和设计的整合,这种模式的有效性的关键取决于项目实施过程中每个环节的协调效率,尤其是采购在设计和施工的衔接中起非常重要的作用。大型设备和大宗材料或特殊材料的供货质量和工作效率直接影响到项目的目标控制,包括成本控制、进度控制和质量控制等。

采购工作在 EPC 总承包模式下发挥着重要作用,在设计、采购和施工之间逻辑关系中居于承上启下的中心位置(图 9-1 所示)。设计、采购和施工有序地深度交叉,在进行设计工作(寻找适当的产品)的同时也展开了采购工作(了解产品的供货周期和价格),采购纳入设计程序,对设计进行可施工性分析,设计工作结束时采购的询价工作也同时基本结束。在 EPC 工程的项目管理中将设计阶段与采购工作相融合,不仅在保证各自合理周期的前提下可以缩短总工期,而且在设计中就需要确定工程使用的全部大宗设备和材料,所以,深化设计的完成之日项目的建造成本也就出来了,总承包商与分包商可事先对成本做到心中有数。因此,尽管 EPC 总承包项目中设计是龙头,但工程设计的方案和结果最终要通过采购来实现,采购过程中发生的成本、采购的设备和材料的质量最终影响设计蓝图的实现和实现程度;土建施工安装的输入主要为采购环节

的输出，它需要使用通过采购环节获得的原材料，需要安装所采购的设备和大型机械。采购管理在工程实施中起着承上启下的核心作用。

图 9-1　EPC 项目中设计、采购和施工之间的逻辑关系

工程项目管理中，采购和建造阶段是发生项目成本的主要环节，也是项目建造阶段降低（或控制）项目总成本的最后一个过程；项目实施过程是项目过程中投入最大的过程，而项目实施过程中的采购和建造则各自占有重要地位，其中设备和材料采购在 EPC 工程中占主要地位。

采购过程能否高效准确地进行，直接影响到项目成本和项目质量。如果采购过程出现问题或者问题未能得到及时纠正，在项目到移交或试运行的时候再纠正某些错误，其代价将十分昂贵甚至无法挽回。国内某大型电站就是因为所采购设备的焊接质量问题，致使整体工程移交推迟 12 个月之久，严重影响了总承包商的声誉和业主的工程造价。概言之，在 EPC 项目实施过程中，采购环节是需要给予特别关注的中心环节之一。

9.1.2　EPC 模式下采购管理的价值

EPC 模式下，总包商负责的工程设计、设备、材料的采购和施工安装之间存在着较强的逻辑制约关系，该承包模式对总包商也提出了更高的要求。设计、采购和施工在时间顺序上，上游环节为下游环节提供输入，如果执行不好则造成下游环节的延期和问题，采购在整个 EPC 项目管理模式中起着承上启下的核心作用，而物资采购则是核心中的核心。

首先，工程物资采购是工程建设土建和安装调试实施的重要输入条件，是实现项目计划的枢纽环节；其次，大多数类型项目的主要成本是通过设备和材料采购而发生的，特别是那些设备价值较大，占工程造价比重较大的工程。降低采购环节的费用是降低项目总成本的重要途径；第三，工程设备的技术水平和原材料的各种性能从根本上将影响整个项目的产出或运行水平，并最终影响项目的经济效益；第四，EPC 模式下设备和材料采购的系统性要求很强，采购管理的重要性远远高于普通制造业的采购；第五，工程项目的动态性要求远高于普通制造业的要求，工程物资的采购面临的风险较大。

根据世界银行的定义，货物采购（即物资采购）属于有形采购范畴，它至少包括机械、设备、仪器仪表、办公设备、建筑材料(包括钢材、水泥等)和工程机械等,并包括与之相关的服务。一般情况下,货物供应商不参与工程的施工,但是对那些技术复杂、安装要求较高的设备,供货商往往既承担制造、供货,又承担安装和调试工作,如电梯、锅炉、空调机组、阻尼器、消防设备和大型变配电设备、发电机组等。对于一些特殊的设备和仪器,供应商还要提供具体的选型计算书、详细设计和制造图等,有的还要承担培训和维护指导等责任。货物采购粗略地可分为设备和材料。设备主要包括机械、设备、仪器、仪表、办公设备、照明系统和工程机械等。几乎所有的设备都是技术的载体,货物的比较和竞争背后其实是技术的竞争,货物的价格也是技术使用价格的表现形式之一。设备和材料本身的复杂性也决定其采购工作的复杂性,采购需要处理多维标准和多种接口。EPC工程通常金额较大、工期很长,外部环境非常复杂,任何一个供应商采购合同如果出现履约不及时或者质量、进度问题,都会对整个工程产生重大影响。

广义的项目采购主要包括货物采购,施工和安装工程作业采购,设计、咨询服务采购等三个方面的内容,它几乎构成了项目管理的全部内容。总包商的项目成本几乎全部要通过采购支付出去,因此,采购过程是降低项目成本的最重要的过程之一。可以说,承包商在签订总承包合同后,尤其是主体设计最终确定后,整个项目能否盈利或盈利的大小,几乎就取决于采购管理的水平了。物资采购是项目实施过程中的一个关键步骤,大多项目的物资采购支出一般要占项目造价的80%以上。

项目物资采购合同管理复杂。在大型工程建设项目中,对外合同主要以施工合同、安装和调试合同以及设备和材料的供应合同出现。施工和安装合同主要为工程承建类合同,合同履行地点主要在工程现场,合同管理考核的中心是衡量承包商的工程量,具有相对稳定的控制方法和成熟的合同条件,如FIDIC合同条款,主要是在一个既定的框架下处理工作的依据;而设备和材料采购合同管理主要是控制供应商的制造和供应过程,控制重点在供应商的工厂或合同履行地,合同地点分布范围广。综合性和复杂性较高的技术型项目,有成百上千家供应商,分布在国内和国外数十个地方,这些特殊的环境对合同管理提出了较高的要求。

物资采购是创造利润的最佳途径,通过采购可降低整体项目执行成本。而且,项目采购还不单纯是个成本的问题,它也是企业提高项目质量、塑造自身核心竞争力、取得竞争优势的关键过程之一。采购环节是工程计划实施的一个承上启下的环节,无论工程计划如何完善、工程设计如何优化、所采用的施工技术如何先进,都需要采购活动来实现,采购过程需要遵守并保证进度要求,获得设计环节所预期的产品,为施工提供原料和设备等等。采购环节竞争性的增强可以节约预算成本,采购质量的提高可降低施工的成本,采购质量的稳定性和可靠性可以减少质量保证期内发生的费用,最终将提高总包商在该项目上的利润水平。

9.1.3 EPC模式下物资采购所面临的风险

EPC总承包是承包商承担项目责任最多的承包模式之一。在EPC承包模式下，总包商可能面对很大的物资采购风险，这是因为(1)总包商从某种意义上要对整个项目的采购成本负责；(2)总包商要负责项目采购的全过程管理，承担了几乎全部的采购管理责任；(3)EPC总承包合同通常为固定价格，绝大部分采购风险由总包商承担。在这种合同安排下，总包商要对大部分采购合同风险负责，需要管理的过程和环节增多，合同责任时间跨度大，要面对可能的物价水平的上涨、需求的剧烈波动，转嫁和分散风险的可能性较低。在项目实施过程中，有些问题可能在合同条款中未能得到全面的约定，或者根本无法反映，对总包商的后期合同履行和预期利润带来巨大风险，如何控制好项目的成本、保证工程质量、降低承包商可能控制的成本，这都将是采购管理的中心问题。而且，受其他上游环节的综合影响，项目采购预算很容易被突破。

EPC模式下物资采购所面临的风险主要包括采购过程本身伴随的风险和EPC模式下采购管理工作所面临的风险两个部分。

9.1.3.1 采购过程中可能发生的风险

工程项目中最常见主要风险主要有质量风险、进度风险和成本风险等，在各种行业的采购中均存在上述风险因素，而其中某些因素直接导致了具体采购活动不能达到项目目标、甚至导致整个项目的失败。

第一，采购质量风险。产品质量关系到工程是否能够达到设计水平、满足寿命期使用要求，是设备采购所面临的首要风险。除了受既定的技术水平制约，工程设备采购的质量主要依赖于供应商质量保证系统的运行效果，而某些供应商的质保系统的有效性和运行的稳定性往往差强人意。从实践来看，虽然多数供应商都获得了ISO或其他标准的质量体系认证，但工作层面的实施和运行则很不规范，无论大企业还是小企业在相对不规范的质量保证体系下生产高品质、质量稳定的设备或材料的风险较大。

第二，采购进度风险。工程项目的设计不充分、实施准备时间过短、各项资源不能满足项目进度计划要求等都容易造成工程进度延期，如果总包商安排的进度计划弹性很小，则可能产生链式反应，造成项目整体进度延期，增加项目总成本。

第三，采购成本风险。如果项目成本控制不严格，项目进度延期，而又要通过赶工的方式来弥补，必须增加必要的资源和投入，而这会极大地增加采购成本。采购过程中的任何风险如果发生都将直接增加项目采购成本，并最终增加项目总成本。

9.1.3.2 EPC模式下所固有的风险

在国内目前的外部条件下，EPC模式下采购所面临的风险主要有成熟项目中的极限工期安排下的采购进度延期风险和"新型"项目中总包商因缺少经验而使采购活动面临的风险以及新的动态供应体系带来的风险。这些由于从事采购的外部环境充满复杂性和动态性所产生的高度不确定性，要求总包商具备较强的物资采购风险控制能力。

首先，成熟项目中的极限工期安排下的采购进度延期风险。由于项目的业主方从其经济效益和满足行业需求等角度确定项目的工期，较少考虑工程的各项资源条件限制因素，单方面地提出苛刻的工期要求，工程工期有大幅度压缩的趋势。在这种进度安排下，业主往往"挤干"了整个项目的进度裕量，增加了设计、供货、土建、安装和调试等环节的活动搭接难度，这种"紧凑型"的工程进度管理模式，最终造成整个工程进度的调节裕度降低，进度风险增大。在这种情况下，一旦某一个活动出现问题，则可能影响关键路径，无法在小范围内消化，极有可能威胁整体工期计划、影响项目成本目标的实现。

其次，"新型"项目下采购所面临的风险。在大型工程的建设中，国家从提高国内装备产业能力和工程承包实力出发，往往将国内具有一定实力的设计单位、工程建设单位推到总包商位置上，或者使之作为总包商联合体的成员之一参与国际工程承包。在这种变化下，总包商的真正管理能力同工程的要求相比还有一定差距，管理类似项目的经验也比较少，相应的管理软件和有实践经验的工程管理人员数量有限。这都给工程的设计、进度和采购等工作带来了较大的风险。对具体的合同管理经验的缺乏，对市场化采购活动相对陌生，这些"根本性"的转变都对我国工程总包商提出了很高的要求，当然也使总包商暴露在各种采购和合同管理风险之中。

再次，工程中成熟供应体系向动态供应体系转变过程中伴随的风险。在传统的工程建设行业中，总包商的设计咨询承包商、施工承包商和工程物资通常是相对固定的，或者说传统的工程建设供应链是一个相对成熟和稳定的供应链体系。在该体系下，总包商对各项目相关方比较了解，由于工程利润丰厚，整体项目成本控制相对较松，各相关方利益的分配相对比较合理，长期的合作关系使总包商对分包商的质量、制度等容易控制，这种体系是同我国当时工程建设的计划性和垄断性特征相适应的。随着竞争的加剧和市场的放开以及其他因素的影响，环境的复杂性和动态性正在增加，随着政府逐渐放松管制和项目建设规模以及数量的扩大，行业内新的进入者的不断涌入，国外供应商参与项目建设的不断增加，新的合作伙伴和合作模式开始出现。在此形势下，项目各方的相互了解深度有限，管理方式和风格需要磨合，首次合作时还可能出现问题。同时，在全球化并购和国内经济体制改革、市场化经济转型过程中，多数供应商的经营状况、发展水平差距日益增大，总包商对新的供应商的实力也很难做出准确的评价。在EPC工程建设中也难免存在一些质量管理相对较差的供应商通过低价中标参与某项工程，在这种情况下，不确定性因素将大幅增多，有可能影响工程物资采购的整体质量。

9.2 EPC 模式下总包商的供应商管理

物资采购是工程采购管理的重要组成部分，它主要受到物资性质、供应商、总包商及采购环境等四方面因素的影响。项目的物资采购主要需要做好外部相关方管理、合同管理和采购组织内部管理三方面的工作。应该全方位地加强对供应商管理，除了从更高层次上建立同供应商的战略伙伴关系，还要加强合同签订后的项目管理和合同执行工作，优化总包商内部工作流程及实施物资采购分析，建立严格和科学的合同控制程序。

工程承包行业的物资采购虽然和一般制造业的采购有很多不同之处，但采购的基本原则、采购控制和供应商管理在很多方面具有共同的管理特征。总包商应该广泛地借鉴和吸收制造业中优秀的采购管理实践和成果为工程承包的物资采购所用。由于具体的项目的特点不同，应尽可能应用差异化管理，借鉴其他产业领域的差异化战略，有针对性地进行管理。EPC 项目一般是大型项目，采购管理是项目中的一个重要子项目。如何提高采购管理的效率来提高 EPC 项目的整体效益？除了根据 EPC 项目管理本身的特征设计采购的管理工作流程和控制系统以外，还要借鉴其他行业的物流管理的成功实践经验、理论和方法来推进和优化项目的采购管理工作。

事实上，采购管理工作本身也是一个项目，采购管理活动具有多专业交叉和经验积累的特征。从采购管理工作涉及到的所有业务范围来看，采购合同管理结构应该是包括内部管理、合同管理和外部管理三部分内容的三角形结构，内部管理和外部管理共同为合同管理打下基础、提供保障(图 9-2)。

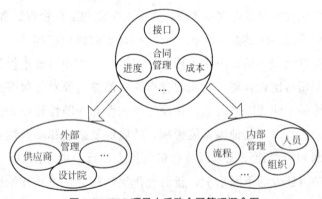

图 9-2　EPC 项目中采购合同管理概念图

在 EPC 模式下，总包商是管理者，供应商是项目设备和材料的提供者和执行者，在这个意义上讲，供应商的工作是总包商外部管理的主要构成部分。如何识别和管理符合总包商战略、具有综合竞争力的供应商，是总包商实施项目采购的重要前提条件，优秀的供应商也是整体项目运行稳定性和连续性的可靠保证，而让供应商真正地为项目做出贡献，则是总包商从采购策划首要解决的问题。供应商管理包括供应商的选择、评价、控制等内容,该项工作是物资采购的前提,也是采购合同控制需要关注的工作过程。

工程中的供应商主要包括设备供应商及材料供应商。EPC 工程一般需要国内外的供应商共同参与,总包商需要管理国内和国外两种不同环境下的供应商,这是大部分 EPC 工程项目管理的重要特征。

9.2.1 供应商资格审查和评价

9.2.1.1 供应商的选择与评价

能否与具有供货资格的合格供应商签订合同,是以后合同能否顺利履行的前提。因此,做好供应商资格审查至关重要,它也是供应商管理的首要环节。供应商资格审查是物资采购前的一项前导性工作。选择供应商前应根据采购需求确定对供应商的评价的标准体系。供应商综合评价指标体系是总包商对供应商进行综合评价的依据和标准,是反映企业本身和环境所构成的整体系统不同属性的指标,它是按隶属关系、层次结构有序组成的集合(图 9-3)。

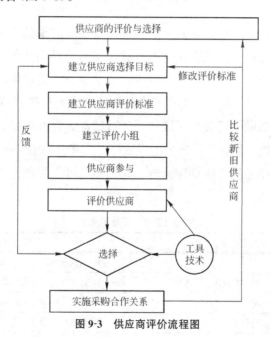

图 9-3 供应商评价流程图

通常来讲,物资采购中对供应商的要求一般包括物资质量、供货价格、相关采购费用、交付的及时性和服务质量等内容,关键是在选择和评价供应商时,要全面、系统和准确地评估具体行业和具体供应商的各项评价因素,从而确定该供应商的履约能力、供货能力。

9.2.1.2 供应商审查和评价的主要内容

通常情况下,供应商资格审查和评价主要包括商务、技术和质量保证三个方面的内容,综合这三方面的结果后可对供应商作一个整体的、宏观的判断,供应商评价指标体系如图 9-4 所示。

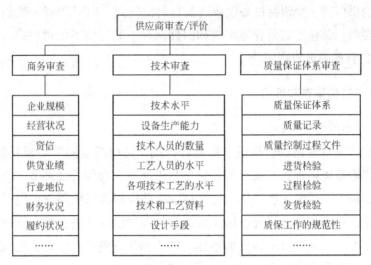

图 9-4　供应商审查和评价因素模型图

商务审查应确定该企业是否具有满足相应项目供货的最低商务能力、合同履约能力，其合同履行是否具有资金风险，是否具有参与本项目供货的意愿，企业的管理文化和风格是否和总包商的文化和风格相适应；技术审查应确定供应商技术水平和所供应的设备是否成熟和可靠，供应商是否具有足够的技术人员和制造设备满足生产需要；质量保证则应审查潜在供应商质量保证体系运行情况，良好的保证体系能够提高产品质量的符合性、可靠性，保证产品质量的稳定性，能够更早地发现问题。

经对比研究各个总包商考察供应商的工作重点，可以发现下列几个部分内容需要关注（见表 9-1）。

供应商审查和评价因素表　　　　　　　　　　　　　　　表 9-1

序号	供应商审查因素	对涉及供货的影响
1	供应商的商誉	遵守合同和承诺
2	供应商的成本控制和管理是否有效率	供货成本和价格方面的竞争力
3	供应商的财务状况	合同履约的资金是否能够得到保证
4	供应商的重大诉讼和违规记录	履约和守信的程度
5	供应商是否具有长期合作的意愿	面向长期的合作关系对合同谈判和履行都十分必要
6	生产设备能力和生产规模	供货能力能够满足工程建设的技术和工期要求
7	供应商的组织机构是否健全，质量保证体系是否完善	持续、稳定地提供满意的产品的能力
8	以往的工程经验	供应商的综合竞争力
	……	……

商务、技术和质量保证三方面审查的内容虽然在一定程度上有重叠，但是可以从不同角度对一家潜在供应商进行相应的评价，从而为供应商资格的确认打下基础。一

个合格的供应商应在上述三方面具有较强的能力,其中任何一个部分不能满足要求都将可能给总包商带来风险。在进行资格审查的过程中,不能因凑足数量或形式上能够形成所谓的"竞争"而放开标准。如果遇到所有响应的供应商在资格方面都存在一些问题时,不能立即采取"矬子里选将军"的办法,首先应在时间和资源允许的情况下,扩大选择供应商的范围,在此前提下,最终选一个相对条件好些的供应商,在国内没有合适的供应商,可以扩大到国外范围,直至找到合格的供应商进行招标。

供应商的供货资格得到认可后,须将供应商信息进行系统管理。由于工程供应商众多,供应商信息应实现数据库管理,以实现检索、筛选等功能,提高整体项目管理的工作效率,也为后期供应商数量的增多和扩大等提供简单易行的方案。

供应商资格管理中,应逐步建立完整、有效、合理的各项评价指标对供应商进行认证和考核,使供应商管理从以经验判断为基础的定性化管理提升为以各类数据和信息为基础的定量化管理相结合,实现闭环管理,综合确定供应商的资格等级。

9.2.2 后期评审和信用度管理

总包商认可的供应商经首次审查合格后,应确定其供货资格的有效期。有效期的确定可根据行业特点、产品性质以及资格管理的经济性等因素进行考虑。通常,对于普通设备供应商的有效期可定为 3 年,对于特别重要的设备,供应商的资格可为 2 年。可在供应商信息管理数据库中设定系统提示,并在确定相对经济评定数量后,开始进行供应商复审。供应商的持续管理是保证供应商状态受控的重要保障措施之一。除了确定供应商供货资格的有效期外,还要利用行业信息简报、供应商的业务通讯、竞争性商业情报、以及同业伙伴和行业供应商的反馈对供应商的管理、技术、商誉、质量问题、重大诉讼等进行监控和跟踪,特别是在世界范围内的兼并和重组情况下,供应商可能时刻面临兼并与被兼并的机遇和威胁,国内企业可能正在改制或重组,企业重要管理和技术人员的流失或重大工作调整,这些情况都将对供应商的资产质量、技术水平和合同履约能力产生实质性影响。而且,总包商对供应商进行持续管理的一个重要方面还在于,要确保上述供应商所提供的产品在备件和耗材方面能够持续供应,确保供应商在淘汰某种产品之前要储备出足够的备件,或确定合适的过渡型号,或进行更新改造,防止在工程某个系统出现故障或需要大修时,因无相应的零部件而影响大修进度、或影响整个工程系统的运行。特别是目前处于过渡时期的中国经济中的国内供应商,常常出现某国有企业破产,某些生产设备被快速处理、某些产品突然停产、或突然退出市场的问题,国内企业供货的连续性问题须加强关注。总包商要确保上述因素应成为供应商持续管理的重点和资格复审的重点。

供应商资格复审及其后的供应商资格确认问题。在复审时应参照合同执行过程中的资料、数据和记录以及复审时提交的答卷重新审查,重要设备和材料有必要到工厂去进行现场审查。如果发现供应商有较为严重的商务、技术和质量问题，导致合同有可能不能正常履行，或者在合同履行过程中发现有严重的不正当行为，有较严重的工期拖延、质量问题等则应取消该供应商的供货资格，待以后确定其能力恢复后再重新审查加入。

供应商的信用管理也是供应商管理的重要组成部分，它是一项长期的基础性工作。由于目前国内商业评估体系正在建立和完善之中，因此，总包商有必要逐步建立企业内部评估系统，为长期采购工作服务。对于具有重大欺诈、不履约等行为的供应商，要列入"黑名单"，不允许其进入后续项目的采购环节。

9.2.3 构建与供应商的战略伙伴关系

按照传统的采购模式，采购只是用合理的价格在适当的时间把适当数量和质量的货物送到适当的地点，而现在市场竞争、价格压力及其他种种因素都要求采用更加战略性的方法来采购和提供产品和服务，对于工程项目的大型设备和主要材料采购更是如此。实施战略采购和同供应商建立战略伙伴关系是当前和今后物资采购管理的客观要求。

传统的采购强调遵循 4R 采购原则，即在合适的时间，以合适的价格将合适的材料和设备送到合适的地点（delivering the right material, at the right time, to the right place, at the right price），4R 采购是一家公司采购和供货实力的体现，它是工程公司参与国际工程市场竞争最基本的要求。而战略采购是将采购提高到战略高度，并最终实现传统的可衡量的 4 个 R。战略采购其实是实现传统 4R 的重要方式，4R 是企业确定战略采购后采购工作效率和效果的最终体现。战略采购通常是通过供应商来尽可能地提高附加值，逐步建立一个能以最低成本生产主要材料和服务的供应商群。这种低成本一般通过就近供货、专业知识、易于获得特殊资源、本身的低成本等来实现。根据管理学中虚拟组织的观点，战略供应商通常作为核心企业在其他较低附加值区域的重要补充，其各项资源可以为核心企业使用，以此来弥补核心企业在某一方面，如成本等的不足，供应商可以视为一个延伸网络或企业的一部分。

战略伙伴关系是当今各行业普遍推行的合作模式。"伙伴关系（Partnering）"是指两个或两个以上的组织之间为了获取特定的商业利益，充分利用各方资源而做出的一种互相承诺。战略伙伴关系包括纵向伙伴关系和横向伙伴关系。横向伙伴关系由于具有较为复杂的意义，合作双方需要在地域和行业方面具有较强的互补性，这种模式通常在供应商之间进行，对总包商最有意义的是总包商和供应商之间可能存在的纵向伙伴关系，即由于产品的供求关系而建立起的一种伙伴关系。

优秀的供应商最终将使总包商和业主获得低成本、高质量的产品和服务，最终使业主产生对总包商的正面评价。优秀的供应商是总包商获得项目成功和事业成功的重要因素之一，必须与供应商建立战略采购关系，帮助供应商改进流程，解决相关的质量问题，降低供应商的成本，从而更好地降低总包商的总成本，向业主提供高质量的产品和服务。长期来看，供应商的状况对总包商的业务赢利至关重要。

在目前竞争激烈的工程承包行业中，构建同供应商的战略伙伴关系应该是总包商需要迫切实施的一个重要战略方法，它从战略的高度提高了采购效率。但目前条件下，供应商管理、采购实施、合同管理及总包商的内部管理等工作仍只停留在各自自身的内部管理上，这对提高采购效率、增强总包商的工程项目管理能力的作用有限。总包商和供应商要取得成功，需要通过战略伙伴关系实现对工程承包的供应链进行整合。特别是在当今许多产业都出现了供大于求的态势、产能过剩和价格压力下，供应商面临更多的生存压力，客观上要求它加强和上下游的联系而拓展生存空间，这种局面给国际工程总包商的采购带来了机会。获得供应商特别是重要战略设备的供应商的长期稳定供货承诺，或者进行类似长期供货安排有利于总包商塑造长期竞争优势。

总的来说，总包商在同下游企业的谈判中处于相对有利的地位，它完全可以借用这种优势同供应商建立以总包商为主导的战略伙伴关系，战略伙伴关系能够使总包商和供应商更紧密地联合在一起，它是总包商对供应商的长期承诺，它能够使供应商进行较为长期的资源分配和战略安排，并将实质性地改变总包商的资源获得模式和成本，增加供应商在当前和未来物资供应中的竞争优势。

当然战略伙伴关系的建立需要考虑很多因素，最根本的是要建立利益共同体框架，应与关键的供应商就长远利益达成协议，确立共同的目标，共同开拓市场，共享利润、共担风险，多倾听彼此的声音。在战略伙伴关系安排下，总包商和供应商都有可能相应地进行长期的变革，并最终以较小的经济成本，为双方带来更高的收益，有助于双方建立有利的竞争地位。战略伙伴关系下总包商和供应商对策及实现的成果分析详见表9-2。

战略伙伴关系下总包商和供应商对策及成果分析表 表9-2

项目		总 承 包 商	供 应 商
行动及措施		对供应商进行全面和持续的评估	成立专门的常设机构
		减少同类产品供应商的数量	增加对生产设备和设施的调整和投资
		培训和辅导供应商	加强对技术和质量的控制
		建立专门的伙伴供应商管理部门	招聘相应行业和领域的专业人员
		大宗采购、捆绑采购和自动化采购的安排	在制定企业战略过程中给予相应的考虑和安排
优势和成果		总承包商获得物资成本的降低	供应商的成本得到了节约
		总承包商的各种需求得到快速反映	可以更系统和稳定地去满足特定的需求，无需频繁地变化和调整
		稳定的供货	稳定的订货，生产任务能够维持
		合同物资质量得到提高，降低了质量成本，提高了总承包商的声誉	合同物资质量得到提高，降低了维修和故障费用和索赔
		物资交货周期缩短，有效地满足项目业主快速建设的需要，总工期缩短给项目业主带来巨大收益和竞争优势	物资交货周期得到缩短，供应商能够获得前期投入所需的资金并加快资金周转，生产成本降低
		项目业主的满意度增加，并为总承包商下一个项目的营销打下基础	总承包商满意度增加，战略伙伴关系得到延续，合作的深度和广度增加

9.3 EPC工程采购实施及合同模式

采购活动的实施，即确定选择设备和材料供应商是采购活动的中心工作环节。采购活动具有较强的经验性、实践性和独特性，它应该根据所采购货物的特点、技术要求、关键性和价值确定。例如，在工程公司采购中，钢材和主设备的采购模式通常不应该是一样的，重型钢结构和仪器仪表的采购模式通常也不一样。在工程物资采购中，通常可以划分为竞争性采购和非竞争性采购。竞争性采购通常包括招标采购和询价采购；非竞争性采购通常包括谈判采购、直接购买和紧急采购等非招标采购方式。无论采购何种货物，采用何种模式，其目的通常均为使采购结果和过程经济、有效和透明，为有能力的供应商提供公平竞争的机会，充分利用供应商之间的竞争，使总包商以合适的价格获得符合要求的设备或材料。

9.3.1 EPC工程采购评价的主要原则

采购评价中需要多元的评价标准，不同的设备和材料应该有针对性的评价标准，但无论选择任何采购模式，该模式都应为总包商的设备和材料采购创造价值。采购评价除了考虑为适应不同情况的多元化标准外，具有普适性的主要评价原则至少应该包括以下几项：

（1）竞争性原则。所有采购设备应在尽可能的情况下通过竞争性采购实现，以达到获得质量和成本的最优，即使是由于可供选择的范围有限，设备和材料的客观技术要求造成供应商数量过少，也要利用供应商之间的博弈、上下游企业之间的博弈和外部环境的影响等因素，制造有效的竞争态势，为采购活动服务。

（2）本地化原则。本地化的设备供货有助于取得业主及其所在地政府的大力支持、降低大笔的运输费用、实现及时供货、得到便利的服务支持和快速反应等优势，从而能够有效地降低成本。

（3）专业化原则。专业化原则，是将产品和行业结合考虑，考虑供应商是否具有在本行业或类似项目的经验和能力。例如，在某综合型超高层建筑项目建设中，英国约克公司负责空调机组的设备/材料供货，德国的IGG公司负责应急发电机组及辅助设备/材料的供应。上述安排就是充分利用了两个公司的专长和经验。

（4）性价比最优原则。这项原则的前提是满足项目技术规范要求，因为在很多时候项目的技术规范是刚性的，也是不能牺牲和折中的，单纯考虑价格会排除许多质量因素。如果忽视这项原则，就有可能干扰实际的决策流程，而且削弱了实施持续改进质量流程的能力，较低的质量或性能就阻碍了项目的整体技术水平及其产品的技术水平，放弃了提高技术水平的机会。

工程物资采购在遵守上述原则的前提下，应根据具体物资采用最适用的原则。如主设备采购的评价标准应是"价值导向型"，既注重技术的成熟度，又要在可能的情况下降低成本；对于关键点上的少数重要设备，虽然设备不多，但发挥着不可替代的关键作用，而这类设备的供应商通常也非常少，很多时候比主设备供应商还少，在这种情况下，首先应追求技术的完善和可靠性，使之完全能够满足工作需要，此时不应过多地考虑价格因素，应遵循"技术导向型"；对于大路货的产品和不影响工程效率和运行的外围产品，则完全可以推行"成本导向型"原则。

整体而言，"价值导向型"的评价标准下，总包商可以获得较为满意的、具有综合实力的供应商，为后期的合同管理打下较好的基础，降低合同执行成本和合同执行的不可预见性；也容易获得满意的产品质量和工程进度，保证整体工程的顺利推进；最终，将提高项目投产运行后的产出和利润。而在后两种原则下，企业则应注意测算和衡量合同管理成本、供应商的合同管理能力，保证合同在预先设定的标准下平稳执行。

9.3.2 EPC工程物资采购的策略

工程物资的采购中最基本的工作是对采购货物进行分析，这种分析可借助于过去类似的项目计划和执行数据以及本次采购目录和清单进行，把整个工程需要采购的所有设备和材料的数据进行搜集和对比，对采购货物进行分析，并保证通过数量较少但具有竞争力的供应商进行供货，在采购预算下，通过采用标准化的采购流程、尽量实施大规模采购和就近采购来完成采购任务，逐步合理地降低采购成本。工程物资采购的首要任务是应满足进度和质量要求，按时完成整个项目，以便获得预期利润，否则任何延期和质量问题都将抵消掉预期利润。

总包商在多数情况下是在事先和主要设备供应商确定供货成本并对相应设备和材料进行成本分析后才确定总承包价格的，因此，总包商应在尽可能短的时间内寻找和锁定所采购货物的成本，预防实际采购成本突破计划成本。工程管理工作需要针对具体采购项目进行具体分析，由于采购货物无论在其价值、重要性、技术复杂程度方面都是不均衡的，不可能通过一种方式进行采购，所以必须根据不同物资或设备的具体特点，制定有针对性的、差异化的采购策略。如火电站是一个系统，具有多专业，只有站在一个大专业、全生命周期的角度上考虑，才能做出科学判断。同时，设备采购还要根据调试经验、运行反馈、历史电站数据、设计推荐等多重评价择优而行。但受到采购经验和价格的限制，在电站建造中，所采购的相应的电站构成物是有优先顺序的，需要整体分析和策划，获得满意的采购结果。

工程物资主要有设备、主要部件和大宗材料等。其中，大宗材料的采购，包括各种阀门、管道、管件、支吊架、电缆桥架和电缆等物资由于种类繁多数量巨大，且该类物资的安装工作量大，对于施工进度有举足轻重的作用。工程所需要设备和材料的种类、要求和特点决定了其采购模式不可能整齐划一；同时，又由于受到全球需求旺盛的影响和目前国内建设高峰的影响，很多原来供应平稳的产品，在短时间内出现供不应求。而且，多数重要工程物资逐渐向几个大型供应商集中，行业上游企业话语权的增大对总包商的采购工作提出了挑战。针对这种外部环境的变化和发展，总包商需要专门制定整体采购策略。

（1）增加关键路径设备和生产周期较长设备的订货的提前期。关键路径设备和生产周期较长设备是任何工程项目管理的重点。工程中的大型设备，如锅炉机组、空调机组、高中压配电柜、特殊消防设备、发电机组等，生产周期较长、技术复杂、质量要求高，属于单件小批量生产。由于固定资产投资的周期和时间限制，供应商生产能力在短期增加的可能性很小，设备生产能力具有很强的刚性。材料采购、生产、试验和运输环节的不确定性较大。为了不影响依赖路径上的工作，应提前订货，防止其他同类工程的类似订货影响供应商的交货进度。

（2）捆绑订货。捆绑订货是将具有类似功能和类似要求的产品进行捆绑，充分利用供应商自有的采购渠道和合作伙伴，增加采购金额，以此获得供应商的报价优惠。这种做法可以让供应商更多地分担合同管理责任，减少总包商的人力资源占用，符合工程管理中"抓大放小"的思想。如将空调系统中的阀门、特殊管道等交给一家供货。但这种做法要根据供应商的意愿和设备可捆绑的程度而定，不可强行打包，搞硬性摊派，否则会降低供应商的积极性，也给后期合同执行埋下隐患。

（3）强制性的国内分包采购。工程中一些关键设备和大型设备需要国外进口，从工程设备采购实践经验来看，国外设备价格通常为国内采购设备价格的 2 至 3 倍，有些设备价格差距甚至更大。如何降低设备采购的总费用是总包商需要解决的问题。同时，由于这些设备通常通过招标采购，投标价格又是各家供应商需要考虑的问题之一。通过采用国内分包策略可以实现供应商和总包商的双赢，也符合采购国际化和本地化相结合的原则。目前，这种做法也是国外设备公司在国内开展业务的一个重要策略。通过将非关键部件或子系统分包给国内具有生产能力和成本优势的企业而降低设备的报价成本、运输成本，缩减交货周期，从而使总体供货成本大幅降低。如某工程需要的自带能源包的巨型塔吊，就是采用塔吊主机由国外进口，将体积大、重量重的标准节安排在国内按照原厂的技术标准来生产的。但这种做法人为地增加了合同管理接口，增加了合同协调和沟通费用，存在一定的技术和生产风险，需要在合同管理中给予特别注意。

（4）保证重要原材料的及时供货。重要原材料，如某工程钢结构所需的厚板的供应，总包商就是与一家国内、一家海外大型进出口贸易企业联合，充分利用这两家公司多年积累的与国外钢铁厂商合作的优势和对运输、清关等环节的经验和渠道，保证在合理的价格内及时采购到工程所需的钢板，保证了该工程钢结构加工和安装的进度要求。

9.4 物资采购合同管理

合同的基本作用是约定双方的责任和行为、降低交易成本,分担市场风险和建立良好的经济激励机制。当前国际上通行的工程项目做法是建立以业主项目的建成和合同为中心的管理流程,这意味着项目业主、总包商、分包商签订合同后,一切权利和义务的关系都按照合同的约定进行,设计进度、供货进度、施工进度、货物质量也由合同条款来约定,总包商管理设备和材料采购合同的工作十分艰巨。在以合同为中心的模式下,如何通过合同管理实现预期目的并解决现实中发生的各种问题是合同管理的重要内容,合同管理是整体采购活动的重要组成部分。

设备和材料采购合同管理的内容,根据以往的经验和目前工程建设理论发展的实际,主要应根据项目管理职能要求做好"五大"控制,如进度控制、质量控制、成本控制、安全控制和环境控制等,但要依据设备和材料合同采购的特点,使"五大"控制具有针对性和可操作性。"五大"控制中最关键和核心的控制仍是质量、进度和成本(投资)三大控制,三大控制是对立的统一体,互相制约,又互相影响。因此,在设备采购和合同管理中要树立全周期和全方位管理观念、系统观念,加强防范管理风险,严格控制合同费用,有效控制实际项目成本和进度,处理好质量、进度和成本控制的协调,实现综合管理效果。

9.4.1 采购合同进度管理

EPC 工程一般是资金密集型的投资项目,项目投资巨大。工程如果延期,造成的损失非常巨大。因此,在工程开始时,必须事先制定合理而严密的进度计划。有效的进度计划能够避免因交货期紧张而增加的费用、能够避免因紧急采购而使采购活动失去竞争性、也能够避免因交货延期而影响整体工程进度。

设备和材料采购合同的输出和成果是现场施工和安装的最重要先决条件之一,设备和材料的供货及其配套文件的交付进度直接影响下游工作的展开,因此,采购合同进度管理中的控制和根据实际情况进行优化工作是十分重要的。采购合同进度管理主要包括进度计划和进度控制两大部分。

进度控制是工程项目管理三大核心控制之一,是重要的项目管理过程。进度控制就是比较实际状态和计划之间的差异,并做出必要的调整使项目向有利的方向发展。进度控制可以分成四个步骤:Plan(计划)、Do(执行)、Check(检查)和 Action(行动),即常说的 PDCA 循环,并通过 PDCA 循环做好瓶颈环节管理、异常事件管理及预测管理。

9.4.1.1 采购进度计划

进度计划是项目整体管理的核心,进度计划管理也是采购合同管理的前提,也是总包商对整体项目进展进行全方位控制的工具和重要参照标准。首先，编制进度计划讲究科学性，执行进度计划强调严肃性。编制计划要科学、合理、可行，尽量留有余地，如果计划活动的未知数越多或可控性越差，留的裕量要越多一些。其次，要维护进度计划的严肃性，认真贯彻执行。合理的计划是企业行为，是经过充分讨论的结果，不是编制者自己的设想，进度计划的执行和控制比编制计划更重要，即使进度安排很宽松，若不认真执行也会延误。

目前工程建设的进度计划通常采取分级管理，确立纵向分层，由粗及细计划等级。例如，一级进度计划，也称为总进度，包含主进度和里程碑进度，它依据以前项目的实际周期，结合具体项目的特点和要求确定；二级进度计划通常称为控制与协调计划，是整体项目进行进度控制的一条主线，通常由总包商采用关键路径法编制而成，包括工期的设计、供货、制造、运输、建造、调试、验收和移交等过程，是重要合同接口文件，是确立不同专业之间逻辑关系的基础，也是工程进度控制的基础。

进度计划是靠资源来保障的，没有资源的进度计划是没有丝毫意义的。合同中必须详细规定合同适用的进度计划，各类工程管理文件、设计文件和设备材料等资源的交付时间，设立合理的、可考核的、富有挑战性的里程碑，通过支付和奖罚控制进度。合同条款中应列出设计文件大类或文件包和主要系统设备清单等内容，对于大宗材料，如采用分批交货方式，还要规定具体的交货批次和时间。而且应在合同文件专门章节中，详细规定里程碑定义，规定各类文件或文件包的定义和内容深度要求，以免合同执行中产生争议。

起草和谈判合同中进度控制条款十分重要。科学、合理、严密、完善的合同进度条款是实现工程进度的基本保证，总包商应要求供应商严肃认真对待，把好合同条款质量。合同需要确定实体接口、功能接口和关键接口清单及提供日期，这些是工程关键接口，也是后续控制的依据。

9.4.1.2　进度控制

在进度控制中，执行环节的任务主要是按照合同要求和规范进行工作，如沟通问题、处理变更和应付意外等。检查可以在执行过程中的检查点进行，也可以在特定的时点进行。检查的目的是比较实际情况与计划差异，以确定当前的状态。

可通过交付物的质量和提交情况、变更记录等检查合同执行是否正常，防止出现瓶颈问题和不可控事件。如果确认必须对有关事件进行控制或解决问题，就要及时采取行动。例如，如果合同出现延期的情况，则需要通过增加投入、改变现有工作方法等进行及时的调整，防止风险后移，同时要全面评估对时间、质量、成本和风险等方面的影响，避免顾此失彼。

由于采购设备的数量有限，因此设备采购的控制点主要在制造进度和质量问题。大宗材料种类和规格繁多，其进度管理要求复杂，需要更细致的工作，需要更科学地运用 PDCA 循环的分析方法。每台设备或每批材料的按时交货对保证项目整体进度都是至关重要的。因此，在设备和材料采购合同中，除了规定严格的进度条款和违约罚金外，还应规定具体的合同进度控制措施。例如，供应商必须按照一级进度计划制定更详细项目计划，总包商项目进度控制部门将按照已确认的计划对实际进度进行控制和测量，及时发现项目执行过程中的异常问题，特别要控制项目里程碑的实现情况；要根据项目金额的大小和项目执行的复杂程度，要求供应商按季、两个月、月或半月时间间隔提交项目进度；总包商项目进度控制部门要制定详细的现场见证和进度检查小组，以一定的时间间隔对供应商的实际生产情况进行检查，召开总包商和供应商的协调会，以便及时发现可能存在的虚假的进度报告，及时处理工程管理和生产中存在的问题，并监督整改措施的实施和落实，防止进度管理流于形式；同时，在进度控制上控制早期进度，防止出现"前松后紧"的情况发生，防止后期赶工所带来的成本风险和质量风险。

（1）工程进度控制的中心环节是对关键路径上的作业活动进行控制。工程进度管理中的关键路径是指工程进度中没有时间裕量的活动所连接成的工期最长的进度。工程建设是庞大的系统工程，涉及面广，接口多，技术复杂。要分析关键路径，相对比较困难。根据以往的经验和教训来看，工程设备和材料关键路径通常具有不惟一性和时变性特点。不惟一性是指关键路径往往有多条，不同区域，不同时间段，有局部关键路径；时变性是指工程某个环节出现问题，原来非关键路径也可能变成关键路径。例如某个设备因某个关键工序发生延误，而该延误如果无法在时间裕量内完成，则可能直接影响该设备的交货时期，造成关键路径延长或者关键路径变化。因此，进度动态控制的主要任务是及时、全面地分析工程采购某段时间(如某年、某月或某个里程碑实现之前)的关键路径及其进展状态，以便向采购管理部门报告，提出解决问题的建议，从而有利于进度控制。

进度控制通常可以分为动态控制、事前控制和分级控制三类。

1) 动态控制。根据工程本身所具有的特点，工程进度需要采用动态控制。应该建立反应迅速、密切跟踪的管理机构和信息系统，及时检查督促，及时发现和分析问题，确定关键路径，采取有效措施，必要时制订赶工计划或调整上级计划，保证总进度和关键里程碑按期实现。通过专项协调委员会抓关键路径，是进行动态控制的很好形式。如果发生主要设备制造进度问题，应该及时沟通和分析问题，制订赶工计划解决进度延误，防止出现不可控的结果。

2) 事前控制。工作要早计划，细安排，注意事前控制。计划人员一定要有预见性，对进度计划提前检查，有预见性地、主动地进行事前控制。例如，在进度控制中通常需要提前 3 个月以上，分析 6 个月滚动计划，检查安排的施工所需要的设备材料以及施工和安装图纸是否存在问题，或者出现后续进度提前的情况，应及早采取措施或催交，容易保证进度计划的按期实现。

3) 分级控制。执行恰当及有效的进度控制是公司或项目部每位员工的责任。要使进度控制正常、完善运作，必须有一套合理的组织机构，确定各级、各功能部门和员工的职责、工作范围和权限。同时制定评价各项业务和工作成绩的标准，定期进行检查。各部门和员工必须对各自的业务及工作成绩负责。要有效地实现进度控制，每位员工必须能够在日常工作中明智地运用和执行有关规定。所有员工必须对其负责的工作具备合适的资格，及时得到对其任务的适当指示，并执行指定的程序或工作细则。某些工程进度计划管理实行里程碑责任制，分级控制。各级管理必须按照进度管理大纲所规定的职责分工和管理方法，履行岗位职责，密切配合。

(2) 进度的动态分析及控制。根据每周完成的工作量统计每周完成点数，生成实际完成的进度 S 曲线。将实际进度曲线与计划曲线比较，可以直观地了解工程总体进度是落后还是超前于进度计划，是哪一个工作界面，以及超前或落后的工作量、天数和百分数，适时制定各项措施来调整计划，从而有效控制工程进度。在具体工作中要按照 PDCA 的原则持续进行绩效评估(performance review)、差异分析、趋势分析和盈余量分析(earned value analysis)，连续控制项目相关指标的完成情况，并将相关量化指标输入数据库。在进度控制中应确定明确的管理制度和汇报机制，由进度控制人员和相关进度联系人对设计接口进行管理、建立检查制度、进行里程碑申报管理和进度月报制度。

1) 重要设备和材料供应商和设计院的设计接口进度控制。工程设计通常由多家设计院和供应商承担，为了达到机组整体性能最优，设计合理，保证设计承包商之间及时提供必要的设计资料，顺利完成设计任务，必须严格设计接口管理。设计接口管理内容多、技术面广、难度高、时间性强，因此要求管理规范化、程序化、计算机化。要认真抓好接口管理程序的制定和执行；接口控制手册的编制和修订；接口信息按时交换、审核和关闭；并建立国际国内设计接口管理计算机网络数据库，使国内外供应商及时跟踪接口交换进展状态，避免因设计接口资料延误影响设计进度，进而影响供货进度。

2) 控制预期目标。必须每月检查督促设计采购进度，及时发现问题，采取措施。对关键路径，应每周检查进度，以保证目标按期实现。

3) 里程碑申报制度。里程碑申报书要附工作完成证明材料，业主认真审核，分析是否全面完成里程碑范围的工作，确认实际完成的日期，判断是否延误，延误多长时间，为商务处理提供依据。

4) 月报制度。供应商要提交月报，业主要定期召开季度例会、月例会和周专业分会，及时检查设计、制造、供货进展，研究解决存在的问题。会议要有纪要，认真跟踪，重大问题要升级处理。对月报要审查，关注重点问题的进展，及时提出改进意见。

9.4.1.3 工程统计及分析

随着项目的日益大型化和复杂化，粗放的经验型的决策和评价机制越来越不能奏效，工程管理部门需要更多的数据和信息来支持决策过程。工程统计是收集数据和信息的重要工具，在进度管理中应该注意发挥工程统计和分析的作用。

首先，工程统计是以数据、图表的形式，直观、清晰、及时、准确地反映工程各阶段的进展状况。统计数据既有月度量，也有累计量，不仅能反映现阶段工程进展情况和进度偏差，而且能反映整个工程进展状态，是工程进度控制和监督的主要依据。工程统计文件是一份数据型文件，是大型工程工作量查询和参考的重要文件。其次，工程统计可以及时地为工程管理部门和上级主管部门以及有关政府部门以数据的形式报告工程进展情况。第二，工程统计可以为后续工程积累宝贵的数据资料，为制订计划、投资预算等提供必要的参考数据。设备和材料采购中的工程统计是项目整体工程统计的一个重要组成部分，直接反映采购合同进度的成果和投入的资源，还能够发现可能存在的问题。工程统计具有信息、咨询和监督三大职能。首先，信息职能就是根据科学的统计指标体系和统计调查方法，灵敏、系统地收集、处理、传递、存储和提供大量的以数量描述为基本特征的工程建设信息。其次，咨询职能就是利用已经掌握的统计信息资源，运用科学的分析方法和先进的技术手段，深入开展综合分析和专题研究，为科学决策和管理提供各种可供选择的咨询建议与对策方案。第三，监督职能就是根据统计调查和分析，及时、准确地从总体上反映工程建设的进展状态，并进行全面、系统的定量检查、监查和预警，以促使工程建设按计划、协调地发展。

科学而健全的工程统计体系是工程物资采购管理工作规范化的重要保障条件之一。工程统计体系建立应包括的主要内容有：

(1) 制订统计管理制度，包括统计工作条例和程序、统计人员岗位责任制及其考核标准和统计报表规范化、标准化等等。

(2) 落实统计工作分级责任制，工程相关方应对本部门统计数据的可靠性、准确性和及时性负责，工程统计由总包商统一管理。

(3) 采用计算机网络，建立统计台账，定期、及时、准确地搜集和整理工程数据，提供查询和分类信息。

(4) 总包商应和供应商一起科学地进行统计数据分析，及时提出报告，确定双方存在的问题，供下一步双方决策参考，从而为整体进度推进提供条件。如果总包商出于工程控制需要，不允许供应商共同使用统计数据，则需要在相应问题上和供应商进行充分的沟通，确保供应商的行动能够按照总包商项目管理的预期进行。

设备和材料采购合同中工程统计的内容很多，主要内容通常包括设备材料采购数量、重量、已支付合同金额、已发生的合同变更、每月制造或交货完工量和累计完工量等等。通过计划量/进度和实际统计量/进度的对比，从定量方面直观地显示工程的进展状态、实际进展提前或延误时间。统计数据为整体项目电子化管理提供基础性数据。强大的统计分析报表将记录项目执行过程中产生的海量信息数据，有助于管理层以实时统计数据为依据对项目运作的各个方面进行及时分析、评价和正确决策。项目管理机构应该注意工程表单、台账、趋势图、网络计划等的数据统计和收集。工程统计报表将为企业工程项目管理数据统计、分析及数据挖掘提供坚实的基础，为项目管理决策提供依据。

9.4.2　采购合同接口管理

采购合同接口管理是采购合同管理的重要内容之一。工程管理的效率很大程度上是接口管理的效率。不管接口关系是合同关系还是部门关系，接口效率通常很低。在工程中总包商需要处理的接口较多，但在物资采购方面，除了采购合同中的供应商接口管理以外，主要还涉及采购活动上下游接口管理，即设计和施工安装调试接口管理。

设计环节确定工厂或工艺技术以及给定严格的上游设计方案、费用和设备总体布置约束条件，需要进行方案选择和优化，为采购环节提供设备和材料技术规范书、采购工程量清单、系统手册、图纸等输入；而采购环节为施工安装调试环节提供必要的诸如材料、设备、施工设施等输入，采购环节发挥承上启下的作用，但同时也受到其他两者的制约。

9.4.2.1　设备材料采购和设计之间的接口管理

在工程项目中，设计院包括总体设计院和详细设计院扮演着重要的作用，总体设计院提供各种系统的总体参数和总体布置等内容；详细设计院则提供设备的参数、选型和规格，在部分设备上，设计院还要提供供应商制造所需的详细图纸。在总包商的采购实施阶段，详细设计发挥着重要作用，具有举足轻重的地位。设计环节通常会发生诸如详细设计深度不够、专业协调疏漏、出图时间延迟、设备制造图或说明书错误、供货范围不清晰等问题，对采购活动的及时性、工作范围划分的准确性产生负面影响。

特别在非标准设备采购方面，上述影响和制约作用尤为明显。在这种形势下，非标设备的设计和制造等将是崭新的课题，两者之间的接口将大幅度增加，工作进度难以估计和量化，接口管理复杂。非标设备的设计应始终作为设计审查和采购控制的重点，应该以超前的工作思路处理好该接口的管理问题。

在工作中要明确定义设计输入和输出，包括各种设计所需的接口，保证非标设备采购活动的相关方及时得到任何更新的信息。除了增强总包商采购部门和设计单位的沟通和协调外，还要注意监督和评价设计单位和非标设备供应商之间的沟通，实现接口顺畅和无缝衔接，防止出现严重的设计成果交付延期和设备制造过程中因设计变更或图纸参数未及时更新造成的重复工作和质量问题以及可能产生的进度问题；更要防止因设计和制造接口未处理好而产生的现场安装问题。

9.4.2.2 设备材料采购和施工安装之间的接口管理

设备材料采购同时还受到土建施工安装调试等下游环节的影响，其接口管理仍需关注。在项目执行过程中，经常会出现现场变更、施工进度延期、部分工序提前施工等要求，可能会造成设备选型变更、交货延期或提前，造成合同管理计划、资金计划等连锁反映，会造成总包商的工作被动或某些合同管理工作的反复，从而发生额外的费用。

现场施工、安装和调试工作具有较大的不可预见性，经常会发生延期的情况，偶尔也会因赶工和人力动员因素出现部分工序提前完工的情况。对于最新应用的新设备和新技术，还可能出现因不熟悉设备造成的安装延期、设备损坏或不能达到安装质量要求的情况。由于施工和安装环节位于工程管理工作链条的后端，又由于工程中质量问题通常后移的影响，该环节出现的问题将会极大地影响工程进度和质量。在工程管理中，应尽可能将设备材料采购和土建施工的接口提前管理，建立接口管理手册，在适当的时间和地点及时解决接口间出现的问题。

9.4.2.3 接口管理总原则

总而言之，在接口管理之前，应详细、明确地划分接口关系，提供明确和一致的信息；接口管理要覆盖各相关方，强调专业化原则，要保证接口明确，责权清晰，降低接口风险；要做到简化接口，提高效率，属于上游接口的问题应在上游环节解决，不能流入下游环节。

在处理接口关系时，除了应制定严密的接口程序克服人为因素问题以外，还要通过有效的沟通和激励加强各相关方的联系、理解和合作，减少内耗；对于关键路径活动、协作单位较多的活动或里程碑任务，合同管理部门应设立专门的或临时的协调委员会，以加强横向和纵向管理。对于有可能对关键路径产生影响、有可能对工程质量产生影响的采购活动和设备问题，应该成立专门的委员会或专家组，分析解决问题，并评估可能造成的延误，可能对工程质量造成的影响。

总之，对接口管理的各项措施目的在于最终增强总包商的整体工作效率，将小问题解决在特定范围之内，使之不会对工程产生较大的负面影响。

9.4.3 采购合同质量管理

采购合同的质量管理主要包括两部分内容，即产品质量和工作质量。产品质量是指合同的交付物——设备或材料的质量，它需要符合合同技术规范书和质量条款的要求，达到预期的标准。工作质量是指供应商为了保证产品质量所从事工作的水平和完善程度，它反映合同的实施过程对产品质量的保证程度。这两个方面中任何一项未达到预定水平都会对工程产生不利影响。采购合同中的设备和材料通常占工程项目投资的很大比重，同时，设备和材料是构成工程实体的要素，其质量直接决定着工程的内在质量。

对设备和材料采购合同的质量管理通常通过质量保证和质量控制实现。质量保证体系是供应商评价的重要内容，设备和材料供应商通常已具有完善的质量保证体系。总包商应在合同质量保证管理条款中要求供应商建立适用于所采购设备和材料的质量计划、制定专门的工作程序和规范文件、做好质量记录和相关文件、其分包商必须得到总包商的认可等内容。在质量控制方面，应该通过质量计划中设立的报告点(R点)、见证点(W点)和停工待检点(H点)等进行控制，到生产工厂进行实地检查等方式实现对同项下设备的材料和生产过程的控制，保证最终产品的质量，保证发货到现场的设备和材料质量满足合同约定的标准。

9.4.4 采购合同成本管理

采购合同成本管理是项目三大核心控制内容之一。项目成本管理是总包商生存和发展的基础和核心，在采购和合同管理阶段做好成本管理和控制，降低直接和间接成本费用是项目管理活动的重要环节，项目的成本策划和控制应贯穿在工程建造自采购策划标阶段直到竣工验收的全过程，它是企业全面成本管理的重要环节，有效的成本控制，已经成为提升企业竞争的核心来源，成本控制是项目管理的重中之重。

项目管理机构建立以项目共享资源整合为基础、以信息集成为手段、以成本管理与控制为核心的成本控制体系；根据项目管理的需要进行成本策划，实现合同、人力、材料、设备、资金、采购、进度、质量、安全等项目管理要素的成本计划与实施，实现对项目成本及其影响因素的全面跟踪与控制，同时借助项目整体控制系统将成本、进度、质量三大目标相结合，促进工程项目的全面管理。

9.4.4.1 项目成本模型

项目成本模型（即 S 曲线）是项目成本策划和控制的重要依据，可以从总体上衡量项目的工作成果或可能存在的问题，也能够反映某些项目的采购特点和成本构成（图 9-5 所示）。

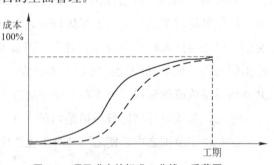

图 9-5 项目成本的标准 S 曲线—香蕉图

在项目策划过程中，可以发现主设备和辅助设备的成本曲线是不同的。在主设备采购过程中，由于主要设备通常由掌握专有技术、大型加工设备和具有垄断优势的厂商提供，市场中只存在有限数量的厂商竞争，因此，主设备市场的基本类型是寡头垄断市场。一般情况下，这种市场属性意味着厂商在与总包商的价格谈判过程中具有一定的优势，讨价还价的能力比较强。而且，由于主设备的选型、采购和供货进度通常制约着辅助设备和其他外围设备的选型和采购，对项目整体进度的影响也最大。另外，大型设备的生产投入和外购配套产品通常是比较多的，因此，总包商一般把工作重点放在采购的进度和价格控制上，在付款方面的条件往往要考虑大型设备供应商的付款要求。最终结果一般都是大型设备在到货前的支付比例比较高，相对于平均和加权的香蕉图而言，S曲线是前移的[图9-6(a)]。

相应地，由于辅助设备和外围设备的供应商相对而言比较多，竞争也比较充分，供应商的讨价还价的能力较弱，供应商产品在整体项目设备中所占的重要性程度较低，因此，这些设备的预付款通常较低，甚至为零，通常采用货到付款或者变相的延期付款，这些设备的供应商往往需要垫资供货。所以，表示辅助设备供货的成本曲线和标准S曲线相比较，总体上表现为成本后移的态势[图9-6(b)]。

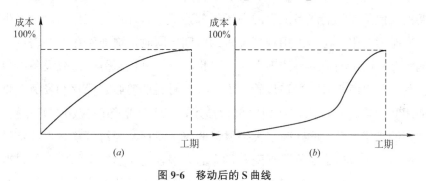

图9-6 移动后的S曲线
(a)前移的S曲线；(b)后移的S曲线

由于前移的S曲线和后移的S曲线的存在，总包商需要仔细地核算项目成本的发生时间和间隔，合成的实际S曲线，合理安排资金，尽可能降低自身垫资所形成的现金流压力；同时，通过合理分析，确定项目成本降低的位置，确定发生成本后移的可能性。对于前移的S曲线的情况，总包商应尽可能地利用各主设备供应商之间的竞争关系和主设备供应商固定资产多以及生产周期变动对企业财务状况影响巨大的劣势，在采购过程中建立讨价还价的优势地位；通过捆绑订货、建立相应层次的战略伙伴关系等方式改善主设备采购成本模型；通过各种付款手段确保支付的成本能够发挥预期的作用以及和项目计划匹配，保证预期目标的实现。

管理前移的S曲线应为采购管理的重点，总包商应该根据工程的实际情况探索能够将S曲线后移的有效措施。前移的S曲线中表达的设备采购主要是主设备采购，很多情况下设备还需要从国外进口，如果存在可能，总包商应利用信用证和出口信贷进行支付以减少资金占用。但是，具体的设备供应商出于自身利益、实力和业务模式考虑，可能不会接受该支付条件。在这种情况下，总包商的变通余地较小，只能通过挤压其他设备采购的资金以弥补该类设备采购的资金缺口。总包商也应该根据以前项目发生的价格信息体系、近期总体物价水平和外部竞争态势对项目成本模型进行分析和优化，挖掘有利的数据，借鉴有效的成本控制方法。

9.4.4.2 库存控制优化

工程物资和普通制造业物资采购最大的不同就在于确定物资采购和到货的进度安排，工程物资的采购是按照前后制约关系和工程整体进度来确定供货逻辑顺序，减少不必要的货物存储或停工待料现象的，其管理核心是工程总体进度计划，货物的采购和到货都是根据项目整体进度计划的要求进行；而普通制造业因其生产具有较强的连续性和可预见性，具有较为成熟的外部供应市场，其货物采购主要是按照 ABC 法则确定货物采购的时间和经济采购批量（EOQ）来确定库存和采购批次。

虽然项目采购中经济批量方法不尽适用，但由于材料使用和供应的不完全一致，为了减少不必要的货物存储和不影响安装准备的客观要求，大型建设工程在现场的仓储是必要的。但是实际上许多工程的现场十分狭窄，而且现场储存不仅会发生较大的费用和二次搬运费用，还会占用现场宝贵的空间。同时，增加库存也会占用总包商的大量采购资金从而影响项目整体现金流。因此，EPC 总包商需要重视设备材料的库存管理和控制。总包商要科学严格地管理大量设备材料的验收、保存和发放，将设备和材料的使用和到货计划在采购计划中单独描述，工程计划部门应协调好采购、运输、仓储和使用的搭接关系，准确确定大宗材料的安全库存与经济订购量，确定设备的到货时间，努力应用按施工安装图纸配套供应的方法，建立强有力的施工材料准备和供应体系，克服大量设备材料管理混乱的现象。在施工现场的附近寻找适当的仓储地点也不失为是一个有效解决现场空间不足的对策。尤其是进口设备和材料适度的提前到场是必要的。对于工程进度的调整或工期拖延等问题，应及时同相关各方充分沟通。

随着电子化工作技术的成熟和应用，有必要逐步在工程库存管理中推行电子化工作模式，建立集成型的数据库，并同采购合同管理中的统计数据进行对接，协同发挥作用。同时，严格材料管理，将设备和工程大宗材料的设计量、采购量、交货量、到货量、库存量、发出量、安装实际完成量和结余量进行综合跟踪比较和预测，严格控制超消耗和再供货。使用数据库进行分析和预测，减少浪费或供货中断现象发生。最终实现从库存管理向信息管理转变，用信息代替库存，建立分布式库存管理机制，即通过供应商库存和现场库存的联动和动态平衡控制整体库存。

降低库存和现金流管理的一种重要方式是最大程度地利用供应商的仓储设施、利用物资在途运输时间，缓冲现场的仓储，减少总包商的库存和资金占用。由于多数产品买方市场的形成，多数供应商为了在采购竞争中胜出，通常都给予购买方一定时间的免费储存（通常为 3 个月）和优惠价格（远低于商业储存费用）的储存。如果不是项目发生了重大的项目延期，按经验分析，多数"正常"延期通常不超过 6 个月，供应商给予采购方的这一段时间低成本储存时间完全可以满足现场按正常时间使用或延期使用的要求。而且，供应商还可以通过其分包商控制其库存，以满足总包商的库存要求，因此，总包商应最大程度地利用免费储存条款为自身控制库存提供保障。

总包商还应充分利用信息管理的优势，用信息代替库存，也就是通过上述供应商仓库和在途运输等建立"虚拟库存"而不是实物库存,只到最后一个环节才交付实物库存,就可以大大降低企业持有库存的风险。库存的降低将直接降低资金的占用,减少库存所产生的不利风险,为更关键的设备和材料储存提供宝贵的现场空间,增加整体效益。

9.4.4.3 现金流和成本管理

控制项目的现金流是每个项目相关方的重要工作,也是项目资金管理的中心工作之一,总包商应确保及时地从业主那里收到足够的钱来支付项目管理过程中发生的各项支付,而这项工作是非常具有挑战性的。从目前国内工程项目的付款来看,下游得到付款时间较晚,多数情况下下游供应商或多或少都需要垫资供货。总包商应尽可能在现金流入和流出之间实现平衡,并通过合同支付控制供应商的合同执行进度、保证其按照合同要求履行自己的义务。

由于合同采购成本通常通过采购合同的支付而发生,因此,工程项目现金流控制(这里暂时考虑现金流出控制)的重要控制方式是合同的支付控制。支付控制的前提是建立合理的资金支付计划,控制好合同的支付节奏,对支付申请严格把关,做到合同货物的制造进度或交货进度能够和支付进度匹配,同时要注意防范已支付资金的风险。

项目管理部门要根据进度计划和成本计划编制项目总资金计划和年季月资金使用计划(暂不考虑资金筹措管理),设定资金支出审批和额度控制,并对每笔资金计划和变更的依据或过程文档做出说明和记录,科学、有计划地使用和管理项目资金。应对资金现金流进行数据库管理,对资金到位、支出情况进行全面把握,随时提供项目资金状况,从而有效地实现资金平衡,降低项目风险和成本。

现金流控制要重视对过程的实时监控与分析。由于项目资金投入大,项目运作复杂,总包商必须在项目管理过程中,对项目的执行情况、进度、成本的控制等进行实时监控,从而做出及时和科学的资金计划调整决策,以保证采购合同的顺利执行和现场施工安装的高效运行。工程成本是和进度紧密关联的,合同现金流管理应进一步整合合同进度计划,实时统计项目实际发生成本并与目标成本进行对比分析,实现成本的动态控制。资金管理系统应结合合同管理、审计、分级审批、统计分析等多种管理手段,进行严格的计量、支付及变更管理。合同资金支付过程中,总包商应通过保函等措施控制已支付资金的风险,通过里程碑付款控制合同成本和进度风险,防止超前支付对项目采购资金造成的压力。

在主设备和国际合同的支付上还可利用信用证和出口信贷(根据采购设备的具体情况)来减少资金的占用,实现一定程度的延期付款和卖方融资,提高项目资金的使用效率。

项目管理是全系统全过程的管理,项目成本的节约需要广泛地参与、广泛挖掘成本降低的潜力。成本的降低可通过削减采购过程成本和削减人员成本来实现。如加强对采购过程控制，选择合适的供应商，消除因履约和产品质量造成的成本和费用增加；提高人员素质、精简组织、提高劳动效率、消除系统损耗等也可降低成本。总之，只有真正做到了全方位和全过程管理，项目的成本节约才会真正实现。

9.4.5 采购合同后管理

采购合同后管理是采购闭环管理中靠后的一个环节，是固化采购成果的一个重要过程，也是弥补项目损失的最后一环。通过采购后合同管理，总包商可以对项目执行过程中出现的问题、发生的和未发生的索赔、进度的延误和资金的支付等问题进行评价和总结，为下一次采购提供数据、经验和反馈，使总包商的工作能够持续改进。由于采购管理和合同管理的实践性和经验性活动特征，只有不断地总结经验，才能不断地提高总包商的采购管理水平。

9.5 总包商采购的内部管理

总包商应按照 PDCA 循环的方法展开内部采购管理工作，将需求分析、组织模式、沟通计划、采购流程、计划实施等环节的内容和工作安排到组织内部管理中去，做到内外结合、内外互动，通过加强内部管理，减少内部消耗，加强部门合作，最终改善组织运行效率。根据当前管理发展和技术发展的成熟程度，总包商可通过优化采购流程、改善项目组织结构、充分利用组织人力资源、加强内部审计和内部控制、推广应用电子化工作模式等方法加强内部管理。

9.5.1 采购流程优化

采购流程优化是通过新的技术、工具和手段对原来的采购组织模式进行完善和补充。通过建立采购相关部门的职责分工设计和评价指标体系设计提高工作绩效，并通过建立创新型的横向沟通的柔性体系、电子化的沟通方式和工作模式、通过工程内部审计和内部控制对工作的合规性进行监督，综合各种手段做到对内部过程管理的无缝覆盖。

采购流程优化中，通过制度和责任划分，建立高效的结构化安排和制衡的结构。在加强监督和过程控制的前提下，增加采购人员和合同管理人员的决策范围，缩短决策链，减少不必要的、不增加价值的环节，提高工作效率。

同时，也要对物资采购流程进行改革，改变过去采购业务由专人全权负责，业务公开程度不高、难以实现采购质量、采购价格优化的采购流程，逐渐推行并强化采购供应工作的集体化操作和流程化管理，形成每次采购业务在审批、询价、商务、签订合同等各环节上力求做到专人为主、多人参与、分工负责、供求最优的工作模式。

对于可流程化和模板化作业的活动，应逐步建立流程化的业务处理模式。工程项目具有采购合同多、供应商分布地域广、采购合同周期长、管理要素众多的特征，项目的短期性又使得项目的管理层没有很强的动力去设立长期和稳定的管理职能。

但项目管理中多种工作流程，如成本审批、变更审批、合同支付审批、计划审批、数据填报审批等业务流程具有很强的重复性和事务性工作特征，是可以重新设计和优化的。对于这些流程，应该在项目管理中建立电子化的审核流程，系统地实现业务流程的自定义流转，并记录过程中的全部活动，实现业务流程规范化、程序化，降低项目管理成本，提高项目运作效率。

对于不可流程化和模板化的业务，应注意提高工作效率，逐步建立决策支持系统，建立跨职能工作团队或小组，增加横向沟通，实施集体或委员会式的决策模式等，减少不必要的时间和资源占用。

9.5.2 采购组织和人力资源管理

理论上，合同管理周期是一个系统，项目管理要求各相关方必须树立系统观念，特别是总包商内部管理中，更将它作为一个系统来管理。在传统的项目管理实践中，存在着纵向和横向的冲突和偏差，存在着内部接口管理的内耗和低效率。首先，各个职能部门通常存在着"只见树木，不见森林"的现象。在合同管理周期内，广泛存在着工作环节间因职能的交叉重叠而引发的部门间冲突，或者因部门工作界限不明晰而造成某些疏忽或遗漏；其次，工程管理高层通常对合同管理周期内的具体细节不甚了解，而掌握着关键信息的执行层员工又无法及时与管理高层充分沟通，这种信息的不对称有可能造成关键项目的资源可能得不到保证，重大项目管理问题隐患无法得到及时解决，造成问题向项目管理链条的后端迁移，给项目执行带来严重的后果。

因此，在合同管理周期内，管理者既可以通过跨职能或跨部门协同来营造合作氛围，缓解部门之间的矛盾，让各职能认识到部门间的相互依存性，增加柔性的横向组织沟通，也要通过在薪酬体系中引入共同奖励计划，或者在绩效考核指标中加入能够反映跨部门或整个系统绩效的参数，来促进各部门树立整体观念，促使各职能为项目目标努力；同时，也要引入跨管理层次的考核指标，帮助项目管理部上下树立整体观念，促进上下层的纵向沟通、克服纵向政治阻力，保证工作流在各项目过程顺畅推进。采用内部顾客的视角也会使公司内部的分工和协同工作关系得到增强，使组织结构更富有柔性，提高管理效率；提高项目管理的整体绩效。

物资采购的组织机构、人力资源管理和绩效评价是项目管理机构内部管理的核心问题。人力资源管理的作用是保证最有效地使用项目上的人力资源完成项目活动，管理过程可以概括为三个步骤。第一，组织计划。识别、记录和分配项目角色、职责和汇报关系。这一步的主要输出是人员管理计划，描述人力资源在何时以何种方式引入和撤出项目部。第二，人员获取。将所需的人力资源分配到项目中的合适岗位，开始工作。这一步的主要输出是项目成员清单。第三，团队建设。主要是通过项目建设过程中成员之间的工作关系来提升项目成员的个人能力和项目部的整体能力。

传统的采购组织模式下，工程行业的采购管理系统通常为公司下设的项目部，人员根据项目需要临时派遣，拆东墙、补西墙，人员工作目标的短期性很强。目前在工程管理实践中多采用矩阵式和直线式组织机构，通常设立工程部(进度管理部门)、合约部(商务管理部门)、技术部(施工方案等)、设计部(深化设计协调)、物资部(采购管理部门)、财务管理部、安全部、质量管理部，其他部门由总部兼管。更常见的情况是物资部和技术部的工作通常也是由总部相应职能进行管理，这两个部门作为辅助部门和现场管理部门存在。这种设立模式基本能够满足工程管理和采购管理的需要，减少了人员重复，节省了公司资源。但是，如果总部和项目管理机构责权划分模糊、总部管理的项目众多，无法根据具体项目的特点和要求进行操作，项目管理通常为粗放式管理，宏观上可以覆盖，但不能具体和深入，无法真正评估具体项目的需要，无法衡量具体项目成本的发生情况。尤其是在项目进度紧张、利润较低、索赔机会少、项目规模较大的情况下，这种模式的有效实施更加需要公司采购平台支持和项目中采购执行工作的密切配合。在采购管理的职能定位上，公司总部主要行使支持和监督职能，在各个项目的采购数据、经验、教训、供应商管理等基础性和相关性信息的使用方面提供资源共享平台，对项目管理部工作实施的合规性方面进行监督。只有这样，才能充分发挥矩阵式或直线式项目组织机构的作用，调动项目采购人员的工作积极性，也有助于对项目管理和采购合同管理人员的培养，更有利于增强项目管理部严格管理设备采购、合同执行的积极性，真正发挥其价值。

9.5.3 内部审计和内部控制

从国内外的发展和应用情况来看，内部审计和内部控制是工作监督和绩效评价的重要手段之一，也是工程管理提高效率的有效手段。我国审计理论和实务工作者普遍认为审计是由独立的专职机构和受委托的专业人员，对被审单位经济活动以及与经济活动有关资料的真实性、合法性和效益性进行监督、评价和见证的活动。内部审计是相对于外部审计而言的，是指组织内部的一种独立客观的监督和评价活动，它通过审查和评价经营活动及内部控制的适当性、合法性和有效性来促进组织目标的实现。内部审计的职能和作用主要是监督与评价。

传统上，内部审计偏重于财务活动正确性及真实性的检查。随着时代环境的改变，内部审计的功能从消极的防弊演变为积极的兴利，审计的范围亦由狭义的财务活动扩大为各项经营活动的审计，例如管理绩效审计、经济责任审计、人事工薪审计、基本建设项目审计和环境审计等。概括地说，凡是企业管理控制风险的所有目标和对象，无论何时、何地、何种目标，都属于内部审计的范围。

内部控制与内部审计具有非常密切的关系，内部审计是企业内部控制的组成部分，具有完善内部控制的作用。凡内部控制健全完善的领域，差错发生的情况就少，反之则多。内部审计人员可以凭借其优势，围绕企业内部控制设计的健全性及其执行的有效性独立开展审查和评价，针对其中的问题和缺陷，向最高的管理者提出具有建设性的改进措施和建议，从而促进企业不断改进内部控制。

建立内部控制系统是管理层的责任，执行内部控制是执行部门的责任。只有建立了一套适当而有效的内部控制系统，企业的最终目标才能得到实现。公司内部控制是指管理层为实现其经营目标，保证国家的法律法规和公司各项政策、程序的贯彻实施，保护公司财产的完整以及财务和其他各种经济信息的准确、及时、可靠，保证安全生产，通过建立及不断优化组织机构，合理分责和授权，在必要的制度、程序和内部审计的监督下，使各功能单位相互协调、相互制约、有效运作的一种手段。

与采购活动相关的公司内部控制通常包括管理控制、运作控制和财务控制三部分。其中，管理控制属于高层次的整体控制，着重于分工、分责以及保证公司政策、程序及决议得以贯彻实施。运作控制即具体业务的运作控制，以保证合理地使用人力、物力、财力资源，提高运作效率。财务控制是针对财务活动所进行的内部控制，包括建立公司会计制度和财务管理制度，保障财务活动符合国家的有关法律、法令和规定，使会计资料完整、真实、及时地反映公司的资金运作状况，保障公司各项资产的完整。

9.5.4　电子化合同管理和工作模式

我国 EPC 工程总承包公司大多靠价格竞争生存。在亚洲和欧美市场从事国际工程承包业务的公司绝大部分为发达国家的国际承包企业，这些企业相对中国企业的突出特点：有一支项目管理技术高的 IT 型的项目人才队伍，这支队伍人数少，能力强，对一般的管理人员和技术人员采取少量属地化，就能完成一个很大的工程。

工程项目管理的电子化工作水平较低是国内工程管理企业普遍存在的问题，有相当一部份项目还处于低水平的经验型、粗放型管理阶段。不够重视工程项目管理软件的开发和应用，亦缺乏先进、实用和系统的工程项目管理软件，只有少数单位应用工程项目管理计算机集成系统进行工程项目管理。应用计算机、建立数据库、建立和二次开发集成项目管理软件系统是现代项目管理不可逾越的重要阶段。

总包商应建立全过程全周期电子项目管理平台，逐步实施电子化工作模式。电子化工作模式通常包括电子采购、时间（进度）管理、成本管理、电子技术文档、资源管理和项目数据仓库等子功能，电子化还在项目库存管理方面发挥重要作用。笔者所参与的某工程还开发了一套多媒体远程工程质量验收系统，该系统能够实现钢结构、机电工程、装饰等工程施工质量的远程验收，也可实现公司对"多项目、多基地"的工作要求,极大地提高了项目实时管理和整体管理效率。

通过实施电子化工作模式,总包商能够获得如下利益:实现企业全方位工程项目管理;有效控制项目成本与进度,提高项目收益;保证工作质量;控制并优化项目进度;全面整合项目资源;建立高效率的内部沟通平台;实现工程管理职能整合;建立高效率的协同办公平台;实现知识的沉淀和积累;规范业务流程、方便领导决策;电子化工作模式中通常具有的报表工具能够提高企业统计分析能力;实现项目关键要素的实时动态监控;提高决策分析能力;提高企业管理水平;提升企业核心竞争力。电子化工作模式在项目沟通管理、协同办公、知识管理和电子化采购方面的作用尤为明显。

首先,准确及时地进行沟通协调。在项目建设过程中,时间是最稀缺的资源之一,它要求项目各方要刻不容缓地迅速解决各种矛盾,为了达到高效处理各类业务工作的目标,总包商内部各职能机构以及项目相关方等外部组织之间随时要准确及时地进行沟通协调。电子化沟通模式是常规沟通模式的有利补充,它能够提供文字、语音、图像等丰富的沟通媒介、渠道和协调手段,实现项目管理过程中通知、会议、工作联系、工作报告等各类信息的高效传递。电子化沟通模式能够针对不同对象发布或传递不同类别的协调信息,具有广泛的应用效益,能够有效保障各部门、各相关方、各子项目之间实现充分的沟通和协调,充分保证信息的安全性与时效性,极大地提高了项目管理效率,确保项目的正常稳定运作与目标的顺利实现。

其次,电子化工作模式有利于建立高效的协同办公平台。它能够处理业务运作过程中大量的协同工作、文档处理、资源共享需求,实现流程化和模板化办公,极大地提高工作效率,规范业务流程,大幅降低管理成本。

第三,利用系统能够为企业搭建高效的知识管理平台。该平台通过将企业运作过程中的各种数据进行沉淀和积累,逐步形成统一的知识库。电子化工作模式具有规范的文档管理方法和鲜明的行业特色,能够实现企业和工程管理的知识采集、组织、共享、利用和创新,实现海量信息的精确查询。通过对电子化工作模式的运用可以有效加强企业内部各职能部门之间信息、知识的沟通与交流,提高员工的学习和工作效率,完善企业业务流程和管理模式,降低运营成本,帮助企业从旧管理模式迅速向新管理模式转变,创造学习型、知识型企业,全面提升企业的管理水平。

第四,电子化采购(E-Procurement)是指主要依靠现代科学技术的成果来完成采购过程的一种采购方式,一般通过互联网发布采购信息、网上报名、网上浏览和下载标书、网上投标等,适用于网络化和电子化程度比较发达的国家和地区,也是目前大多数企业,特别制造业企业电子化业务流程再造的一部分,也是其供应链管理的一个重要组成部分。E-Procurement 属于国外工程公司 E-Business 的一个重要组成部分。在国际工程的网络采购方面发展得较为成熟,实施电子化采购,可以显著地降低采购成本,更重要的是影响企业的发展战略,带动内部流程再造、作业自动化和信息共享。自动化的电子采购带来的最基本价值在于总包商可以从耗费大量时间的事务性工作中脱身。目前，我国建筑工程公司由于受产品供应商数量及行业整体基础设施建设和行业内企业电子商务的意识的制约和影响，应用电子化采购工具的程度较低，例如，多数产品可能是非标的，部分产品尚未形成真正的买方市场，某些地区的供应商的基础设施建设还很薄弱，无法适应这种高效的方式，很多供应商还没有一套完整有效的关于电子商务的业务模式。国外工程公司的经验表明，电子采购有可能是一种代表未来发展方向的业务模式，有助于对采购系统进行科学的设计和管理、能够起到提高效率和控制采购总成本的作用。

9.6 EPC企业的集中采购模式

9.6.1 集中采购的管理优势

集中采购就是集合和统一各种采购需求，形成一个大的采购订单，向多个供应商进行综合绩效考察、询价比较、择优采购，从而获得对采购物品的品质和供应商服务质量的控制，同时通过统一的采购、库存和结算控制，降低采购成本。它是现代制造业加强供应链管理的一个发展方向。是目前国际上大型企业普遍采取的降低成本，提高赢利能力，增强竞争力的重要管理措施。集中式管理模式不但有利于实现各个环节间的分工、协作、专业化，同时在整个集团资源的监控和整合方面也能发挥积极的作用。

通常可以从权力、资源和信息三个方面理解集中管理模式。

（1）权力的集中监控，集团必须对下属公司或项目的经营情况进行集中监控，不能让下属公司或项目经营放任自由，这样才能及时发现问题，有效规避企业的经营风险。

（2）资源的集中配置，它是增强企业整体的凝聚力和竞争力的关键，通过资源整合大型企业集团可以有效地获取协同效应，避免快速发展中潜在的各种问题和风险。集中式管理思想就是旨在进行集团的资源整合和优化，充分发挥集团企业规模化的优势。

（3）信息的集中共享。信息共享是实现权利集中监控和资源集中配置的基础，如果各个成员的数据信息不能迅速传递和及时共享，就会形成一个个"信息孤岛"，集团组织也无法做出科学的决策。集中信息共享通过将这些"信息孤岛"连成一个有机整体，使管理人员可随时根据企业内外环境条件的变化及时掌握各种动态信息，从而迅速做出响应、及时决策调整，即让"正确的信息，在准确的时间和地点送给正确的用户，以便使用户做出正确的判断和决策"。

集中采购可以减少需求信息的失真，减少存货成本。对建筑业而言，集中采购可以汇集多个项目和多个承包商的物料需求，采购中心也可以发挥采购的规模效应，进

行更为准确地订货及预测需求。集中采购至少有以下四大优势:

(1) 机构精简,人力资源充分利用。建立采购中心实行集中采购,将原各基层单位的采购职能进行合并。组建一支专业水平高,整体素质好的采购队伍,将采购、供应与管理集于一体,机构大大减少,采购人员相对少而精。

(2) 发挥大宗采购优势,提高经济效益。建立采购中心可以集中集团主要材料需求量和资金,依托集团的信誉和实力,通过大批量向建材生产厂家购买材料,获得低于出厂价的优惠,大宗产品甚至可以通过帮助生产商一起分析、研究降低成本的方法,如某公司总部对所需钢材生产厂的成本分析后,向其钢材供应商提出将钢材压延安排在电费最低价时段进行,从而大幅降低了钢材生产成本,因此获得了低于市场价的钢材。同时建筑集团经过长期的积累具有一定规模的标准化、程度高的基础设施(库房、货场等)和先进的设备(各种运输车辆、吊装设备和装载设备),总体实力较强。实行集中采购,这些有关的设施和设备才能得到充分的利用,集团的整体优势就会真正发挥出来,这样就可以降低采购的成本。

(3) 有利集团的廉政建设,避免腐败行为发生。有利于确保材料的质量和工程质量。

(4) 集中采购还能够实现最优的经济订货量。

9.6.2 集中采购管理组织结构

采购管理模式的变化需要对企业进行管理流程与组织结构的重组,在集中采购管理模式下,集团企业建立协调中心对集团的采购行为进行统一管理。协调中心对集团内的各分公司的需求信息进行汇总,根据当前库存信息和供应网络信息,制定相应的采购或调拨决策,满足各分公司或项目的需求。通过协调中心运用先进的信息技术,对企业物资流、资金流、信息流进行有效的控制和制约,强化计划与管理的有效性和科学性,优化资源利用,降低生产成本,提高产品质量,树立企业的新形象,实现面向全集团的集成化的管理目标。集中采购协调中心的主要职责包括以下几个方面:

(1) 支持营运需求,通过购买原材料、配件、维修以及服务来满足内部所有的运作需求。同时协调中心对集团的库存资源进行定期集中调配,以调拨与采购相结合的方式满足集团内各分公司或项目的需求。

(2) 选择、发展与保证供应源。采购的重要目标之一就是对供应商的选择、开发和保证。采购必须选择一个包含各供应商的供应库,以形成在产品成本、质量、配送以及新产品开发等方面的绩效优势。

(3) 支持集团的总体目标。采购最为重要的目的就是支持企业的战略目标。采购直接影响企业的绩效,所以采购部门需要从整体组织的角度来看待自己。通过协调中心对集团整体的采购统一管理,将更有利于保证采购与集团整体战略目标的一致性。

(4) 发展能支持企业总体目标的完整采购战略。为了在企业的总体战略计划中充分发挥作用,协调中心需要监控供应市场及其趋势,例如:原材料价格的增长、供应商的变化和解释这些趋势对公司目标的影响,确定对集团战略的关键绩效方面有重要影响的原材料与服务,制定灵活的供应计划。

(5) 与其他团队的紧密联系。协调中心必须与公司内部和外部保持一定数量的信息流。由于采购所涉及到的业务有很多都是专业性较强的,而且种类繁多,所以协调中心应与其他部门进行更为密切的交流。例如:由于采购直接支持制造与生产工作,所以协调中心必须能够洞察生产战略与计划,而在产品设计与资金决策等方面需要协调中心与工程技术部门和会计及财务部门的紧密合作。

9.6.3 集中采购管理协调模型

基于集中化管理的采购优化模型如图 9-7 所示。它以信息集中共享为基础,以资源的集中调配、业务状态的集中监控为核心,使集团企业的采购活动在协调中心的集中化控制下统一运行,从而最大限度地提高企业经济效益,实现集团企业的整体战略目标,在市场竞争中获得最大的利益。集中采购管理模型主要包括以下几个部分(图 9-7 所示)。

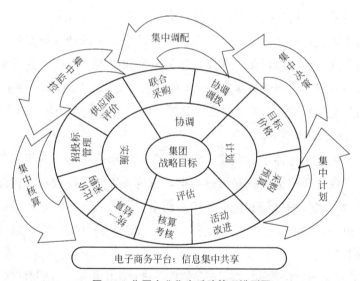

图 9-7 集团企业集中采购管理模型图

(1) 信息的集中共享

快速高效的信息传递和共享是集团企业实现集中化采购管理的基础。由于集团企业的采购过程中必须对大量的物料信息、供应商资源进行管理,同时对各分公司或项目的生产计划、集团的分布式库存点的物料持有信息进行跟踪,这就要求建立良好的信息共享机制,通过集团企业内部、集团企业与供应商之间的良好信息共享,从而实现集团内部资源的协调配置和与供应商的协同合作。

(2) 成本的集中计划、控制与核算

传统的采购成本管理注重的是成本核算以及通过成本核算对采购活动的合理性、有效性进行审查和监督，形成成本会计中标准成本、差异分析和预算控制等会计与管理融合为一体的科学方法。随着现代成本管理的发展，人们越来越多地注重成本会计思想，注重成本会计从单一的经济核算功能转向内部管理控制功能，因此成本管理活动提出了成本计划、成本分析、成本控制以及成本核算。而将成本管理应用于集中采购模式中，更利于发现问题，改进管理，实现集团的战略目标。

(3) 库存资源的集中调配

库存管理在企业经营管理中处于重要地位，集团企业作为一种扩展型企业，库存管理在其运作中更为重要，原因是库存不仅影响着某一节点企业的成本，而且也制约着整个集团的综合成本、整体性能和竞争优势。因此，这种演变使得企业不能以各自为政、局部最优的思想指导其库存管理，而应该更多地从集团整体战略的角度考虑其库存管理战略，通过协调调拨减少库存积压和缺货的发生，推动集团库存管理思想和方法的进化，提高库存管理的效益，增强集团抵御风险的能力。

(4) 供应商资源的集中管理

供应商是所采购物料的提供者，对供应商进行规范化管理和评价对控制物料的采购成本和提高质量具有重要意义。对重点物料的供应商必须建立合理的评价体系，根据供应商的表现进行实时的评价、选择，达到监督和改善供应商产品质量和服务水平的目的。协调中心统一管理供应商资源，不但克服了分散采购模式下评价不足的缺点，同时还可以通过充分利用优秀的供应商资源提高集团的整体运营能力。

(5) 集中招标和比价采购

通过对集团企业整体需求的收集、汇总，使采购形成批量。对规格单一、生产厂家众多的物料实现公开招标。成立招标小组，邀请各生产单位投标，招标小组组织开标、评标，综合考虑投标单位和标底、产品质量、资信状况等因素。最终确立中标单位。招标过程由协调中心集中监控，坚持公平、公正、公开的原则，以批量优势，获取采购成本的节约。

对于重要产品实行比价采购。根据产品的性质建立比价规则，定期对供应商进行评价，动态调整其供应配额，形成供应商之间的竞争机制，激励供应商改进质量，降低成本。

(6) 与供应商的信息共享、协同制造

运用电子采购平台，实现企业与供应商采购信息的共享，通过与供应商在共享产品时间表和预测上更为紧密的合作，与供应商一起减少进程中的无价值时间，帮助供应商改进配送时间安排等一系列行为，从而促使供应商改进他们的时间进程，缩短策划时间，减少错误的配送，改变设备布局，提高配送的绩效。而企业可以准确地掌握供应商的生产、配送状况，确保采购活动的顺利进行，减少电话、传真等信息交互方式的运用，降低采购中的协调成本，减少由信息不确定性带来的附加成本。

(7) 采购执行全过程的监控

协调中心采购监控团队由集团各主要职能部门组成，负责物资供应过程中各环节的专项审批，对采购执行过程全面监控，包括采购计划的审核、供应商资格的确认、限定最高采购单价等，以减少中间环节或多渠道采购。技术、财务、安全质量、物资供应部门及领导共同确定物资采购合同的签订，形成一个相互制约、各司其职的内部监督体系。通过体系的有效运行，实现全员、全过程、全方位的采购监管，保证物资供应过程中的计划和合同的全面执行。

(8) 集中结算管理

资金运动是企业经济活动的本质，理财则是市场经济条件下最基本、最重要的一项管理活动。随着社会主义市场经济的深入发展，市场概念的不断延伸，资金时间价值观念的增强，资金集中管理的操作模式越来越多地被人们所接受。它的建立和运作，为实现资金管理的规范、有序和高效提供了有效的管理手段。而由集中采购协调中心统一管理集团与供应商、集团企业内部的采购相关票据以及款项结算，能够有效避免企业内出现资金余缺不均、资源浪费等现象。同时利用电子支付这种方便快捷的方式进行交易，缩短现金支付时间，解决集团企业的结算瓶颈。

9.6.4 集中采购的实施过程

在集中采购管理模式下，项目采购工作的实施过程包括以下几个步骤。

(1) 施工工长根据现场施工的计划和实际需要，向公司采购部提出用料需求计划。公司采购部审查需求计划，检查公司的仓库中或者其他项目中是否具有该材料多余的库存。如果没有则制定采购计划，并报公司管理层审批。

(2) 公司采购部门通过一系列的询价过程，选中供应商，通过传真等手段向供应商发出订单。供应商收到订单之后，准备货源。

(3) 供应商将货物运输到施工现场或公司的仓库，公司采购部门会同施工人员共同组织验收货物并确认。

(4) 采购部门与财务部门一起实施采购物资的付款计划。

在集中采购管理模式下，由于采购部门设置在公司层面，如果采购职能部门与项目部门缺乏信息充分交流，容易导致项目的实际需求与企业职能部门的采购行为相脱节和设备材料供应不及时，因为从施工现场提出材料需求计划到货物进场一般需要花费较长的时间。为此可以从加快采购的信息流与物流两个方面解决这种缺陷：物流方面，实行采购物资直接进入施工现场，不经过其他形式的流转。信息流方面，施工现场向公司采购部门提出的物料需求计划能够迅速传递到供应商，供应商的供应信息能够及时反馈到施工现场。同时通过网络信息技术提高采购信息在公司内部的处理效率。

10 EPC 总承包的组织管理体系

EPC 项目的实施需要强有力的组织保障体系，在我国大型施工企业还没有形成"大总部、小项目"的商务模式时，仅仅在项目层面上讨论项目组织结构，亦即仅仅对项目部的组织结构和职责分工做出一般性的界定，难以满足 EPC 项目成功实施的组织功能需要。需要指出的是，在建设工程项目管理的组织设计中，很多人不自觉地将项目管理等同于项目部对项目的管理，将项目组织体系等同于项目部的组织体系，将项目组织管理等同于对项目部的组织管理。这些认识都是片面的认识，因为项目部仅仅是为项目而设置的临时业务单位和管理主体，完整的项目生产过程包括企业组织体系内很多常设部门的参与：常设的职能部门完成专业监督、指导和控制任务；常设的业务部门不仅提供资源，而且直接以类似分包商的性质参与生产。同时，总承包企业以外的许多公司也参与项目生产过程，而且在业务活动中自然构成项目组织体系的一部分，应该被纳入到总承包项目部的业务组织管理范围。工程总承包企业在考虑 EPC 项目组织管理时，在以项目部为中心的同时还应当考虑企业总部职能部门和项目部的纵向协调以及跨企业组织的横向协调。本章在系统考察企业组织结构演变的基础上，结合项目管理的特征和 EPC 项目实施的组织要求，探讨 EPC 项目的组织管理体系建设。

10.1 企业组织结构理论演进

传统企业组织结构普遍采用建立在分工基础上的科层制模式。钱德勒（1977）从历史角度解释美国企业成长的主要因素时指出，当企业管理协调的单位成本较低时，管理者看得见的手就取代了市场这只看不见的手，管理协调使生产过程中通过能力在数量和速度上大幅提高，它所导致的节约要大于来自较低信息和交易费用的节约，正是这种因素导致了科层制组织对市场的替代。科层制组织理论是随着管理实践不断演化的。泰勒（Frederick Taylor，1911）关于"计划职能（管理职能）与作业职能（执行职能）分开"的思想以及法约尔（Henry Fayol，1916）提出的"统一指挥"、"建立等级"原则为科层制组织结构的产生奠定了理论基础，被称为"组织理论之父"的马克斯·韦伯（Max Weber）从理论上建立了比较完善的科层制组织模型。科层制的结构及其运行都依据成文的组织程序和规章制度。它根据一定的目标函数与分工原则，对整个企业活动过程进行合理地分解，确立不同部门与不同层级的责任与权力，再由统一的最高权力层进行控制。科层制是在分工基础上依靠法理进行统治的组织结构模式,在通过加强控制的方式提高组织效率方面曾发挥了积极的作用,成为工业经济时代各类组织的"理想模式"。其典型模式主要有直线制、职能制、直线职能制、事业部制及超事业部制。在这几种组织结构模式中,直线职能制(U 型)组织结构和事业部制(M 型)组织结构是企业组织结构模式中最基本的两种模式。正如钱德勒所说:"虽然人们在组织结构的类型方面,又发展出许多变种,而且在近几年里,偶尔也有一些变种混合而成为另外一种模型的形式,但是在大型工业企业的管理上仅仅只有两种基本的组织结构,即集中的、按职能划分为部门的类型和多分支机构的、分权化的结构"。在直线职能制组织结构中,其内部要素主要是根据职能进行分工的;而在事业部制组织结构中,其内部要素主要是根据产品或区域进行划分的,每个事业部实际上大多包含了职能型结构,因而从本质上来说,事业部型组织结构内部也是通过职能进行分工。企业系统的整体改进主要着眼于以"分工理论"为基础,提高各个职能部门或事业部的有效性和效率上。很显然,由此形成的组织结构模式最大的弊端就在于缺乏一个内在的、有效的协调机制,从而在企业内部形成了起阻碍作用的横向和纵向界面。对于工程总承包企业来说,这种以职能或事业部为联结的科层制组织结构模式不能适应建筑业生产力的弹性特征,不利于工程总承包项目所需资源的流动。随着矩阵制、团队、虚拟企业等局部网络化或泛边界网络化的组织结构集成模式的逐步发展,企业横向界面、纵向界面和企业间界面的集成管理日益向模糊化方向转变,企业组织结构模式也日益由以分工为主导思想的组织结构模式演变为以集成管理为主导思想的组织结构模式。

10.1.1 企业组织结构内涵演变

组织结构可简单概括为一个组织内各构成要素及各要素间确立关系的形式,即组织内部的构成要素及要素间的关系。组织结构存在着"基本结构"和"运行机制",一个企业基本结构必须考虑:组织内部如何分工,如何实现必要的协调以保证总目标的实现等。仅考虑基本结构是远远不够的,必须通过运行机制来强化基本结构以实现基本结构的设计意图。洛希(Jay W. Lorse)认为,运行机制指的是控制程序、报酬体系以及各种规范化的规章制度等。运行机制赋予企业基本结构以内容和活力。弗莱蒙特(Fremont E. Kast)认为组织结构分正式结构和非正式结构,正式结构被定义为:正式关系与职责的形式——组织图加职位说明或职位指南。对于组织结构概念的理解,不能完全与职能分离开来,结构和过程的概念可被看作组织的静态和动态的特点,在某种组织中,结构是重复研究的对象,而在别的组织中,过程则是重要的。

10.1.1.1 组织结构的重心由静态向动态演变

每当提起组织结构,人们自然首先想到组织结构图,因为传统管理理论强调组织的客观性、非人格化和结构形式等概念。静态组织设计观在实现组织的分配和协调功能时，注重结构中的职位和清晰的职权关系，建立适合于工业组织稳定生产的刚性结构。而在动态环境中，更加重视结构的过程即组织协调性。注重研究结构的活动机理怎样使结构更加灵活、应变，注重控制程序、信息系统、资源保障机制等运行机制的设计，使组织结构更加能动地适应环境和经营需要。

10.1.1.2 组织结构的核心能力角色

传统的管理理论认为组织结构是一个框架图，即分工、任务和职权职责的有序安排，组织成员在固定岗位上各施其责。在复杂多变的竞争环境中，组织结构的核心竞争力角色受到理论界的普遍关注。他们认为核心能力构成之一的组织资本体现了企业"知道"自己如何协调生产活动，此信息储存于由某种沟通媒介为载体的企业规则组成的记忆媒体中，可以随时选取。此规则具有较强的不可模仿性，从而构成了企业核心能力的重要组成部分之一。钱德勒通过大量研究，认为横向合并、纵向一体化、地域扩张和多样化经营等企业扩张形式中，地域扩张和多样化经营主要依靠组织能力。他认为以结构为基础的组织能力一旦创造出来就成为保持领先者优势的源泉。钱德勒的研究表明，一国经济的发展更关键地取决于建设在企业层次上的组织能力。

10.1.2 企业组织结构形式演进

企业组织结构形式伴随企业的产生和发展经历漫长的历史演进过程，大致可分为三个阶段。

10.1.2.1 集权型层级制：直线职能制

随着手工工场生产规模的扩大，企业内部出现了脑力劳动与体力劳动分工，管理者从劳动中分离出来专门从事监督管理工作。机器大工业的发展使企业管理组织从横向上进行专业分工，如从生产部门中划分出原材料采购、产品销售、设备维修、管理等，同时进行了工作职能分工，将工作者的操作过程程序化、规范化，并加以监督与管理。企业管理组织逐步从直线型转变为职能型（包括直线参谋制、直线职能制或职能制）。组织的控制和协调手段相应地从以直接监督为主转变为直接监督与工作程序标准化相结合。是在环境稳定、技术相对简单、产品单一、企业规模不大的情况下形成的刚性很强的集权型层级组织。

10.1.2.2 分权型层级制：从职能型组织到分部型组织

1920年代初，美国企业界高级管理人员杜邦和斯隆在改组公司组织的过程中不约而同地提出了分部型组织形式。它包括事业部制、超事业部、矩阵等形式。这一时期的最大特点是所有者与经营者的分离，即现代企业出现。随着工业化进程的加快和企业组织规模的扩大，产品从单一性到多样化，市场从某一地区向各个地区甚至国外扩张。组织环境复杂多变使所有者感到经营乏力导致职业经理人产生，所有者和经营者分离导致了分权型层级制度的出现。分部化浪潮之后，西方企业对各分部间协作关系与作用有了更深刻认识,开始在原分部型组织(简称 M 型组织,亦称事业部制或联邦分权制)或职能型组织(简称 U 型组织)中设置各种横向联系手段(如临时性任务小组、永久性项目小组等),矩阵组织和多维组织的诞生,使组织结构向灵活性方向发展。

10.1.2.3　扁平网络型组织:从分部型组织到扁平网络型组织

随着经济全球化进程的加快,各国企业在世界范围内展开激烈争夺,速度已经成为企业致胜的关键因素。面对新的动态竞争环境,企业组织结构的灵活性显得更为重要,以团队为模块的工作单元、临时工作小组、网络型组织等扁平网络型组织得到快速发展。扁平网络型组织结构大致可分为三种类型:组件型组织,网络型组织,层级型组织。

(1) 组件型组织是以三叶草结构为代表的一种组织结构类型。英国管理学家查尔斯·汉迪提出三叶草结构型组织,用三叶草的三片叶子具体形象地描述现代企业应具备的组织结构形式。第一片叶子代表从事核心业务经营的核心员工,他们受过良好的专业化培训,拥有企业建立竞争优势所需要的核心技能、信息和智慧。第二片叶子表示与企业建立了长期合同关系的组织或个人组成的边缘性结构,基本上由流动性大而且日趋职业化的各类咨询人员或咨询公司构成,他们为企业提供维持日常生产经营活动所需的管理和技术服务。第三片叶子代表具有很大弹性的劳动力,如兼职工、临时工和非全日制劳动力。三叶草结构型组织是一种以基本管理人员和员工为核心、以外部合同工人和兼职工人为补充的组织结构形式。美国著名未来学家阿尔温·托夫勒在《适应变革的企业》表达了类似的思想,"为了在迅猛变革的环境中求生存,……提出一种思考企业活动的新方法:就是将企业分为'框架'和'组件',组成高度灵活的结构,以代替传统僵化的部门结构。"托夫勒认为:"此形式更可能包括一个微弱的、半永久性的'框架',有许多临时性小组附着其上。这种情况就像考尔德活动装置的零件一样,可根据变化而改变位置。"

(2) 网络型组织:网络组织和虚拟组织。

网络组织(network organization)是一种新的组织形态,它的特色是将企业内各项工作(包括生产、销售、会计等),通过合约承包给不同的专业企业,而总公司只保留为数有限的雇员,主要职能是制订政策及协调与各承包公司的关系。网络结构组织的主体由中心层和外围层两部分构成。中心层由单个企业家或企业家小团队组成,直接管理规模较小、保持高度的流动性和精干的网络经纪人队伍,负责设置、召集网络成员。不同于传统的层级制组织类型中的公司总部,网络组织中心几乎没有直属职能部门,它在进行各项业务时,主要依靠网络外层的公司提供职能来进行。外围层由若干独立公司组成,独立的网络成员与中心是一种经常变更的合同关系,呈现出极大的不稳定性。中心层与外围层之间通过通讯网络进行联系,减少了行政成本,应变能力强,但总公司对承包公司的控制有限。

虚拟组织是企业借助外部力量对外部资源进行整合创造出自己竞争优势的一种经

营组织。完整的企业有各种基本功能，虚拟企业根据自己的情况把有些功能或某一功能中的某些部分分化到市场，自己只留下最具优势的部分，实现以最小的投入取得最大的收益。它没有固定不变的组织结构，也没有领导与被领导关系，更没有明确的市场定位或经营范围，只是为了快速满足市场需求而形成企业间业务联合体。其主要任务是组织和协调，企业通过对外部资源进行不断地组合来实现其不同的任务和目标。虚拟企业，特别是高科技虚拟企业是以信息网络为技术支持、以信息工程联网为硬基础，通过EDI、Internet等信息网络建立动态联盟的，虚拟组织成员间的信息传递和业务往来主要通过信息网络完成，实现组织信息网络化。同时，虚拟组织的存在也是动态化的，其存在时间的长短完全取决于项目或产品，一旦项目或产品完成，虚拟组织便宣告结束或组建另外形式的虚拟组织。

（3）层级型组织。彼得·德鲁克在《新型组织的到来》中指出，未来组织是以"信息为基础的"，并指出"以信息为基础的组织对专家的需求远远超过我们所熟悉的命令控制式企业。不仅如此，这些专家们是在第一线工作，而不像以往那样在公司总部坐办公室。事实上，第一线的组织自然地倾向于由各种各样的专家组成"。"由于大型的、以信息为基础的企业表现出扁平的结构特征，它将更加类似于一个世纪以前的企业结构。在那里，所有可以称为知识的东西集中在最顶层的人员手中。其他的都只不过是帮手或跑腿的人员，他们只会重复机械的工作或按指令行事。在以信息为基础的组织中，知识将主要分散在企业的底层，存在于专家们的头脑中"，他在谈到组织的管理结构时说："可能会形成一个双头的怪物——一个是专家结构，同医院里的主治医师制度相仿，另一个则是任务小组领导人的行政管理结构"。英国剑桥大学教授R·梅雷迪思·贝尔滨（R. Meredith Belbin）在其《未来的组织》（The Coming Shape of Organization）中指出组织结构变得更加扁平，这就意味着负责"命令与控制"的人会变得越来越少。因此，这里的重点就应该是同级之间的管理，而这只有通过加强团队工作才能实现。他认为未来组织结构形式是"梯形组织"，梯形在此代表两层的组织，顶层包含的是战略管理，底层包含的则是管理。高层管理人员要经常处理一些极复杂的问题，在这种情况下，咨询、收集以及交换意见更易于取得好的结果；而在业务层，一名经理可以更多地按个人决定办事，因为他能负担得起由此造成的后果，团队工作仍然重要，只不过不那么生死攸关罢了。

10.1.3　企业组织结构发展趋势

10.1.3.1　组织结构柔性化趋势

从集权层级型组织到分权型层级组织，再到扁平网络型组织，组织结构的灵活性和适应性不断增强。在日益变动的环境中，组织结构不断调适更新显得尤为重要。正如约翰 W. 戈德纳（John W. Gardner）在《如何防止组织衰败》一文中提出管辖权的分界线是可以根据情况变化而改变的,强调指出分工是组织的核心问题,没有公司、部门、科室等结构划分,综合的现代组织不可能存在下去。针对很多组织结构妨碍企业运作的现象,他认为其原因大多是因为它是为实现过去某一目标而设立的,这些目标现在有效,将来未必有效,大多数组织的结构是为了解决已经不存在的问题,内部结构的灵活性是防止组织衰败的重要原则之一。托夫勒曾经指出在超工业社会,每个组织成员都是临时组合,可分可离的;每个单位与许多其他单位不仅仅有纵向联系,而且有横向联系;决策也像产品和服务一样,是因地制宜,而不是标准化。如任务小组、项目小组、三叶草组织结构等都是适应环境变化的极好形式。

10.1.3.2 组织边界的渗透与模糊趋势

随着市场和技术运动节奏的加快,企业生命周期不断缩短,其一次性建立组织的成本不能和以往一样被无数次地进行交易分摊,生命周期内的交易越少,一次性成本的作用就越突出,组建组织的成本就越大。此时有效的组织组建到彼时就因环境的变化而失效,组织任何一项固定边界的确立,其风险都非常大。因此将价值链上的企业纳入组织结构之中,显得极有意义。组织结构的边界日益模糊,它大致以其核心能力为轴心,其结构自由地向外扩张或向内收敛。为了使信息在组织内有效传递,未来组织内部结构的边界越来越相互渗透,消除其职能部门之间、层级之间的障碍,使信息、资源、思想能在组织中自由流动,组织更具有活力。

10.1.3.3 组织机制重心向下移动的趋势

随着市场和技术变化节奏的加快,组织结构内的权力、报酬、机制重心向组织下层移动的趋势日益明显。传统组织的权力中心不再仅仅集中于上层的决策者,随着环境的变动,决策者的经验可能不再奏效,其原有能力无法对不断变化的环境做出正确、及时的决策,它需要组织内员工的共同参与,因而决策权呈现向下移动的趋势。这种趋势主要表现为:将决策权下放到自己能承担其决策后果的部门中去,不断激励员工学习,发展技能。奖励体制以业绩为基础,面向全体员工,而不仅仅是职位。

组织结构的演进是随着生产力水平、科学技术的发展、企业的扩张而不断进化的,为使组织结构的发展适应时代的需要,就必须随着新技术的发展而不断完善组织结构,特别是现代信息技术的高速发展,将信息网络技术引入组织结构是十分必要的,它有利于企业内外信息的收集、处理及最终决策。组织结构是一个不断学习的过程,组织结构必须随企业内、外环境的变迁而不断学习、进化,求得组织的有效性及其效率。组织结构是一个开放、具有渗透性的系统,组织必须延伸其结构边界,灵活地将其价值链上的企业纳入或退出自己的结构范围,使其边界具有伸缩性、渗透性。

10.1.4 企业组织流程理论

10.1.4.1 传统企业组织结构理论的问题根源

现代企业组织形式及其管理理论的根本特点可以概括为两点：强调将可重复产品生产经营过程分解为一系列标准化和次序化任务并分配给特定执行者，以降低成本和提高生产效率；强调特定管理层监督和确保执行者有效完成既定任务，从而形成各职能部门和自上而下、递阶控制的金字塔状的科层式组织结构。这种体现专业分工精神的组织形式在大量制造标准化产品的生产条件下很有效率，但是，在复杂多变的动态竞争环境下，高度结构化组织及其运作方式割裂了面向顾客需要的流程。

(1) 过细的专业分工导致员工把工作放在个别作业的效率提升上而忽视整个组织的使命。部门之间的利益分歧促使个体短期利益凌驾于组织发展目标之上，从而弱化了整个组织的功效。

(2) 控制主张和等级结构决定了当组织规模扩张时需要通过增加管理层次保证有效领导。管理层次增多，指挥链延长，沟通成本增加，市场反应迟钝，从而阻碍了企业的进一步发展。

(3) 体现了劳动分工、专业化和层级结构组织形式中职能部门是满足物质流运动的重要载体。物质流日趋复杂，信息流重要性凸现甚至取代某些物质流作用居于主导地位时，企业需要打破部门分工界限，逐步建立满足顾客需求的有机的组织形式。

10.1.4.2 BPR思想对组织改进的启示

1990年，美国学者迈克尔·哈默(Michael Hammer)博士首先提出"BPR"(Business Process Reengineering，业务流程再造)并引入企业管理。BPR思想突破了传统的劳动分工理论的思想体系，强调以"流程导向"替代原有的"职能导向"的企业组织形式。BPR的基本内涵是以企业长期发展战略为出发点，以价值增值流程在设计为中心，强调打破传统职能部门界限，提倡组织改进、员工授权、顾客导向和运用信息技术建立合理业务流程，以达到企业动态适应复杂多变环境的目的。

(1) 企业实施BPR的根本动力是企业可持续发展战略需要。这种需要源于顾客资源有限带来的竞争压力，源于企业对流程改进必要性、方向和实施措施的共识。正如达文波特(Davenport)所言："流程必须在企业战略范围之内，以未来的理想模式为指导。只有一个明确的战略，才能提供流程再造的内容和实现它的动机，否则，是不可能在没有方向的情况下完成彻底改变的"。

(2) BPR摈弃了职能导向的管理思想，确立了以"最大限度满足顾客需求"流程为核心的组织形式，提高员工工作的主动性和积极性，使员工从被动服务提供者变为主动服务提供者。

(3) BPR利用信息技术和团队管理技术推动技术和人的有机结合，通过企业组织的技术性因素(技术、标准、程序、结构和控制等)和社会性因素(组织文化、政策、作业风格和激励方式等)的整合提升企业整体绩效。没有社会性方面的再造,只有技术应用,最终将脱离企业实际需要成为"冷冰冰"的自动化;没有技术支撑的社会性再造,基本上还是低水平上的资源调整。

10.2 国外工程公司的企业组织结构和项目管理模式

10.2.1 企业组织结构模式

建筑工程公司的组织结构既要考虑产品生产的间断性、生产的地域流动性等特点,又要考虑企业内部的协调、控制成本。这些组织大多采用"大总部、小项目"的组织管理模式,将资金、技术、设计、大型设备等各种要素的管理功能集中到集团,大的工程项目由总部直接谈判、管理。这样,企业技术、管理、资金密集的优势才能得以发挥。

美国的柏克德(BECHTEL)、凯洛格(KBR)、福斯特威勒(FOSTERWH EELER)、鲁姆斯(ABB LUMMUS)、福陆(FLUOR)和加拿大的兰万灵(SNC LAVALIN)等6家工程公司都是国际型工程公司,他们经营的领域很广,涉及到基础设施、铁路、公路、电力、石油化工、机场建设等诸多领域,企业的业务范围广,抵抗风险的能力很强。柏克德(BECHTEL)等6家大型工程公司总部大都是采用事业部制的组织形式。各公司在世界各地按照业务领域都建立若干专业分公司(执行中心或办公室),各分公司在组织结构上基本相同,大都设有项目管理部、项目控制部、质量管理部、设计部及有关专业设计室、采购部、施工部等。公司总部组织结构如下(见图10-1):

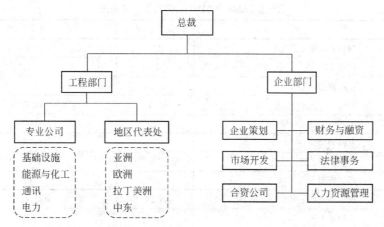

图10-1 国外工程公司总部组织结构示意图

这6家大型工程公司在人员构成方面可分为两类,一类带有自己的施工队伍,一类没有自己的施工队伍。如福斯特威勒(FOSTER WHEELER)、鲁姆斯(ABB LUM-

MUS)、兰万灵(SNCL AVALIN)、福陆(FLOUR)休斯顿分公司没有自己的施工队伍，但他们有施工管理能力，这几家公司是以设计人员为主体，由包括设计、采购、施工、开车、报价及项目管理等各类技术、管理、人员为骨干的专家群组成。柏克德(BECHTEL)、凯洛格(KBR)公司除拥有设计、采购、施工、开车、报价及项目管理等各类技术、管理人员外，还带有自己的施工队伍。各公司的人员构成如下：

(1) 柏克德(BECHTEL)公司

柏克德(BECHTEL)公司是一家由铁路施工起家的工程公司，拥有自己的施工队伍，具有自行完成设计、采购、施工的能力。拥有员工5万多人，其中，白领人员3万多人，分布在140多个国家和地区。

(2) 凯洛格公司(KBR)

凯洛格公司(KBR)拥有自己的施工队伍和维修人员，具有服务人员，具有自行设计、采购、施工的能力。拥有员工3万4千多名，其中，工程技术人员7千多人，工人1万多人，维修人员1万多人，分布在60多个国家和地区。

(3) 福斯特威勒(FOSTERW HEELER)

福斯特威勒(FOSTERW HEELER)公司以制作锅炉起家，没有自己的施工队伍，所以不能自行完成施工，具有自行完成设计和采购并进行施工管理的能力。拥有员工9千多名。

(4) 鲁姆斯(ABB LUMMUS)公司

鲁姆斯(ABB LUMMUS)公司也没有自己固定的施工队伍，通过雇佣社会上的施工工人、租用施工机具完成施工，具有自行完成设计、采购、施工的能力。拥有员工6千多人，分布如下(表10-1)：

鲁姆斯(ABB LUMMUS)公司员工分布表　　　　表10-1

序号	岗位	人数	比例
1	项目管理与工程规划	480	7.88%
2	质量系统	75	1.23%
3	项目控制与估算	320	5.26%
4	设计	2240	36.79%
5	工艺、安全与环境	770	12.65%
6	采购与检验	410	6.73%
7	IT、材料管理、支持	470	7.72%
8	施工管理	455	7.47%
	技术人员小记	5220	85.74%
9	非技术人员	868	14.26%
	总计	6088	

(5) 福陆(FLUOR)公司

福陆(FLUOR)公司拥有自己的施工队伍，具有自行完成设计、采购、施工的能力。拥有员工5万多名。福陆(FLUOR)休斯顿公司有2900名员工,其中技术人员和项目支持人员2000人,没有施工人员。

(6) 兰万灵(SNCL AVALIN)公司

兰万灵(SNCL AVALIN)公司没有自己的施工队伍,所以,不能自行完成施工,具有自行完成设计和采购并进行施工管理的能力。拥有来自80多个国家的员工15000多名,工程技术人员占78%以上。兰万灵卡尔加里公司有员工1480人,其分布如下(表10-2):

兰万灵(SNCL AVALIN)公司员工分布表　　　　　表10-2

序号	岗位	人数	比例
1	设计	480	7.88%
2	项目管理	75	1.23%
3	预算	320	5.26%
4	费用/进度控制	2240	36.79%
5	工艺、安全与环境	770	12.65%
6	采购与检验	410	6.73%
7	IT、材料管理、支持	470	7.72%
8	施工管理	455	7.47%
	技术人员小记	5220	85.74%
9	非技术人员	868	14.26%
	总计	6088	

10.2.2 项目管理模式

6家大型工程公司的主要服务形式是工程总承包和工程项目管理,其中工程总承包业务占60%～85%,工程项目管理服务占5%～15%。工程总承包的形式主要有:交钥匙总承包(LSTK),设计采购总承包(EPC),设计、采购、施工管理承包(EPCm),设计、采购、施工监理承包(EPCs),设计、采购承包和施工咨询(EPCa),设计、采购承包(EP),设计、采购、安装、施工承包(EPIC)等形式。工程项目管理主要有项目管理承包(PMC)、项目管理组(PMT)、施工管理(CM)等形式。

10.2.2.1 项目管理组织机构

为了使公司组织机构更有效地为项目服务,几家工程公司都是采用项目管理为核心的矩阵型的项目管理机制,实行项目经理负责制。即以永久的专业设置为依托,按项目组织临时的、综合严密的项目管理组织,具体组织实施项目建设。公司常设专业职能部门负责向项目组派出合格的人员,并对其派往项目组的人员给予业务上的指导和帮助,但不干预项目组的工作,项目组人员应同时向项目经理和各自部门汇报工作。采用矩阵式的项目管理模式,不仅便于专业人员的培养,有利于专业水平的提高,而且便于专业人员的调配,保证专业人员的工时得到充分利用,提高劳动生产率。同时,将多专业人员调配到某些项目上,便于协同工作和对专业人员业绩和能力的全面考核。

典型的项目管理组织机构如下(见图10-2):

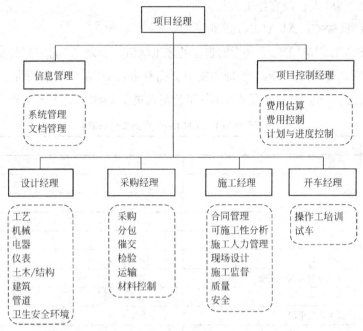

图10-2 国外工程公司典型的总承包项目组织机构示意图

10.2.2.2 项目管理技术和手段

6家大型的工程公司不仅有良好的项目管理体制和机制,还都有先进的项目管理技术和手段作支撑。项目管理技术和手段包括以下几个方面:

- 项目管理手册(Project Manual)
- 项目管理程序文件(Project Procedure)
- 工程规定(Guideline/Specification)
- 项目管理数据库
- 先进的计算机系统和网络体系
- 集成化的项目管理软件

10.2.3 EPC工程公司的典型特征

项目管理模式的变化必然引发企业组织形式的变化,在国际工程项目管理的专业化、一体化实施方式的推动下出现了新型建筑企业组织模式——国际型工程公司。工程公司具有咨询服务、融资、设计、采购、施工、试车等能力,提供一种、几种或全方位的服务。国际著名的承包商已经逐步由施工一元化走向设计、咨询等多元化经营服务,实现了向国际型工程公司的转变,使得国际工程承包的一体化进程更加明显。

工程公司是一种专营工程项目的EPC全功能的社会组织,也成为以项目为基础的组织(Project-based Organization)，这些组织的经营收入主要靠实施工程项目，它们的功能、组织机构、专业人才、系统设置、工作程序、技术和方法多为实施工程项目而设置。通常工程公司应具备以下的基本条件：

(1) 专营或主营工程项目。它的经营收入主要靠为业主提供实施项目的服务(WTO把工程承包列为服务业务)。

(2) MEPCT全功能。M(Management)指项目管理，E(Engineering)指工程设计，P(Procurement)指采购，C(Construction)指施工，T(Test)指试运行。工程公司不仅具有MEPCT全功能，而且在工程咨询和项目管理方面也比工程咨询公司和项目管理公司更具实力，因为工程咨询和项目管理的知识和经验主要来自于工程公司的实践和总结。但是由于工程咨询和项目管理服务或项目管理承包(PMC-Project Management Contractor)需要占用较多的项目管理骨干人员，而且按照国际管理惯例，承担工程咨询和项目管理服务(或项目管理承包)的工程公司，通常不能再承担同一项目的工程承包，所以除非是由于经营战略的需要，否则工程公司不会主动争取承担单纯的项目管理服务或项目管理承包。

(3) 组织机构和专业设置适应MEPCT功能的需要。工程公司都相应设置有项目管理部、项目控制部、质量保证部、设计部、采购部、施工管理部、开车服务部等，以满足工程项目管理和工程总承包的需要。这些机构是工程公司常设的职能组织，与临时性的项目组织共同构成严密和高效的矩阵式结构。

(4) 拥有与MEPCT全功能相适应的专业人才。尤其应拥有掌握项目管理和工程总承包知识和技能的专业人才，例如项目经理、设计经理、采购经理、施工经理、开车经理、项目控制经理、进度计划工程师、费用控制工程师、项目财务管理、合同管理(包括风险和索赔管理)、律师等。专业人才的素质和水平代表工程公司的素质和水平。

(5) 拥有完善的项目管理体系。工程公司的项目管理体系，包括组织结构、部门和岗位的职责、项目管理作业指导文件、岗位《工作手册》。没有完善的项目管理体系，工程公司的项目管理和工程总承包就会出现无序、混乱、低效的状态，不是一个真正的工程公司。

(6) 具有与工程公司业务规模相应的融资能力。工程总承包通常需要垫支，需要有借贷流动资金的能力；为了在项目竞争力中处于有利的地位，须有协助业主筹措资金的能力；应有办理保函的能力；应有组建BOT项目公司的能力。承担项目的规模越大，就需要更大额度的融资能力。

不具备这6项基本条件，就基本上不是真正的EPC全功能的工程公司。

10.3 我国大型施工企业的组织模式及创新

在建设市场逐步成熟和世界经济全球化的背景下，工程建设项目管理向项目管理总承包和工程总承包模式发展已经成为必然趋势。在近20多年时间里，建设部、国家计委和财政部等国务院有关部门，先后对勘察设计和施工单位开展工程总承包工作颁发了一系列的文件、规定和办法，为具备总承包能力的设计和施工企业转型创造市场条件。大型施工企业应当敏锐地观察到工程建设项目模式转变的这一趋势，充分利用国家的政策导向，实施企业组织创新。

10.3.1 EPC项目实施对企业组织功能创新的要求

施工总承包企业向工程总承包企业变革过程中，首先要解决的问题是企业组织模式能够在工程总承包项目实施过程中具有实现设计和施工的集成化管理的功能。充分考虑了工程总承包项目实施的内在要求和我国建筑业企业组织管理功能的缺失问题，我们认为在企业组织功能的设计和管理系统方面，DBB模式和EPC模式的实施对母体企业的组织管理要求的主要区别表现为更加注重甚至是不能离开企业总部对项目的资源、管理和技术支持，要实现这些支持功能，需要企业在多方面进行转变（如表10-3）。

EPC模式与DBB模式下的企业组织功能要求　　　　　　表10-3

	DBB模式	EPC模式
管理思想	项目导向，设计与施工分离，单项目管理	项目和企业并重，设计、采购与施工一体化，多项目管理
组织范式	层级式机械组织	网络式有机组织
管理方法	串行式传统生产与管理 职能和任务导向 自上而下指令链条 集权式决策、被动执行 个人学习及施工经验传承	并行式精益生产与管理 过程和工作流导向 自下而上响应模式 分散式决策、自主管理 组织学习及项目知识管理
组织方式	总公司—分公司—项目经理部 事务导向的信息处理技术	团队式专家系统 知识导向的信息支持系统

10.3.2 大型施工企业需要增强的组织功能

大型施工企业向工程总承包企业转型过程中，首先需要增强咨询服务、设计功能和融资功能建设。

10.3.2.1 咨询服务功能

工程项目建设是一类耗资大、回收期长、涉及面广的固定资产投资活动。项目建设前期业主需要做大量的投资机会研究工作，具体包括市场、建设规模、财务预算、资金筹措、效益评价等多方面的内容。尽管可行性分析这项工作本身的费用相对于后期项目建设投资来说很少，但是对整个项目投资的影响却很大。这些工作的完成需要有工程实践经验的专家参与，大多数投资方都缺乏工程建设项目实施方面的经验，他们需要工程总承包企业协助完成项目的可行性分析。因此，工程总承包企业增强咨询服务功能能够为尽早参与项目提供机会。美国福陆丹尼尔公司正是凭借强大的咨询服务能力，成为世界上最大的工程总承包企业之一。

(1) 推动业务模式由项目执行向项目管理角色的转换

工程建设的总承包项目工作范围十分广泛，即使是一个规模较小的工程总承包项目，其范围也通常涵盖了工程全过程或若干阶段的工作，就EPC总承包这种模式而言，其工作范围实际包括了从项目的工程设计、设备材料的采购、现场的施工安装到项目最后的开车试运行等若干阶段各环节的内容，各阶段的工作既相互关联相互渗透，又相对独立并各具较强的专业性，这需要总承包商全面地规划、统一地管理、集中地协调。同时由于总承包项目环节多、各环节专业性强的特点，由一家企业独立完成整个总承包项目的所有工作是不现实的，因此存在大量的分包工作需要由众多分包商的参与才能完成，这时总承包商的职责和主要工作更是项目的管理，而不是专业工程的具体执行，而对工程总承包项目而言，项目的成功与否主要依赖于总承包商对项目实施的管理。无论设计企业还是施工企业，过去长期作为设计单位或施工单位只是承担了工程建设项目设计或施工环节的业务，当转型为工程总承包企业要承担工程建设项目的总承包业务时，面临着更复杂的施工环节和更多的协调关系，需要计划、组织、控制、协调和沟通等项目管理工作。工作的中心发生转移，由项目的执行角色向项目的管理角色转变是工程总承包项目对承包企业的客观需求。

(2) 从需求识别出发寻找项目机会的意识

项目的产生来源于需求的产生，只要有新的需求产生，就有可能有新的项目出现，因此需求识别是一项重要的工作，是识别项目和下一步获得项目的基础性工作。对一个大型工程建设项目而言，需求识别通常包括了用户需求识别和客户需求识别两个层面的工作，这里用户是指单个或零散的消费个体，如实际的用电企业和用电人群，而客户则是总承包企业承接项目的直接甲方，如实际开发建设电站项目的电力公司。而作为承担工程建设的总承包企业，提前介入需求识别的工作是非常必要的，这不仅有利于需求识别的进一步完善、促成项目的诞生，更加有利于企业自身抢占市场先机、提前识别项目、并能更早地与客户建立信任的关系。这种从需求识别出发寻找项目机会的方式，与依靠上级主管部门分配任务或凭借个人关系甚至商业贿赂等手段获取项目的方式相比，显得更主动更积极，更能树立好企业的形象和扩大项目获得的机会，更能提高企业在完全竞争市场中的竞争势力和降低承担项目时的风险。

10.3.2.2 设计功能

国内建筑业管理体制中"设计与施工相分离"的特征仍然存在，从工程总承包管理的内涵看，如果没有相应的设计能力，就没有真正意义上的工程总承包。CM(Construction Management)模式，即"边设计、边施工"的模式因为能够缩短建设周期和降低投资风险而越来越多地被业主采用，施工企业单纯地"按图施工"已经不能满足要求。在国际工程项目中，设计师依靠图纸表达与确定下来的通常只是工程的总体设计要求，要真正实现其设计意图，需要承包商自行完成大量的施工详图设计。

施工企业增加设计和咨询服务功能可以通过修改其组织结构，增加设计和咨询服务部门来实现。设计和咨询服务部门可以采取事业部制这种利润中心的模式，也可以仅仅是一种职能部门的模式。在我国，企业取得勘察设计甲级资质才有可能在工程总承包市场上具备基本的竞争力。

10.3.2.3 融资功能

开展工程总承包业务，特别是承揽国际工程，需要企业具备很强的融资能力。企业的自有资金往往难以满足大型项目带资承包的需要，因此，企业如何建立宽泛的融资渠道成为开展工程总承包业务的重要条件之一。可以通过发行股票、债券、长期借款，信贷等方式获得资金，也可以通过国家银行的优惠政策贷款。

10.3.3 过渡期的组织模式

所谓过渡期就是带有 EPC 特征的项目已经出现而施工企业还没有具备相应的组织模式（即"大总部、小项目"模式）的时期。过渡期的项目实施环境复杂而易变，业主对总承包商的管理实力的信任度不够，总承包合同常常含有一些明显的责权不平等的条款，业主向总承包商转移风险的同时限制其管理范围或者增加权利约束条件。对总承包而言，这是挑战也是机遇，在项目实施中如果总承包商能够充分展示自己的管理和技术优势，通过和业主的不断沟通增加信任度，从而获得更大的利润创造空间。从目前的总承包项目实施情况来看，企业在过渡期项目的组织实施模式主要表现为职能隐含型和联合体两种模式。职能隐含型是指一个企业整合企业内部的优势资源实施某一个总承包项目，而联合体是指多个企业联合成优势互补的一个管理主体去实施某一个总承包项目。

10.3.3.1 职能隐含型

职能隐含型项目组织隐含于企业组织的职能型结构中，一般存在于企业刚刚开始工程总承包项目的初期。当一个企业有机会承包一个总承包项目时，从投标开始，项目组织的筹备就涉及到整个企业。企业从下属各单位和部门抽调和指派一些相关的员工参与这一项目，但整个项目的协调和组织实质上经由各单位负责人和部门经理负责，某些较大的协调工作甚至还得由企业总经理亲自出面，显现出为了一个项目企业所属子公司和各部门参与的"全盘动员"的特征。

例如，一个大型建筑企业在承接 EPC 总承包项目初期，企业总部的组织结构还没有形成相应的功能部门。尽管企业内部有设计院，但是，因为长期的设计和施工分离的项目实施模式下，设计院完成的设计工作很少主动考虑和施工配套技术相结合的优化问题。因此，在 EPC 项目启动之始，需要根据项目范围和任务在整个企业内整合资源特别是人力资源。例如，某企业成功地实施了一个大型电站的 EPC 总承包项目。该企业承接项目之后在整个公司范围内全面协调、组织资源、支持该项目的实施。在该项目组织中，各专业负责人工作都是由公司长期培养起来具备丰富的项目总承包经验和专业技能的人员承担，负责设计、采购、施工、开车等环节的二级经理等都是由承担过多个其他项目类似工作的职业经理或公司重要部门的主任担任，项目经理是公司的一位副总经理，还安排了一位资深的副总经理指导该项目的管理工作（如图 10-3 所示）。

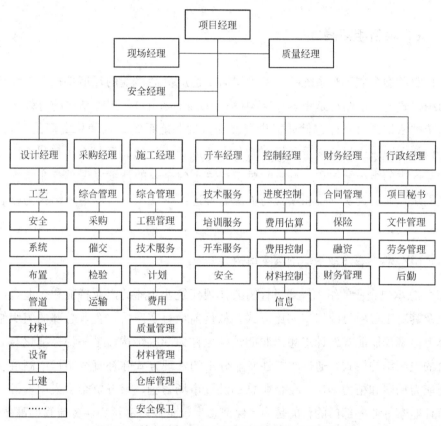

图 10-3　某大型电站 EPC 总承包项目组织结构示意图

项目组织中最重要和最基本的资源是人力资源，人力资源是决定项目成败的关键因素，由适合项目的人力资源组建成高效的项目团队是项目成功的必要保证。在施工总承包向 EPC 总承包过渡的过程中，首先碰到的资源瓶颈问题是符合要求的项目成员，需要从公司内部十分有限的可能人员中选拔出最合适的人员、培训使用另外一些具有一定潜质的人员以及从公司外部以最经济的方式寻求到需要的人员来组建项目团队去实施项目。尤其需要注意的是在企业的业务运营模式转型过程中，思维观念的转变、人员的培养不仅仅是短期项目的需要，更重要的是要考虑企业的长期可持续发展。

10.3.3.2　联合体

联合型经济实体承担工程总承包的形式就是联合体（Joint Venture）。联合体的结合关系主要表现为企业横向联合，一般由设计企业和(或)施工企业就某一个具体项目组成一个松散的联合体。由于管理、利益分配等方面存在问题，这种组织形式难以发挥集成管理优势，不是严格意义上的工程总承包企业。但是，在我国工程总承包制实施初期，由于工程总承包企业缺乏应有的实力或地域性社会资源因素，这种方式仍然应用，如中国建筑工程总公司和某地方企业组成的总承包联合体承建上海环球金融中心(SWFC)项目。

10.4 EPC项目组织模式

项目驱动型企业生产系统的资源配置需要适应灵活多变的环境特征，工程总承包企业组织模式的基本结构是矩阵式结构(Matrix structure)，矩阵结构的有效运行需要两个系统的密切配合，即存储并提供资源支持的职能系统以及使用资源的项目系统。从企业内部资源流通的角度看项目实施与企业成长之间的关系，构建有利于两个系统之间相互促进的组织结构和运行机制对工程总承包企业的持续发展具有非常重要的意义，我们从企业的资源支持和项目的资源需要这两个视角分析以矩阵结构为核心的组织模式。

10.4.1 EPC总承包企业组织的基本结构

EPC总承包企业的组织模式设计需要体现建筑业企业的产业特征和企业自身的产业定位及其对工程项目的组织实施方式。从目前项目实践看，企业总部的组织结构模式总体上体现了职能式设计思想。职能结构也称为专家结构，是一种标准化与分权化相结合的组织结构模式，通过职能性专业分工的管理方式弥补直线结构中高层管理者的专业能力局限和精力不足。在企业总部设置市场营销、财务资金、人力资源、采购以及审计监察等业务部门的目的是为了保证总承包企业内部核心业务流程的高效运转，及时为项目实施提供资源、管理和技术支持。

企业总部职能部门的运行绩效通过对项目的指导、监督和服务业务反映，协调企业总部职能部门和工程现场项目部的管理业务活动的基本组织机构是矩阵结构。矩阵模式的运行特点具体表现为通过总部专家支持中心机构和知识导向的信息系统中心对公司的所有项目的实施提供资源和技术保障(图10-4所示)。

10.4.1.1 矩阵式结构(matrix structure)新含义

施工总承包企业也普遍采用矩阵式组织结构，主要体现在项目组成员仅仅在编制上属于某一职能部门，实际上随着某一个建设项目的开始和结束而固化在项目上，尽管项目结束后也会被安排在新的项目中，但总是固定在一个项目上。在我们构想的EPC企业组织模式中，矩阵式管理是指协调企业总部的专家支持中心和所有项目(尽管

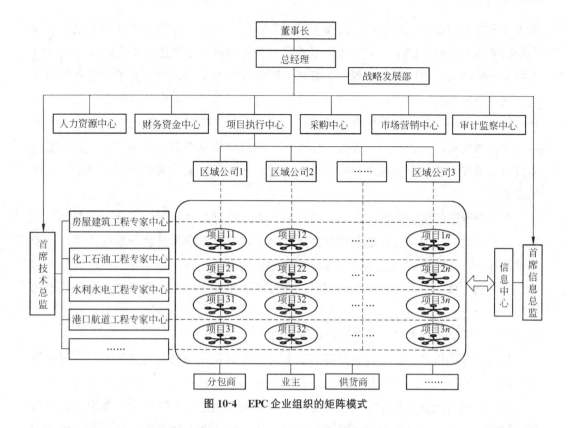

图 10-4 EPC 企业组织的矩阵模式

分属各区域分公司)之间的业务关系,以完成工程总承包项目的人才和资源支持需求(如图 10-4 所示)。这种组织结构形式能够适应项目实施环境的变化性特征,能够根据项目的实际需求安排合理的技术人才,消除专业技术人才在某一个项目积聚过多或者沉淀于某一个项目而产生人才浪费现象,也可以避免某个项目因专业技术人才缺乏而形成工期的延误,从而提高企业人力资源配置效率。EPC 企业组织的矩阵模式的设计理念主要体现在各个专家支持系统对项目的专业技术支持上。当首席技术总监在信息平台接受专家支持请求时,可以在专家支持中心调配合适的技术人才派往特定项目,专家库支持的组织技术能够有效消除专家多可能出现人浮于事和专家少可能又无法满足现实需要的现象。

在公司总部设置类似项目执行中心之类的专门部门负责单项目的多阶段管理和多项目协调工作,以实现不同区域公司同类型项目之间的资源共享目标。设立首席技术总监之类岗位的主要目的是维护和协调公司专家资源系统运行,根据项目的不同需求将所拥有的专家资源划分为不同的专家支持中心,如石化专家中心、机电专家中心、市政专家中心等(图 10-4 所示)。

10.4.1.2 首席技术总监及专家支持系统

EPC 企业组织的矩阵模式强调专家支持系统对于项目运营的支持作用,对我国大型施工企业转型时期具有特别重要的意义。在传统建筑企业的组织结构中,专家及技术人才没有专业部门组织协调，出现专家资源随机零散地分布在某些项目中或者沉淀在个别项目上，容易产生专家资源配置效率很低的问题。专家支持系统的建立首先将不同类型的技术人才进行划分规类，形成不同领域的专家组，设立技术总监负责对这些专家中心进行统一的安排和管理，当具体项目部门对某个特定领域的专业技术人才产生需求时，则由分公司向技术总监层提出用人需求，技术总监层则根据专家中心人员与项目的配置情况做出人员安排，尽快满足项目对技术专业人才的需求，而专家中心技术人员在企业专家资源库和项目之间流通，有利于消除专家资源冗余和缺乏并存的现象。

对专家资源的集中管理，目前我国大型施工企业已经存在组织基础，一般都有专家委员会。我们认为，在总承包项目要求模式下，原有专家委员会的职能需要进一步拓展和加强，需要能够满足项目对专家资源的正常需求。目前总工程师的职责除了对重大方案的审核，应增加对项目专家资源和技术资源配置职能，才能实现首席技术总监职能。

10.4.1.3 首席信息总监及信息管理系统

目前企业的信息中心或者类似部门基本局限于对企业网络和计算机管理系统的技术支持，这些部门并没有充分认识到信息平台对于企业各职能部门之间相互协调的支持作用，还没有能够充分发挥信息管理系统对公司组织能力和资源配置能力的提升作用。因此，在信息平台的构建中要充分考虑企业主营业务工作流程中各个节点的协调性以及组织运行中纵向和横向界面的融合性。比如，企业的市场部门及财务部门实现与地区分公司的信息对接，通过信息集成把握市场需求和项目资金需求情况，发挥融投资对开发市场和获取项目的支持功能。首席信息总监是企业和行业的知识管理的主要负责人。信息型组织中的"指令"基本上是专门技术，总承包企业组织是知识型的组织，总部积聚了大量的管理和技术专家。目前，美、日等发达国家大力建设信息化产业的核心内容是：以项目的全生命周期为对象，全部信息实现电子化；项目的有关各方利用网络进行信息的提交、接收；所有电子化信息均储存在数据库便于共享、利用。它的最终目的是降低成本、提高质量、提高效率，最终增强行业的竞争力。美国、日本的建筑业正在朝这一趋势发展，组织的信息化将给企业带来很大的经济效益。

10.4.2 EPC项目组织的基本模式

项目组织是为了完成某个特定的项目任务而由不同部门、不同专业的人员组成的一个临时性工作组织，通过计划、组织、协调、控制等过程，对项目的各种资源进行合理协调和配置以保证项目目标的成功实现。项目组织结构、各岗位的具体职责、人员配备等根据项目的技术要求、复杂程度、规模以及工期等因素而有所不同。建设项目实施过程中，项目参与者都有自身的利益出发点，如何协调各个参与者之间的利益关系直接关系到项目目标的实现。与施工总承包项目相比，在EPC项目实施过程中，设计、采购和施工各个阶段之间的交叉协调为发挥总承包商的技术和管理优势增加了更大的空间。因此，EPC项目的组织模式和管理环境具有很多新的特征。

10.4.2.1　EPC项目组织组建时面临的挑战

在EPC总承包项目中，业主对承包商的组织管理能力提出了很好的要求。目前，大型施工企业在EPC总承包项目组织的组建过程中面临的主要挑战包括以下几个方面：

（1）企业现有的技术力量和各种资源有限，在承接和实施EPC总承包项目时需要和企业内部的其他项目共享资源；

（2）在EPC总承包项目的组织管理能力比较薄弱，需要依靠职能部门（纵向结构）短期内提供优势资源并形成长期的知识和技术积累；

（3）工程总承包项目的本质要求是实现集成化管理，需要企业无论在项目内部还是部门内部都必须具有较高的协调能力和信息处理能力，以提升企业实力，增强竞争优势。

10.4.2.2　项目管理组织结构的选择

组织结构是反映生产要素相互结合的形式，即管理活动中各种职能的横向分工与层次划分。由于生产要素的相互结合是一种不断变化的活动，所以，组织也是一个动态的管理过程。就项目这种一次性任务的组织而言客观上同样存在着组织设计、组织运行、组织更新和组织终结的寿命周期。要使组织活动有效进行，就需要建立合理的组织结构，项目组织结构形式对项目的成败有很大影响。项目的组织结构通常受项目的目标、项目的任务、项目所能获得的资源多少、项目的各种制约条件、项目所处的环境等各种条件的影响和限制。

10.4.2.3　EPC项目组织基本模式

根据国际工程项目管理模式，企业最终要建立"大总部、小项目"的事业部商务模式以实现项目实施和企业发展之间的良性互动。我们认为，矩阵组织理念已经为业主和总承包企业普遍接受，在企业总部还没有形成适应总承包项目管理的组织模式的情况下，EPC项目组织基本模式包括三个层次和两个矩阵结构（图10-5所示）。

（1）企业支持层、总承包管理层和施工作业层

企业总经理及总部职能部门构成企业支持层，向总包管理层提供管理、技术资源以及行使指导监督职能；总包管理层是指EPC项目的实施主体——总承包项目部，总承包项目部的团队组建和资源配置由工程总承包企业总部完成，代表企业根据总承包合同组织和协调项目范围内的所有资源实现项目目标；施工作业层由各专业工程分包的项目部组成，根据分包合同完成分部分项工程。

企业支持层和总包管理层之间的主要组织问题是企业法人和项目经理部之间的责、权和利的分配关系，企业组织是永久性组织，项目组织是临时性组织，企业为项目经

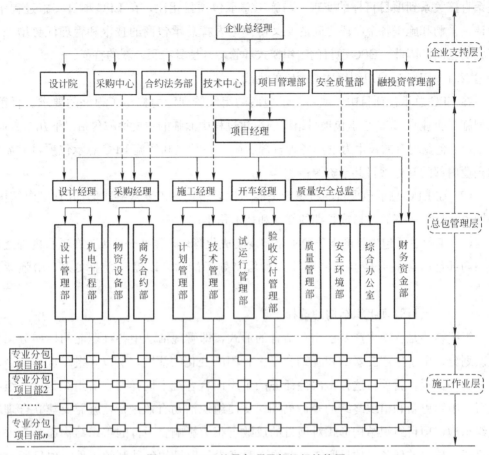

图 10-5　EPC 总承包项目部组织结构图

理部实施提供资源支持，项目经理部为企业创造利润，并且经过项目实施过程积累经验，为提升企业项目管理水平和专业技术优势做出贡献。

(2) 资源配置矩阵和业务协同矩阵

企业支持层和总包管理层之间除了业务上的指导和监督外，存在资源配置矩阵。具体而言，项目上人力资源和物质资源都是企业配置的，项目部只拥有使用权。管理视角的矩阵组织结构就是指项目部的管理人员和专业技术人员要接受双重领导：职能部门经理和项目经理。资源配置矩阵结构有效运行的目的就是保证项目实施的资源需求和为企业的发展积累人才资源、管理和专业技术经验。

总包管理层和施工作业层之间存在业务协同矩阵，各专业工程分包商的施工作业在总承包系统管理下展开。从理论上讲，业主方、总承包商和分包商的目标是一致的，都是为了完成项目目标。但是，在工程实践中，由于各参与方来自不同的经济利益主体，会因为各自的短期利益目标而产生矛盾和冲突。因此，业务协调矩阵的有效运行取决于总承包商的协调管理能力。

10.4.3 项目经理的素质要求

项目的开展需要多个职能部门的协助并涉及复杂的技术问题,但又不要求技术专家全日制参与,矩阵组织是令人满意的选择,尤其是在若干项目需要共享技术专家的情况下作用更明显,不过它的复杂性对项目经理是一个挑战。

项目经理在项目管理中起着非常重要的作用,他是一个项目全面管理的核心和焦点。随着全球性竞争的加强和客户发展战略性合作需求的增长,对项目经理的要求也越来越高。只有那些注重选拔、培养优秀项目经理的公司才可能在竞争中立于不败之地。项目经理的能力要求既包括个性因素方面要求,也包括管理技能和技术技能方面的要求。具体包括以下几个方面:

(1) 个性因素

项目经理个性方面的素质通常体现在他与组织中其他人的交往过程中所表现出来的理解力和行为方式上。

素质优秀的项目经理能够有效地理解项目中其他人的需求和动机并具有良好的沟通能力。具体内容包括:调动下属工作积极性的号召力;有效倾听、劝告和理解他人行为的交流能力;表达灵活、耐心和耐力的应变能力;对政策高度敏感;自尊;热情。

(2) 工程技术和项目管理复合型的知识结构。总承包项目经理除了具备施工管理技术,还需要具备项目管理、商务、法律和资金运作能力,因此,需要具有工程技术、经济管理、法律和融投资等方面的专业知识。

(3) 把握宏观的战略管理能力。总承包项目经理应该具备整体观念和全局意识,能够从项目总目标出发配置项目资源和协调专业分包商之间的关系,满足业主要求。

(4) 良好的职业精神和团队建设能力。总承包项目经理的职业精神是总承包商发挥技术和管理优势的必要条件,也是获得业主信任和满意的重要前提。总承包项目的顺利实施需要多学科、多专业技术人才的共同协作,因此,总承包项目经理的团队建设能力对项目目标的实现具有重要意义。

(5) 协调能力。总承包项目实施过程中参与主体多,组织关系复杂,总承包项目经理需要协调项目部与企业总部、业主、专业分包商以及设备材料供货商之间的互动关系,为项目顺利实施创造良好的组织环境。

(6) 果断处理现场突发情况的应变能力。环境的复杂性和易变性是建设工程总承包项目具有的基本特征,突发事件的处理和应急方案决策能力是总承包项目经理必须具备的重要素质之一。

参 考 文 献

[1] 埃里克·维尔朱. 项目管理·模板、解决方案与最佳实践 [M]. 北京：电子工业出版社，2006.
[2] 彼得 F·杜拉克. 九十年代的管理 [M]. 东方编译所译. 上海：上海译文出版社，1999.
[3] 查尔斯·M·萨维奇. 第五代管理 [M]. 谢强华等译. 珠海：珠海出版社，1998.
[4] 丹尼尔·W·哈尔平. 建筑管理 [M]. 北京：中国建筑工业出版社，2004.
[5] 丁士昭. 建筑工程项目管理 [M]. 北京：中国建筑工业出版社，1986.
[6] 国际工程管理教学丛书系列(共 20 册) [M]，北京：中国建筑工业出版社，1990~1999.
[7] 国际咨询工程师联合会. FIDIC 设计—建造与交钥匙工程合同条件 [M]. 北京：中国建筑工业出版社，1999.
[8] 国际咨询工程师联合会. 施工合同条件 [M]. 北京：机械工业出版社，2002.
[9] 胡德银. 我国工程项目管理和工程总承包发展现状与展望 [J]. 中国工程咨询，2003，(2).
[10] 胡德银. 论设计、施工平行承包与 D-B/EPC 模式总承包 [J]. 建筑经济，2003，(9).
[11] 哈罗德·科兹纳. 项目管理计划、进度和控制的系统方法 [M]. 杨爱华等译. 北京：电子工业出版社，2004.
[12] 哈罗德·科兹纳. 项目管理成熟度模型的应用 [M]. 北京：电子工业出版社，2002.
[13] John M. Nicholas. 面向商务和技术的项目管理：原理与实践 [M]. 北京：清华大学出版社，2001.
[14] 建设部课题组. 关于我国在开展工程总承包和项目管理的调研报告 [R]. 中国工程咨询，2002，(10)：25~32.
[15] K. K. 奇特克勒. 工程建设项目管理·计划、进度与控制 [M]. 北京：知识产权出版社，2005.
[16] 克利福德·格雷，埃里克·拉森. 项目管理教程 [M]. 北京：人民邮电出版社，2003.
[17] 卢有杰，卢家仪. 项目风险管理 [M]. 北京：清华大学出版社，1998.
[18] 林知炎. 建设工程总承包 [M]. 北京：中国建筑出版社，2004.
[19] 孟宪海，赵启，张扬. 全球著名四大 EPC 公司分析 [J]. 建筑经济，2003，(9)：82~84.
[20] 孟宪海，赵启. EPC 模式下业主和承包商的风险分担与应对 [J]. 国际经济合作，2004，(2)：45~47.
[21] 汤礼智. 国际工程承包总论 [M]. 北京：中国建筑工业出版社，1997.
[22] 田威. FIDIC 合同条件实用技巧 [M]. 北京：中国建筑工业出版社，2002.
[23] 王宁，庞宗展，张秀东. 美国、加拿大工程公司开展工程总承包和项目管理的考察报告 [J]. 建筑经济，2003，(4)：9~12.
[24] 汪小金. 工程合同索赔 [M]. 北京：中国建筑工业出版社，1995.
[25] 汪小金. 理想的实现：项目管理方法与理念 [M]. 北京：人民出版社，2003.
[26] 王众托. 项目管理中的知识管理问题 [J]. 土木工程学报. 2002，36，(3)：1~6.
[27] 杨建龙. 国际建筑业现状与趋势 [J]. 施工企业，2005，(4)：52~54.

[28] 张水波，何伯森. 工程建设"设计—建造"总承包模式的国际动态研究 [J]. 土木工程学报，2003，(3).

[29] 资格考试用书编委会. 工程经济 [M]. 北京：中国建筑工业出版社，2004.

[30] A Guide to The Project Management Body of Knowledge (Third Edition) [M]，2004，Four Campus Boulevard，Newtown Square，PA 19073～3299，USA，28～32.

[31] Griffis，F. H.. Bidding Strategy：Winning Over Key Competitors，Journal of Construction Engineering and Management，1992，118 (1)：151～165.

[32] Iranmanesh，H.，Jalili，M.，Pirmoradi，Zh.. Developing a new structure for determining time risk priority using risk breakdown matrix in EPC projects [J]. Industrial Engineering and Engineering Management，2007 (12)：999～1003.

[33] Jean-Francois Boujut，A Co-operation framework for product-process integration in engineering design [J]. Design Studies，2002 (23)：497～513.

[34] Karen A. Moreau，W. Edward Back，Improving the design process with Information management [J]. Automation in Construction，2000 (10)：127～140.

[35] Nazim U. Ahmed，Ray V. Montagno and Robert J. Firenze. Organizational performance and environmental consciousness：an empirical study [J]. Management Decision，1998，36 (2)：57～62.

[36] Ning Jianhua，Yeo，K. T.. Management of procurement uncertainties in EPC projects-applying supply chain and critical chain concepts [J]. Management of Innovation and Technology，2000 (11)：803～808.

[37] Pollack-Johnson B.，Liberatore，M. J. Incorporating Quality Considerations Into Project Time/Cost Tradeoff Analysis and Decision Making [J]. IEEE Transactions on Engineering Management，2006，53 (4)：534～542.

[38] Sihem Ben Mahmoud-Jouini，Christophe Modler，Gilles Garel. Time-to-Market vs. Time-to-Delivery Managing Speed in Engineering，Procurement and Constructur Projects [J]. International Journal of Project Management，2004 (22)：359～367.

[39] Simon Bell，Ted Kastelic. Inside Intel-coping with Complex Projects [J]. Engineering Management Journal，2001 (2)：17～24.

[40] Zohar Laslo，Albert I Goldberg. Matrix Structures and Performance：The research for Optimal Adjustment to Organizational Objectives [J]. IEEE Transactions on Engineering Management，2001，48 (2)：144～156.

[41] http：//enr. construction. com/Default. asp.

[42] http：//www. dbia. org/.

[43] http：//www. asce. org/asce. cfm.

[44] http：//www. aia. org/.

[45] http：//www. agc. org/.